空间域密度界面反演方法

冯旭亮　著

中国石化出版社
HTTP://WWW.SINOPEC-PRESS.COM

内 容 提 要

密度界面反演可以较好地解决地质体界面的起伏变化，在区域地质调查、能源和资源勘探中发挥着重要作用。本书系统梳理了现有空间域密度界面反演方法的基本原理、应用效果及进展，重点阐述了适用于复杂形态密度界面反演的正则化反演方法的基本原理、相关技术措施及应用前景。本书在复杂形态密度界面反演的基础理论和实际应用方面均有可供参考的独到见解，可以为地球物理反演或密度界面反演研究的相关工作提供参考，也可作为地球物理勘探专业的科研工作者及高等院校师生的参考用书。

图书在版编目(CIP)数据

空间域密度界面反演方法／冯旭亮著.
—北京：中国石化出版社，2019. 4
ISBN 978-7-5114-5301-3

Ⅰ. ①空… Ⅱ. ①冯… Ⅲ. ①密度界面-研究 Ⅳ.
①O4

中国版本图书馆 CIP 数据核字(2019)第 068139 号

中国石化出版社出版发行
地址：北京市朝阳区吉市口路 9 号
邮编：100020　电话：(010)59964500
发行部电话：(010)59964526
http://www.sinopec-press.com
E-mail：press@sinopec.com
北京柏力行彩印有限公司印刷
全国各地新华书店经销
*
710×1000 毫米 16 开本 12.5 印张 241 千字
2019 年 5 月第 1 版　2019 年 5 月第 1 次印刷
定价：68.00 元

前 言

重力勘探方法是运用最早的地球物理勘探方法之一，具有经济、横向分辨率高、勘探深度大及可快速获取面积上信息的优点。当地质界面上、下的物质密度不同时，就构成了密度分界面，故密度分界面(简称密度界面)是一类特殊的地质界面，其与地层界面、地壳界面、岩石圈界面等相对应。密度界面反演作为了解地球内部圈层构造的一种重要方法，长期以来都是重力学研究的一项主要内容。对于密度界面反演方法的研究不但可以较好地解决地质体界面的起伏变化，在区域地质调查、矿产资源和能源勘探中发挥重要作用，而且可以促进重力反演理论的进步。因此，对于密度界面反演方法的研究具有重要的实用价值及理论意义。

根据计算域不同，密度界面反演方法可以分为频率域和空间域两类，而每类又包含不同的方法。从应用效果来看，绝大多数密度界面反演方法能反演光滑形态的密度界面，其可适用于克拉通盆地基底、莫霍面起伏等反演。而许多地质构造界面往往表现为非光滑形态，如地堑、半地堑基底、俯冲带之下的莫霍面等。若细化密度界面的局部形态，则一类密度界面甚至表现为局部光滑与非光滑同时存在的形态(可称为复杂形态密度界面)，如裂陷盆地基底等。对于此类密度界面，仅有空间域的正则化方法在某些特定函数的约束下可反演其形态，而该函数的形式决定了密度界面的反演结果。

笔者从2011年开始接触密度界面的反演问题，重点针对复杂形态密度界面的反演进行研究，核心是正则化反演方法的原理及相关技术措施等。通过近年来的研究，实现了复杂形态密度界面反演，成果引起了相关研究人员的兴趣。为了更好地与同行交流，推广和改进复杂密度界面反演方法，并促进其在重力资料反演中的应用，决定将现有研究成果加以总结并出版。为了便于读者更好地理解并使用密度界面反演的正则化方法，本书亦对现有空间域的密度界面反演方法进行了梳理、总结，对目前研究和使用较多的直接迭代法、脊回归法、压缩质面法的原理及其应用进行了介绍。此外，由于正演是反演的基础，因此本书在空间域密度界面反演问题研究中也涉及了空间域密度界面重力异常正演问题。

本书共分为七章，第一章对密度界面反演方法进行概述；第二章介绍空间域密度界面重力异常正演方法；第三章至第五章介绍了空间域常用的密度界面反演方法，并重点对直接迭代法和正则化反演方法进行了论述，尤其对正则化反演方法中模型约束函数的建立及其应用效果进行了详细的分析；第六章详细阐述了复杂密度界面反演方法原理，并对所进行的模型测试作出了分析；第七章介绍了复杂密度界面反演方法的几个应用实例。

本书的前期编写工作完成后，我与中国石化出版社赵文编辑共同进行了统稿和校订。书中所涉及的研究工作得到了王万银教授的悉心指导和帮助，在研究的过程中亦得到了潘作枢教授的指导，在此表示衷心的感谢。感谢长期以来默默付出、全力支持我的家人，特别是我的妻子郭瑞坤女士。本书的成书过程中亦得到了许多同事、朋友、学生的帮助，在此一并表达诚挚的谢意！

本书受西安石油大学优秀学术著作出版基金资助出版。

由于作者水平有限，本书中难免有疏漏和不足之处，敬请批评指正。

目　录

第一章　密度界面反演方法发展与评价

第一节　密度界面反演的意义

当地质界面上、下物质密度不同时，就构成了密度分界面，故密度分界面(简称密度界面)是一类特殊的地质界面。密度界面与地层界面、地壳界面、岩石圈界面等相对应，因此研究密度界面的起伏形态对于莫霍面起伏、岩石圈厚度、区域构造、储油构造等的研究具有非常重要的意义。

密度界面的研究中，地球物理方法是目前最为有效的方法和手段。其中地震方法对于密度界面的精细研究能取得比较好的应用效果，但地震成本高，并且无法快速获得大面积范围内的密度界面起伏特征；另外，在有屏蔽层存在的地方(如低速盐层对地震信号有屏蔽作用)，地震无法获得有些层位的反射信号。相对来说，重力勘探具有经济、勘探深度大以及快速获得面积上信息的优点，在研究地质体横向不均匀性、特别是地质体的边缘位置时，有其独特的优势。因此，密度界面反演作为了解地球内部结构的一种重要方法，长期以来都是重力学研究的主要内容。

在利用重力异常研究地质体的几何参数时有三个阶段：第一阶段是研究地质体边缘的平面位置，第二阶段是研究地质体边缘的垂向位置(深度)，第三阶段是研究地质体上、下界面的起伏变化。通过这三个阶段的研究就可以得到地质体的几何参数，达到解决有关地质问题的目的。利用重力异常进行密度界面反演一直是重力学研究的重点，也是重力学研究的最终阶段和目的。密度界面反演方法的研究不但可以更好的解决地质体界面的起伏变化，在区域地质调查、矿产资源和能源勘探中发挥重要作用，而且可以促进重力反演理论的进步，故密度界面反演方法的研究具有重要的理论意义及实用价值。

第二节　密度界面反演方法的发展

重力密度界面反演方法出现于20世纪中叶，最早出现的有 $\sin x/x$ 法、迭代法等，随后出现了众多方法。根据计算域不同，这些方法概括起来可分为空间域和频率域两大类方法。

1. 空间域密度界面反演方法

空间域密度界面反演方法种类较多，其中典型的反演方法有经验公式法、直接迭代法、脊回归法、正则化方法、压缩质面法、级数法、样条函数法等。根据目前研究和使用的程度来看，直接迭代法、脊回归法和正则化方法研究较多，而其他方法相对较少，甚至仅有个别学者进行研究。

经验公式法是计算密度界面深度的近似方法，该方法是对由其他资料获得的已知界面深度与重力异常的关系进行分析，从而建立密度界面深度与重力异常的经验公式。常见的经验公式有线性经验公式、多项式经验公式、双曲正切经验公式等。经验公式法的优点是十分简便，二维与三维界面均可使用，在界面起伏平缓且埋深较大时，误差不大；缺点是反演结果受约束条件及经验公式形式的影响较大。王平等在利用双曲正切经验公式反演南海东北部莫霍面深度时，利用全区统一的经验公式和分区经验公式得到的结果差别较大，经过对比认为，分区经验公式更具合理性。

直接迭代法是出现较早的方法，也是研究和应用较多的一类方法。1960 年，Bott 提出了一种根据重力异常计算二维沉积盆地基底深度的方法，其原理是利用无限大平板重力异常公式逐次逼近消除剩余异常。这一迭代计算的方法为随后的反演计算提供了基础。1968 年，Cordell 和 Henderson 在 Bott 提出的方法的基础上，提出了一个比较完善的三维重力反演方法。为加快计算速度，在计算某个点的重力异常值时，对于该点正下方的长方体，采用垂直圆柱场源公式计算，对于其他长方体采用垂直线元公式计算。1984 年，孙德梅和闵志在反演密度界面时，考虑随界面埋深的增加，所计算的剩余密度体与地表测点的距离越大，且具有三维的特点，此时在测点引起的重力值应小于无限大平板重力异常，于是将系数调整为 1.6，达到收敛快的目的。密度界面反演存在多解性的问题，为解决这一问题，1985 年，林振民和阳明引入少量的已知深度点进行二维密度界面重力反演，并且在迭代中利用已知深度点的重力异常与实测布格重力异常的差值拟合区域重力异常，使该方法直接可以用布格重力异常进行计算，另外在反演中设计了加速收敛因子并给出了取值原则。1996 年，Leão 等利用已知深度点和重力异常对地下构造的基本参数进行最优估计，采用得到的最优参数进行了三维密度界面的重力反演。2009 年，Prutkin 和 Casten 在迭代中加入了正则化因子，提高了反演的稳定性，另外，在迭代反演中一次只迭代一个计算点下方的界面深度，以此加快正演计算的速度，从而提高了反演方法的效率。2013 年，Zhou 在反演沉积盆地基底时，利用线积分方法进行正演计算，并且在反演时利用实测重力异常与模型拟合重力异常的最大差值构造反演迭代公式，从而提高了反演的效率和稳定性。同年，张盛和孟小红引入已知深度点作为约束，并且在反演中加入深度加权函数纠正界面畸变。2014 年，Silva 等分析了 Bott 方法存在问题，改进了反演迭代公式，提高了收敛速度，并提出了保证反演稳定的措施。

直接迭代法的迭代过程需要在误差允许范围之内充分拟合实测重力异常，故其对数据误差较敏感，可采用最小二乘拟合的方法，即建立 L_2-范数意义下的模型正演重力异常与实测重力异常之差的目标函数，求解此目标函数的极小化问题，即可反演得到密度界面的起伏形态。对于该目标函数的求解，马奎特方法是一类常用的方法。1985 年，Rao 利用脊回归法解释了倾斜断层的重力异常。21 世纪以来，脊回归法得到了较多的应用。2005 年，Chakavarthi 和 Sundararajan 利用该方法研究了二维断层模型密度界面的反演。随后的几年内，Chakavarthi 和 Sundararajan 先后实现了 2.5D 沉积盆地基底反演研究、3D 沉积盆地基底反演研究、二维背斜、向斜模型的反演。此外，在 2014 年，Chakavarthi 和 Sastry 进行了 2.5D 断层模型的反演研究。2015 年，Mojica 和 Bassrei 反演了 3D 沉积盆地基底，在反演中利用 GCV 准则求取了最优正则化参数，并利用 MPI 并行方法加快了反演速度。对于以上目标函数极小化问题的求解，亦有学者应用其他最优化方法。夏江海利用奇异值分解求取了密度界面深度，杨强利用共轭梯度法反演了密度界面深度。朱自强等利用神经网络 BP 算法实现了两个三维界面的反演研究，该方法需要已知一个界面的基准面埋深和分布于两个界面上的几个深度控制点。刘云峰和沈晓华利用遗传算法进行了二维密度界面的反演，在反演时利用“界面平滑”作为正则化约束条件。柯小平等利用遗传算法反演了青藏东缘三维莫霍面深度。王笋和申重阳根据地震资料构造分层界面模型与参数控制，运用光滑约束建立目标函数，用遗传算法解决最优化问题，从而实现多层密度界面二维反演。李丽丽和马国庆应用快速模拟退火法对中国南海海域的重力垂直梯度进行反演获得了中国南海高分辨率海底地形，秦静欣等提出了一种改进的自适应模拟退火密度界面反演方法，并将其用于印度-孟加拉湾地区莫霍面反演，检验的方法的实用性。Pallero 等用粒子群法分别实现了二维沉积盆地基底和三维沉积盆地基底深度反演。

由于非线性反演问题往往是不适定的，因此可利用正则化原理建立一个稳定的非线性函数并使其最小化而达到反演的目的。该稳定函数由数据拟合函数和正则化函数构成，其中数据拟合函数保证反演结果能够拟合实测重力异常。正则化函数由两项组成：已知深度约束函数和模型约束函数，前者利用界面的已知深度来保证反演结果尽可能地接近界面真实深度，其并不直接决定反演界面的形态；后者建立了界面相邻剖分模型的变化规律以保证反演结果符合界面的主要地质特征。Barbosa 等利用 L_2-范数建立了模型约束函数，以此反演了光滑的三维沉积盆地基底。随后，Silva 等和 Martins 等分别实现了变密度情形下光滑形态二维和三维沉积盆地基底反演。Uieda 和 Barbosa 研究了球坐标系下非线性反演方法，并应用于南美洲莫霍面反演。在非光滑密度界面反演方面，Barbosa 等利用加权矩阵对 Barbosa 等提出模型约束函数进行改进，实现了非光滑形态沉积盆地基底反演。之后，Silva 等利用熵正则化进行了非光滑形态沉积盆地基底二维反演。Martins

等则利用 L_1-范数形式的全变差函数进行了非光滑形态三维沉积盆地基底反演。Lima 等通过对比认为，在反演非光滑形态密度界面方面，全变差正则化方法比加权平滑方法及熵正则化方法更具优势。在此基础上，冯旭亮等实现了变密度模式双界面非光滑形态盆地基底二维反演，Xing 等进行了基于多种约束的多层密度界面 2.5D 反演研究。

正则化反演方法的优势在于可以方便地添加约束信息，反演结果的形态细节较好，但其耗时较长。Cai 和 Zhdanov 将柯西型积分用于密度界面正反演之中，提高了正则化反演的效率；Chen 等采用 GPU 并行提高了正则化反演的速度。Silva 和 Santos 近似公式计算剖分模型的重力异常，并通过对计算区域限制以提高正演的效率，从而加快了整个正则化反演的速度。不同于以上方法，Santos 等则利用正则化原理扩展了直接迭代法，在保证反演结果呈现非光滑形态的同时，极大地提高了反演的效率。

压缩质面法也是出现较早的方法。1967 年，Tanner 提出了压缩质面法，但该方法求解方程组的计算是不稳定的，所以要求剖分模型的宽度大于界面的深度。1977 年，刘元龙和王谦身改进了压缩质面法，剖分的质体单元宽度为 2 倍的点距，提高了其稳定性，并且利用迭代计算提高了反演的精度。1987 年，刘元龙等详细的推导了三维密度界面反演的质面系数法。2014 年，胡立天和郝天珧在压缩质面法逐步迭代中使用已知控制点计算出合适的密度基准面深度和界面密度差，使反演结果和控制点拟合最好。

空间域其他方法的研究较少。1955 年，Tomoda 和 Aki 提出了 $\sin x/x$ 法，1956 年，Tsubor 用该方法反演了加利福尼亚中北部莫霍面。1987 年，陈建国和王宝仁根据重力异常的级数系数与密度界面的级数系数的关系，提出了一种反演任意起伏地形上观测重力异常的正弦级数法。1993 年，汪汉胜等通过球谐展开，得到重力异常的级数展开式，并推导出积分形式的反演迭代解。重力异常反演是一个求解第一类非线性积分方程的问题，王硕儒等将积分方程的被积函数展成界面起伏的幂级数形式，用迭代法和 B 样条函数法进行求解。高尔根等从二度体重力异常正演公式出发，导出地下界面迭代反演的计算公式，然后利用广义似然函数对模型参数进行优化选择，获得模型参数修正量的计算方法，实现了二度体单一界面的稳健迭代反演。

2. 频率域密度界面反演方法

频率域反演方法出现于 20 世纪 70 年代。Parker 提出了重力异常正演计算的频率域快速计算公式；Oldenburg 根据 Parker 公式，提出了频率域密度界面迭代反演方法(简称 Parker-Oldenburg 法)，自此频率域方法因其快速的特点而得到了广泛的发展和应用。Gomez-Ortiz 和 Agarwal 和 Shin 等分别给出了频率域密度界面反演的 MATLAB 程序和 FORTRAN 程序，Xu 和 Chen 给出了三维断层模型重力异常频率域正演的 FORTRAN 程序。

由于频率域反演时指数因子的高频放大作用，反演不能稳定收敛。为保证其稳定性，通常采用加低通滤波器的方法，但低通滤波器的参数较难选择。为解决频率域反演的稳定收敛问题，一些学者研究了其他措施。冯锐等提出了平移下界面和递推下界面修正量的方法；关小平则使用无限大平板重力公式计算每次迭代的修正量，而利用 Parker 公式计算拟合重力异常；王万银和潘作枢详细研究了指数因子的取值，采用调整深度参数的方法解决了收敛性问题；Guspi 则采用非迭代的措施避免了指数因子高频放大的影响；张会战等采用小波多尺度分解代替低通滤波，避免了阈值的选取；肖鹏飞等采用徐世浙提出的空间域迭代法来代替原 Parker-Oldenburg 法中的向下延拓算子，提高了反演的稳定性，保证了反演精度；冯娟等在反演中根据已知资料合理选取基准面深度，保证了迭代的稳定收敛。

Parker-Oldenburg 法基于连续傅里叶变换，而在实际计算时采用 FFT 这一数值算法，因此不可避免的引入了数值误差，表现为混叠、周期化、边界震荡等误差现象。针对这一问题，柴玉璞和贾继军在数值计算中采用了乘子法和移样法两项技术提高了反演精度；张凤旭等则采用余弦变换代替傅里叶变换以解决这一问题。Wu 和 Tian 提出了 Gauss-FFT 法，在保证计算速度的同时大大提高了傅里叶变换的计算精度。Wu 和 Chen 给出了变密度棱柱体模型的重力及其张量的频率域正演计算公式。此外，Wu 研究了基于 Gauss-FFT 法的变密度界面模型重力异常正演计算方法，相比传统的 FFT 法，该方法具有较高的计算精度。

第三节　现有反演方法的评价

通过对各密度界面反演方法的实际应用效果进行对比，结果表明，空间域密度界面反演方法对于界面的细节刻画较好，其既可反演光滑形态密度界面，又能反演非光滑形态密度界面（正则化方法或正则化原理扩展的其他方法），甚至可以实现光滑与非光滑形态同时存在的密度界面的三维反演。然而，空间域方法速度较慢，尤其正则化反演方法计算量非常大，耗时长。而频率域密度界面反演方法最大的优势在于其计算速度快，可适用于大规模数据的三维反演，但仅能反演光滑形态密度界面，且当界面相对起伏较大时，迭代过程可能不收敛。

第四节　密度界面反演方法发展趋势

1. 大区域密度界面反演

随着重力场观测技术不断进步，如 GRACE、GOCE 等重力卫星的快速发展，密度界面的反演逐渐趋于区域化或全球化，如全球范围的结晶基底深度或莫霍面深度反演。为实现这一目标，需要开展两个方面的研究。第一，当研究区范围较大时，必须考虑地球曲率的影响，平面直角坐标已不满足研究需要，需采用球坐标系甚至椭球坐标系。第二，大区域或全球密度界面的反演涉及的计算量非常大，亟需研究提高反演速度的措施。

目前关于球坐标系下的密度界面反演研究较少。汪汉胜等通过球谐展开得到重力异常的级数展开式，并推导出积分形式的反演迭代解，实现了球坐标系下深部大尺度单一密度界面的重力反演。Wieczorek 等研究了 Parker-OldenburgFFT 算法等效的球谐系数法，并应用于月球地壳厚度反演。Reguzzoni 等将地震全球地壳模型 CRUST2. 0 与 GOCE 卫星重力数据结合，在球坐标系下完成了全球莫霍面和地壳厚度的反演。Uieda 和 Barbosa 将直接迭代法与光滑正则化方法结合进行了球坐标系下南美洲莫霍面深度反演。

平面直角坐标系下密度界面反演时，通常采用垂直并置的棱柱体来剖分待反演界面之上的介质，用棱柱体的底面深度近似密度界面的深度，棱柱体重力异常正演计算方法已非常成熟。而在球坐标系下需要使用球面柱体(或球锥)剖分密度界面，其关键之一在于必须用数值方法计算其重力异常正演问题，目前已有一些方法，如泰勒级数、高斯-勒让德正交等。但是在计算时，如何保证计算的数值稳定性是未来需要解决的问题。

关于提高计算速度方面一直是地球物理反演研究的重点之一。在密度界面反演方面，目前提高计算效率的措施主要包括并行计算技术、加快正演计算速度以提高反演效率以及简化迭代反演过程等。随着重力观测手段的不断丰富以及地质勘探需求的增加，现有提高计算速度的措施能否适应是一个需要考虑的问题。未来随着云计算等技术的快速发展，大数据量的重力反演计算问题应该会很好地解决。

2. 精细反演

由于重力场本身的特征以及密度界面反演方法的原理，现有反演方法大多只能得到光滑形态密度界面。由于地质构造的复杂性，实际的密度界面多呈非光滑形态或光滑与非光滑同时存在的特征，甚至呈现非凸集形态，因此，大多数密度界面反演方法得到的结果仅为真实界面的“模糊”反映。随着地质勘探目标难度逐渐增大，以往近似的密度界面反演方法已不能满足研究需要，亟需发展精细的密度界面反演方法。

通过现有密度界面反演方法的原理分析及效果对比，目前仅有正则化方法可以通过模型约束函数控制相邻剖分界面模型的变化规律，使其符合地质特征，并可通过已知深度约束函数确保反演结果接近真实深度。因此，对于密度界面的精细反演，需优先发展正则化反演方法。

目前的正则化密度界面反演技术已能解决光滑形态或非光滑形态的密度界面

反演问题，且对于光滑与非光滑特征同时存在的密度界面反演问题也有一些研究，如裂陷盆地基底起伏反演，但该方面的研究非常少。Lima 等将光滑反演与模型解释结合而刻画了受断裂控制的二维沉积盆地的基底形态；Sun 等提出了一种基于可调整的 L_p-范数的二维反演方法，同时反演光滑和非光滑界面；Feng 等利用归一化总水平导数垂向导数将 L_1-范数和 L_2-范数结合起来作为模型约束函数，实现了裂陷盆地基底三维反演。

密度界面精细反演的本质在于利用重力异常客观地呈现界面的各种起伏形态，而重力场本身为连续场，因此，需要尽可能地结合已知信息(如地质资料、钻井或其他地球物理资料等)作为约束进行反演。重力资料的优势在于易获取、经济、覆盖面广，往往应用于其他资料(如地震等)较少、研究程度较低的区域，因此反演方法研究的重点和难点在于如何利用少量的资料作为约束以提高反演精度，并研究新的模型剖分方式及每次迭代时模型修改量的计算技术，实现密度界面精细反演。

第二章　空间域密度界面重力异常正演方法

正演是反演的基础。根据计算域不同，密度界面重力异常正演方法可分为空间域正演方法和频率域正演方法，而空间域的密度界面正演方法主要分为有限单元法和边界单元法两大类。有限单元法的基本思想是用不同方式对复杂形体进行分割，将其转化为一系列简单形体(点元、面元、线元)的组合，计算这些简单形体的重力异常再求和，即可得到复杂形体的重力异常。边界单元法的基本思想是将复杂形体异常的体积分通过奥高公式转化为面积分，再由格林公式转为线积分，而后累加求和得到整个形体的重力异常。本章主要介绍目前在密度界面正演中常用的有限单元法和边界单元法的基本原理并推导相应的计算公式。

第一节　有限单元法

用于密度界面重力异常正演的有限单元法中，最常用的剖分方法是点元法，其次是面元法和线元法。

1. 点元法

点元法通常将密度界面之上或之下的介质剖分为垂直并置的直立六面体微元，用所有直立六面体微元引起的重力异常之和近似该密度界面的重力异常。现以将密度界面之上的介质进行剖分为例，分别介绍二维和三维密度界面重力异常的正演计算原理。

1) 二维密度界面重力异常正演

以沉积盆地基底反演为例，设在直角坐标系中，z 坐标向下为正。盆地由上界面与基底组成，中间为沉积层。将沉积层剖分为相邻的二维垂直柱体，其水平尺寸是已知的，并且为常数，柱体的顶面与沉积层上界面重合，其底面与盆地基底重合(图 2-1)。则可用该相邻二维垂直柱体在观测面引起的重力异常近似表示沉积盆地基底起伏在观测面引起的重力异常，其表达式为：

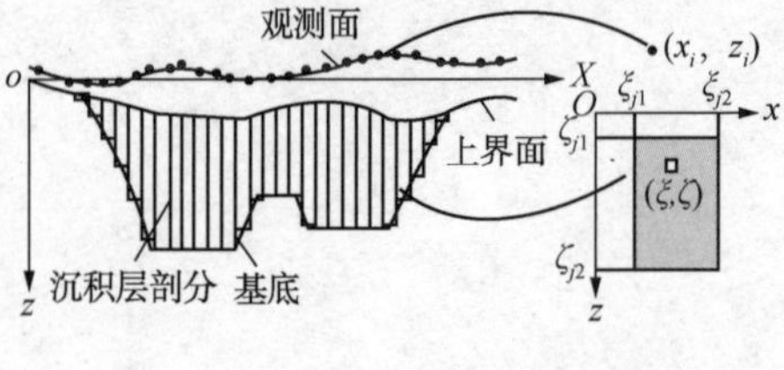

图 2-1　二维沉积盆地模型示意图

$$g_i = \sum_{j=1}^{K} f_i(m_j),\ i = 1,\ \cdots,\ N \tag{2-1}$$

式中，g_i 为第 i 个测点的重力异常；$f_i(m_j)$ 为第 j 个测点上引起的重力异常，其表达式为：

$$f_i(m_j) = 2G\int_{\xi_{j1}}^{\xi_{j2}}\int_{\zeta_{j1}}^{\zeta_{j2}}\Delta\rho(z)\cdot\frac{\zeta - z_i}{(\xi - x_i)^2 + (\zeta - z_i)^2}\mathrm{d}\xi\mathrm{d}\zeta \tag{2-2}$$

式中，G 为牛顿万有引力常数，其值为 $6.67\times10^{-11}\mathrm{N}\cdot\mathrm{m}^2/\mathrm{kg}^2$；$(x_i, z_i)$ 为第 i 个观测点的坐标；(ξ, ζ) 为柱体内微元的坐标，第 j 个柱体的范围为 $\xi_{j1}\sim\xi_{j2}$、$\zeta_{j1}\sim\zeta_{j2}$；$\Delta\rho(z)$ 为沉积层与基底的密度差。

对于式(2-2)，可先对 ξ 积分，即：

$$\begin{aligned} f_i(m_j) &= 2G\int_{\xi_{j1}}^{\xi_{j2}}\int_{\zeta_{j1}}^{\zeta_{j2}}\Delta\rho(z)\cdot\frac{\zeta - z_i}{(\xi - x_i)^2 + (\zeta - z_i)^2}\mathrm{d}\xi\mathrm{d}\zeta \\ &= 2G\int_{\xi_{j1}}^{\xi_{j2}}\int_{\zeta_{j1}}^{\zeta_{j2}}\Delta\rho(z)\cdot\frac{\zeta - z_i}{(\xi - x_i)^2 + (\zeta - z_i)^2}\mathrm{d}(\xi - x_i)\mathrm{d}\zeta \\ &= 2G\int_{\zeta_{j1}}^{\zeta_{j2}}\Delta\rho(z)\cdot\arctan\left(\frac{\xi - x_i}{\zeta - z_i}\right)\mathrm{d}\zeta\Bigg|_{\xi_{j1}}^{\xi_{j2}} \end{aligned} \tag{2-3}$$

式(2-3)为一个单重积分，该积分可用基于高斯-勒让德积分的数值积分方法计算。式(2-3)可写为以下形式：

$$f_i(m_j) \approx 2G\int_{\zeta_{j1}}^{\zeta_{j2}}f(\zeta)\mathrm{d}\zeta = \frac{\zeta_{j2} - \zeta_{j1}}{2}\sum_{k=0}^{n}w_k f\left(\frac{\zeta_{j2} - \zeta_{j1}}{2}x_k + \frac{\zeta_{j2} + \zeta_{j1}}{2}\right) \tag{2-4}$$

式中，$f(\zeta)$ 为式(2-4)中的被积函数；x_k 为[-1, 1]上的高斯点，可通过求勒让德多项式 $P_{n+1}(x)$ 的零点而得到；w_k 为求积系数，其值可通过构造求积公式得到。

2）三维密度界面重力异常正演

设在直角坐标系中，z 坐标向下为正。假设地下存在一密度界面，且界面之下地层密度均匀，界面之上地层密度随深度变化，界面上下地层的密度差为 $\Delta\rho(z)$。将界面之上的地层剖分为垂直并置的直立六面体，其水平尺寸是已知的，并且为常数，柱体的顶面与地表或介质上界面重合，其底面与密度界面重合（图 2-2）。则可用该垂直并置的直立六面体在观测面引起的重力异常近似表示密度界面起伏在观测面引起的重力异常，其表达式与式(2-1)相同。

三维情形下，$f_i(m_j)$ 的表达式为

$$f_i(m_j) = G\int_{\xi_{j1}}^{\xi_{j2}}\int_{\eta_{j1}}^{\eta_{j2}}\int_{\zeta_{j1}}^{\zeta_{j2}}\Delta\rho(z)\times\frac{\zeta - z_i}{[(\xi - x_i)^2 + (\eta - y_i)^2 + (\zeta - z_i)^2]^{3/2}}\mathrm{d}\xi\mathrm{d}\eta\mathrm{d}\zeta \tag{2-5}$$

式中，G 为牛顿万有引力常数，其值为 $6.67\times10^{-11}\mathrm{N}\cdot\mathrm{m}^2/\mathrm{kg}^2$；$(x_i, y_i, z_i)$ 是观

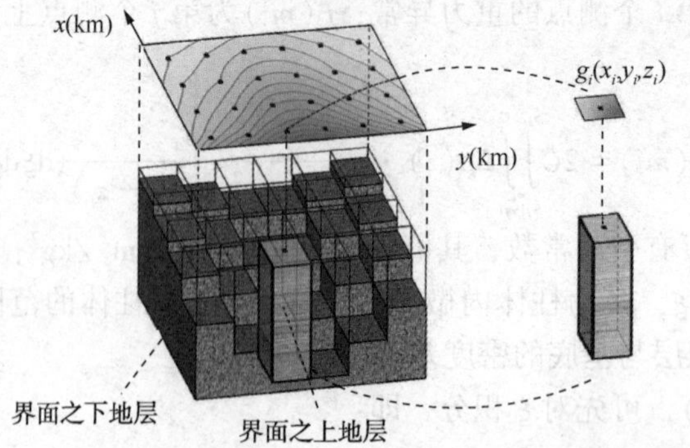

图 2-2　密度界面正演模型示意图(据 Martins 等，2011)

测点坐标，$(\xi,\ \eta,\ \zeta)$ 是场源坐标，第 j 个直立六面体的坐标范围为 $\xi_{j1} \sim \xi_{j2}$、$\eta_{j1} \sim \eta_{j2}$、$\zeta_{j1} \sim \zeta_{j2}$；$\Delta\rho(z)$ 为界面上下地层的密度差。

下面推导式(2-5)的计算表达式。首先对 ξ 积分，利用积分公式：

$$\int \frac{1}{(x^2 + a^2)^{3/2}} \mathrm{d}x = \frac{x}{a^2 \sqrt{x^2 + a^2}} + C \tag{2-6}$$

可得：

$$\begin{aligned} f_i(m_j) &= G \int_{\xi_{j1}}^{\xi_{j2}} \int_{\eta_{j1}}^{\eta_{j2}} \int_{\zeta_{j1}}^{\zeta_{j2}} \Delta\rho(z) \cdot \frac{\zeta - z_i}{[(\xi - x_i)^2 + (\eta - y_i)^2 + (\zeta - z_i)^2]^{3/2}} \mathrm{d}\xi \mathrm{d}\eta \mathrm{d}\zeta \\ &= G \int_{\xi_{j1}}^{\xi_{j2}} \int_{\eta_{j1}}^{\eta_{j2}} \int_{\zeta_{j1}}^{\zeta_{j2}} \Delta\rho(z) \cdot \frac{\zeta - z_i}{[(\xi - x_i)^2 + (\eta - y_i)^2 + (\zeta - z_i)^2]^{3/2}} \mathrm{d}(\xi - x_i) \mathrm{d}\eta \mathrm{d}\zeta \\ &= G \int_{\eta_{j1}}^{\eta_{j2}} \int_{\zeta_{j1}}^{\zeta_{j2}} \Delta\rho(z) \cdot \frac{(\zeta - z_i)(\xi - x_i)}{[(\eta - y_i)^2 + (\zeta - z_i)^2][(\xi - x_i)^2 + (\eta - y_i)^2 + (\zeta - z_i)^2]^{1/2}} \\ &\quad \mathrm{d}\eta \mathrm{d}\zeta \Big|_{\xi_{j1}}^{\xi_{j2}} \end{aligned} \tag{2-7}$$

然后对 η 积分，并令 $r = [(\xi - x_i)^2 + (\eta - y_i)^2 + (\zeta - z_i)^2]^{1/2}$，则式(2-7)可写为

$$f_i(m_j) = G \int_{\eta_{j1}}^{\eta_{j2}} \int_{\zeta_{j1}}^{\zeta_{j2}} \Delta\rho(z) \cdot \frac{(\zeta - z_i)(\xi - x_i)}{[(\eta - y_i)^2 + (\zeta - z_i)^2] r} \mathrm{d}\eta \mathrm{d}\zeta \Big|_{\xi_{j1}}^{\xi_{j2}} \tag{2-8}$$

令 $I = \int_{\eta_{j1}}^{\eta_{j2}} \frac{(\zeta - z_i)(\xi - x_i)}{[(\eta - y_i)^2 + (\zeta - z_i)^2] r} \mathrm{d}\eta$，则式(2-8)可写为：

$$f_i(m_j) = G \int_{\zeta_{j1}}^{\zeta_{j2}} \Delta\rho(z) \cdot I \mathrm{d}\zeta \Big|_{\xi_{j1}}^{\xi_{j2}} \tag{2-9}$$

下面用换元法计算 I。

令$(\eta-y_i)=\sqrt{(\xi-x_i)^2+(\zeta-z_i)^2}\cdot \tan t=a\cdot \tan t$，$\left(-\dfrac{\pi}{2}\leqslant t\leqslant\dfrac{\pi}{2}\right)$，则

$$d(\eta-y_i)=a\sec^2 t\cdot dt$$

所以

$$I=(\xi-x_i)(\zeta-z_i)\int_{t_1}^{t_2}\frac{a\sec^2 t}{a\cdot \sec t[a^2\tan^2 t+(\zeta-z_i)^2]}dt$$

$$=(\xi-x_i)(\zeta-z_i)\int_{t_1}^{t_2}\frac{\sec t}{a^2\tan^2 t+(\zeta-z_i)^2}dt$$

$$=(\xi-x_i)(\zeta-z_i)\int_{t_1}^{t_2}\frac{\cos t}{a^2\sin^2 t+(\zeta-z_i)^2\cos^2 t}dt$$

$$=(\xi-x_i)(\zeta-z_i)\int_{t_1}^{t_2}\frac{\cos t}{a^2\sin^2 t+(\zeta-z_i)^2\cos^2 t}dt$$

$$=(\xi-x_i)(\zeta-z_i)\int_{t_1}^{t_2}\frac{d\sin t}{[a^2-(\zeta-z_i)^2]\sin^2 t+(\zeta-z_i)^2}$$

$$=(\xi-x_i)(\zeta-z_i)\int_{t_1}^{t_2}\frac{d\sin t}{(\xi-x_i)^2\sin^2 t+(\zeta-z_i)^2}$$

$$=(\xi-x_i)(\zeta-z_i)\cdot\frac{1}{(\xi-x_i)(\zeta-z_i)}\arctan\left[\frac{(\xi-x_i)\sin t}{(\zeta-z_i)}\right]\Bigg|_{t_1}^{t_2}$$

$$=\arctan\left[\frac{(\xi-x_i)(\eta-y_i)}{(\zeta-z_i)r}\right]\Bigg|_{\eta_{j1}}^{\eta_{j2}}$$

将以上积分结果代入式(2-9)中，可得：

$$f_i(m_j)=G\int_{\zeta_{j1}}^{\zeta_{j2}}\Delta\rho(z)\cdot\arctan\left[\frac{(\xi-x_i)(\eta-y_i)}{(\zeta-z_i)r}\right]d\zeta\ \Bigg|_{\eta_{j1}}^{\eta_{j2}}\Bigg|_{\xi_{j1}}^{\xi_{j2}} \tag{2-10}$$

上式的单重积分亦可用基于高斯-勒让德积分的数值积分方法计算，写为以下形式：

$$f_i(m_j)\approx 2G\int_{\zeta_{j1}}^{\zeta_{j2}}f(\zeta)d\zeta=\frac{\zeta_{j2}-\zeta_{j1}}{2}\sum_{k=0}^{n}w_k f\left(\frac{\zeta_{j2}-\zeta_{j1}}{2}x_k+\frac{\zeta_{j2}+\zeta_{j1}}{2}\right) \tag{2-11}$$

式中，$f(\zeta)$为式(2-10)中的被积函数；x_k为$[-1, 1]$上的高斯点，可通过求勒让德多项式$P_{n+1}(x)$的零点而得到；w_k为求积系数，其值可通过构造求积公式得到。

高斯-勒让德求积公式具有$2n+1$次代数精度，但是当积分区间$[\zeta_{j1}, \zeta_{j2}]$的长度较大时，计算精度不高。为提高计算精度，可采用增加节点数的方法，但节

点数太多时，高斯-勒让德求积公式较复杂，并且效率下降，为此，常采用5个高斯点的变步长求积法进行求解，其代数精度为9阶。

2. 面元法

面元法通常将密度界面之上或之下的介质剖分为直立面元或水平面元，用所有面元引起的重力异常之和近似该密度界面的重力异常。亦可根据需要将介质剖分为倾斜面元，但目前并未见到相关研究。现以分别介绍直立面元法和水平面元法原理。

1）直立面元法

以一组互相平行的铅垂面（设与 YOZ 坐标面平行），将三度体分为若干个直立薄片，每一片又用适当的多边形来逼近其形状，用解析法计算每一薄片在计算点的作用值，最后对所有薄片的作用值进行数值积分即可得到整个三度体引起的异常。

根据重力异常基本计算公式：

$$\Delta g = G\sigma \iiint_V \frac{(\zeta - z)}{[(\xi - x)^2 + (\eta - y)^2 + (\zeta - z)^2]^{3/2}} \mathrm{d}\xi \mathrm{d}\eta \mathrm{d}\zeta \tag{2-12}$$

式中，G 为万有引力常量；σ 为剩余密度。

当计算点在原点时，式（2-12）可化为：

$$\Delta g = G\sigma \iiint_V \frac{\zeta}{(\xi^2 + \eta^2 + \zeta^2)^{3/2}} \mathrm{d}\xi \mathrm{d}\eta \mathrm{d}\zeta = G\sigma \int_{\xi_1}^{\xi_2} \mathrm{d}\xi \iint_S \frac{\zeta}{(\xi^2 + \eta^2 + \zeta^2)^{3/2}} \mathrm{d}\eta \mathrm{d}\zeta \tag{2-13}$$

直立面元数值积分的思路为：

（1）在 OX 轴上积分区间内选 $m+1$ 个节点 ξ_j，$j=0, 1, \cdots, m$，过节点做垂直于 OX 轴的平面，穿切三度体得到直立截面 S_j，$j=0, 1, \cdots, m$。

（2）采用直角梯形组合法求每一个切片的异常，即：

$$f(\xi_j) = \iint_{S_j} \frac{\zeta}{(\xi_j^2 + \eta^2 + \zeta^2)^{3/2}} \mathrm{d}\eta \mathrm{d}\zeta \tag{2-14}$$

（3）采用一维数值积分法求积分规则体的异常：

$$\Delta g = G\sigma \sum_{j=0}^{m} A_j f(\xi_j) \tag{2-15}$$

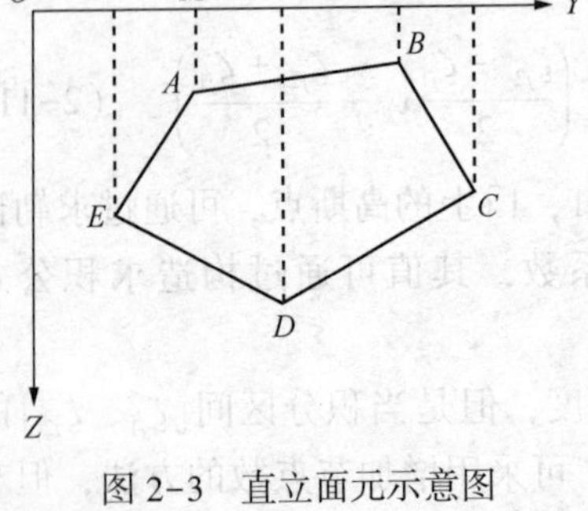

图 2-3　直立面元示意图

如图 2-3 所示，用 n 边形逼近截面 S_j，则其中的每一条边（如 AB）都与它在 XOY 面上的投影（MN）构成一个“直角梯形”（ABM），计有 T_{ij}，$i=0, 1, \cdots, n$ 个。设第 j 个截面上第 i 边的直角梯形（T_{ij}）的定积分为 φ_{ij}，即：

$$\varphi_{ij} = \iint_{T_{ij}} \frac{\zeta}{(\xi_j^2 + \eta^2 + \zeta^2)^{3/2}} \mathrm{d}\eta \mathrm{d}\zeta \tag{2-16}$$

可以证明，如果按照逆时针顺序排列多边形角点，则有 $f(\xi_j) \approx \sum_{i=1}^{n_j} \varphi_{ij}$，其近似程度取决于多边形对截面 S_j 的逼近程度。

设多边形第 i 边两端点的坐标为 $A(\eta_i, \zeta_i)$，$B(\eta_{i+1}, \zeta_{i+1})$，线段 AB 所在的直线方程为 $\zeta_{AB} = c_i\eta + d_i$，则：

$$\varphi_{ij} = \iint_{T_{ij}} \frac{\zeta}{(\xi_j^2 + \eta^2 + \zeta^2)^{3/2}} \mathrm{d}\eta \mathrm{d}\zeta = \int_{\eta_i}^{\eta_{i+1}} \mathrm{d}\eta \int_0^{\zeta_{AB}} \frac{\zeta}{(\xi_j^2 + \eta^2 + \zeta^2)^{3/2}} \mathrm{d}\zeta \tag{2-17}$$

计算式(2-17)所示的二重积分，得 $\varphi_{ij} = \varphi_{ij1} + \varphi_{ij2}$，其中：

$$\varphi_{ij1} = \int_{\eta_i}^{\eta_{i+1}} \frac{\mathrm{d}\eta}{(\xi_j^2 + \eta^2 + \zeta_{AB}^2)^{1/2}} = \frac{1}{\sqrt{1 + c_i^2}} \ln \frac{R_{i+1}\sqrt{1 + c_i^2} + \eta_{i+1}(1 + c_i^2) + c_i d_i}{R_i\sqrt{1 + c_i^2} + \eta_i(1 + c_i^2) + c_i d_i} \tag{2-18}$$

$$\varphi_{ij2} = -\int_{\eta_i}^{\eta_{i+1}} \frac{\mathrm{d}\eta}{(\xi_j^2 + \eta^2)^{1/2}} = \ln \frac{\eta_i + \sqrt{\xi_j^2 + \eta_i^2}}{\eta_{i+1} + \sqrt{\xi_j^2 + \eta_{i+1}^2}} \tag{2-19}$$

当 $i = n_j$ 时 $\xi_{i+1} = \xi_1$，$\eta_{i+1} = \eta_1$，故有 $\sum_{i=1}^{n} \varphi_{ij2} = 0$，于是得到直立面元数值积分方式：

$$\Delta g = G\sigma \sum_{j=0}^{m} A_j \sum_{i=1}^{n_j} \frac{1}{\sqrt{1 + c_i^2}} \ln \frac{R_{i+1}\sqrt{1 + c_i^2} + \eta_{i+1}(1 + c_i^2) + c_i d_i}{R_i\sqrt{1 + c_i^2} + \eta_i(1 + c_i^2) + c_i d_i} \tag{2-20}$$

式中，$m+1$ 为直立截面数；A_j 是数值积分的求积系数；n_j 为第 j 个截面多边形的边数；c_i 和 d_i 为第 j 个截面上第 i 边的斜率和截距；(ξ_j, η_i, ζ_i)，$(\xi_j, \eta_{i+1}, \zeta_{i+1})$ 是第 j 个截面多边形第 i 和 $i+1$ 角点的坐标：

$$c_i = \frac{\zeta_{i+1} - \zeta_i}{\eta_{i+1} - \eta_i}, \quad d_i = \frac{\zeta_i\eta_{i+1} - \zeta_{i+1}\eta_i}{\eta_{i+1} - \eta_i}$$

R_i，R_{i+1} 是第 j 个截面多边形第 i 和 $i+1$ 角点到坐标原点的距离：

$$R_i = (\xi_j^2 + \eta_i^2 + \zeta_i^2)^{1/2}, \quad R_{i+1} = (\xi_j^2 + \eta_{i+1}^2 + \zeta_{i+1}^2)^{1/2}$$

该方法以垂直截面上的直角梯形，即所谓直立面元为基本计算单元。在式(2-14)中，当 $\eta_{i+1} > \eta_i$ 时，$\varphi_{ij} > 0$；反之 φ_{ij} 绝对值相同，符号相反。正式这种定积分的方向性决定了只要 n 个角点按顺序依次排列，则其重叠的部分(即截面 T_i 之外的部分)就会彼此抵消。不过使用此方法是需要注意，截面多边形角点必须按逆时针顺序排列，否则计算值就会是负数。

2）水平面元法

Talwani 等提出了计算不规则形体重力异常的水平面元法，在国际上非常流行。

根据重力异常基本计算式(2-12)，当计算点在原点时，原公式可化为：

$$\Delta g = G\sigma \iiint_V \frac{\zeta}{(\xi^2+\eta^2+\zeta^2)^{3/2}}\mathrm{d}\xi\mathrm{d}\eta\mathrm{d}\zeta = G\sigma\int_{\zeta_1}^{\zeta_2}\zeta\mathrm{d}\zeta\iint_S \frac{1}{(\xi^2+\eta^2+\zeta^2)^{3/2}}\mathrm{d}\eta\mathrm{d}\xi \tag{2-21}$$

转化为柱坐标系，可得：

$$\Delta g = G\sigma\int_{\zeta_1}^{\zeta_2}\zeta\mathrm{d}\zeta\iint_S \frac{\zeta}{(r^2+\zeta^2)^{3/2}}\mathrm{d}r\mathrm{d}\alpha \tag{2-22}$$

水平面元数值积分法的思路为：

(1) 在 OX 轴上积分区间内选 $m+1$ 个节点 ζ_j，$j=0$，1，…，m，过节点做垂直于 OZ 轴的平面，穿切三度体得到水平截面 S_j，$j=0$，1，…，m；

(2) 采用水平三角形组合法求积分：

$$f(\zeta_j) = \iint_{S_j} \frac{\zeta_j r}{(r^2+\zeta_j^2)^{3/2}}\mathrm{d}r\mathrm{d}\alpha \tag{2-23}$$

(3) 采用一维数值积分法求积分：

$$\Delta g = G\sigma\sum_{j=0}^{m}A_j f(\zeta_j) \tag{2-24}$$

如图 2-4 所示，用 n 边形逼近截面 S_j，则其中的每一条边(如 AB)都与 OZ 轴上的 $Q_j(0,0,\zeta_j)$ 点构成一个水平三角形(AQB)记为 T_{ij}，$i=1$，…，n。第 j 个截面上第 i 边的水平三角形(T_{ij})的定积分为 φ_{ij}，即：

$$\varphi_{ij} = \iint_{T_{ij}} \frac{\zeta_j r}{(r^2+\zeta_j^2)^{3/2}}\mathrm{d}r\mathrm{d}\alpha$$

可以证明，如果按照顺时针顺序排列多边形角点 $i=1$，2，…，n，则有 $f(\zeta_j)\approx\sum_{i=1}^{n_j}\varphi_{ij}$，其近似程度取决于多边形对截面 S_j 的逼近程度。

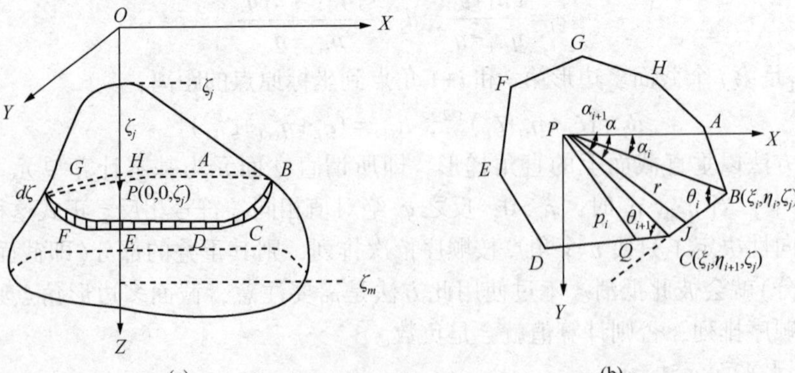

图 2-4　水平面元示意图

设多边形第 i 边两端点的直角坐标为 $A(\xi_i, \eta_i, \zeta_j)$，$B(\xi_{i+1}, \eta_{i+1}, \zeta_j)$，圆柱坐标为 $A(\alpha_i, r_i, \zeta_j)$，$B(\alpha_{i+1}, r_{i+1}, \zeta_j)$，线段 AB 所在的直线的柱坐标方程为 $r_{AB}=\rho_i/\sin\theta$，其中 ρ_i 是直线 AB 到原点的距离（QD），θ 是向径 r_{AB} 与直线 AB 的夹角，$\theta=\alpha-\alpha_i+\theta_i$，$\theta_i$，$\theta_{i+1}$ 是向径 r_i，r_{i+1} 与直线 AB 的夹角（图 2-4）。

$$\varphi_{ij} = \int_{\alpha_i}^{\alpha_{i+1}} \mathrm{d}\alpha \int_0^{r_{AB}} \frac{\zeta_j r}{(r^2+\zeta_j^2)^{3/2}}\mathrm{d}r = \int_{\alpha_i}^{\alpha_{i+1}}\left[1-\frac{\zeta_j}{(r_{AB}^2+\zeta_j^2)^{1/2}}\right]\mathrm{d}\alpha$$

$$= \alpha_{i+1}-\alpha_i-\int_{\theta_i}^{\theta_{i+1}}\frac{\zeta_j}{\left(\dfrac{\rho_j^2}{\sin^2\theta}+\zeta_j^2\right)^{1/2}}\mathrm{d}\theta$$

$$= \alpha_{i+1}-\alpha_i+\sin^{-1}\frac{\zeta_j\cos\theta_{i+1}}{(\rho_i^2+\zeta_j^2)^{1/2}}-\sin^{-1}\frac{\zeta_j\cos\theta_i}{(\rho_i^2+\zeta_j^2)^{1/2}} \tag{2-25}$$

最后，得到水平面元数值积分公式：

$$\Delta g = G\sigma\sum_{j=0}^{m}A_j\left\{\sum_{i=1}^{n_j}(\alpha_{i+1}-\alpha_i)+\sum_{i=1}^{n_j}\left[\sin-1\frac{\zeta_j\cos\theta_{i+1}}{(\rho_i^2+\zeta_i^2)^{1/2}}-\sin^{-1}\frac{\zeta_j\cos\theta_i}{(\rho_i^2+\zeta_i^2)^{1/2}}\right]\right\} \tag{2-26}$$

式中，$m+1$ 为水平截面各数；A_j 是数值积分的求积系数；n_j 为第 j 个截面多边形的边数；(ξ_i, η_i, ζ_j)，$(\xi_{i+1}, \eta_{i+1}, \zeta_j)$ 是第 j 个截面多边形中第 i 边两角点的坐标。

$$\alpha_i=\tan^{-1}\frac{\zeta_i}{\eta_i},\quad \alpha_i=\tan^{-1}\frac{\xi_{i+1}}{\eta_{i+1}}$$

$$\rho_i=\frac{\xi_i\eta_{i+1}-\xi_{i+1}\eta_i}{\sqrt{(\xi_{i+1}-\xi_i)^2+(\eta_{i+1}-\eta_i)^2}}$$

$$\theta_i=\sin^{-1}\frac{\rho_i}{\sqrt{\xi_i^2+\eta_i^2}},\quad \theta_{i+1}=\sin^{-1}\frac{\rho_i}{\sqrt{\xi_{i+1}^2+\eta_{i+1}^2}}$$

以上公式中，当 $i=n_j$ 时，$\xi_{i+1}=\xi_1$，$\eta_{i+1}=\eta_1$。

该方法以水平三角形，即水平面元为基本计算单元。在式（2-14）中，当 $\eta_{i+1}>\eta_i$ 时；$\varphi_{ij}>0$，反之 φ_{ij} 绝对值相同，符号相反。正式这种定积分的方向性决定了只要 n 个角点按顺序依次排列，则其重叠的部分（即截面 T_i 之外的部分）就会彼此抵消。不过使用此方法是需要注意，截面多边形角点必须按顺时针顺序排列，否则计算值就会是负数。

在应用式（2-23）时，编写程序时应注意判明 OZ 轴与平面的交点（Q）相对于多边形的位置。当 Q 点位于多边形内部时，$\sum_{i=1}^{n}(\alpha_{i+1}-\alpha_i)=2\pi$；当 Q 点位于多边形的一个边上时，$\sum_{i=1}^{n}(\alpha_{i+1}-\alpha_i)=\pi$；当 Q 点恰好与某一角点重合时，

$\sum_{i=1}^{n}(\alpha_{i+1}-\alpha_i)$ 等于组成该角点的相邻的两边的夹角；而当 Q 点位于多边形以外时，$\sum_{i=1}^{n}(\alpha_{i+1}-\alpha_i)=0$。

本方法对于计算以等深线表示的沉积盆地的异常十分有利，特别是当密度随深度变化需要分层时更为方便。同时，它以可以用来计算以等高线表示的地形起伏质量引起的重力异常，用以进行地形校正。

3. 线元法

根据重力异常基本计算式(2-12)，当计算点在原点时，公式可化为：

$$\Delta g = G\sigma\iiint_V \frac{\zeta}{(\xi^2+\eta^2+\zeta^2)^{3/2}}\mathrm{d}\xi\mathrm{d}\eta\mathrm{d}\zeta$$

$$= G\sigma\iint_S\left[\frac{1}{(\xi^2+\eta^2+\zeta_1^2)^{1/2}}-\frac{1}{(\xi^2+\eta^2+\zeta_2^2)^{1/2}}\right]\int_{\zeta_1}^{\zeta_2}\mathrm{d}\eta\mathrm{d}\xi \tag{2-27}$$

式中，$\zeta_1=\psi_1(\xi,\ \eta)$，$\zeta_2=\psi_2(\xi,\ \eta)$为不规则三度体顶面和底面的曲面方程。

如果不规则几何体顶面和底面已经被某种节点网控制，即可采用数值积分：

$$\Delta g = G\sigma\sum_{j=0}^{m}D_j\sum_{i=0}^{n_j}E_{ij}\left[\frac{1}{(\xi_{ij}^2+\eta_j^2+\zeta_{ij1}^2)^{1/2}}-\frac{1}{(\xi_{ij}^2+\eta_j^2+\zeta_{ij2}^2)^{1/2}}\right] \tag{2-28}$$

式中，ξ_{ij}为第 j 条线上第 i 节点的 X 坐标；η_j 为第 j 条线的 Y 坐标；ζ_{ij1}、ζ_{ij2}为第 j 条线上第 i 节点顶面和底面的 Z 坐标；D_j 为第 j 条线的求积系数；E_{ij}为第 j 条线上第 i 节点的求积系数。

第二节　边界单元法

1. 二度体重力异常正演

由二度体重力异常基本公式：

$$\Delta g(x,\ z) = 2G\iint_S\Delta\rho(z)\frac{(\zeta-z)}{(\xi-x)^2+(\zeta-z)^2}\mathrm{d}\xi\mathrm{d}\zeta \tag{2-29}$$

可知，当计算点与坐标原点重合时，$x=z=0$，面元 $\mathrm{d}S=\mathrm{d}\xi\mathrm{d}\zeta$ 在原点处引起的重力异常为：

$$\Delta g(0,\ 0) = 2G\iint_S\Delta\rho(z)\frac{\zeta}{\xi^2+\zeta^2}\mathrm{d}\xi\mathrm{d}\zeta \tag{2-30}$$

利用斯托克斯定理，式(2-31)可写为

$$\Delta g(0,\ 0) = 2G\oint\Delta\rho(z)\arctan\frac{\xi}{\zeta}\mathrm{d}\zeta \tag{2-31}$$

由于 $\arctan\dfrac{\xi}{\zeta}=\theta$，上式可写为

$$\Delta g(0,\ 0)=2G\oint\Delta\rho(z)\theta\mathrm{d}\zeta \tag{2-32}$$

上式是变密度不规则截面二度体重力异常计算公式。对于横截面为任意形状的二度体(图 2-5)，可用多边形来逼近其截面的形状，只要给出多边形各角点的坐标，即可计算出二度体的重力异常。根据密度变化规律的不同，相应的有不同的计算公式。

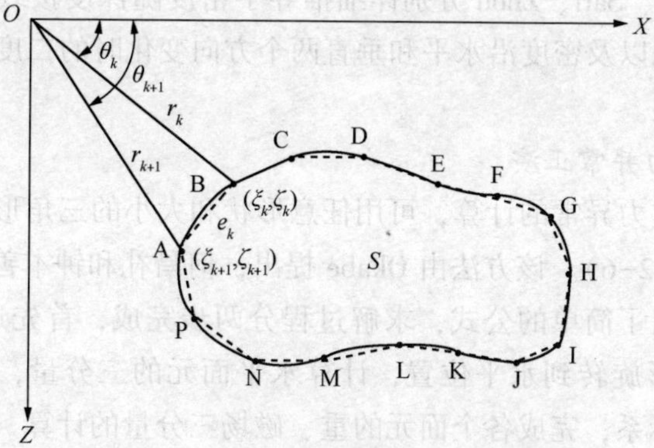

图 2-5　二度体及其离散模型示意图

文献中给出了常密度情形下[即 $\Delta\rho(z)=\sigma$]时的正演计算公式。用多边形 *ABCD*…逼近图 2-5 所示的二度体，*AB* 边与 *O* 点围成的三角形在 *O* 点引起的重力异常为：

$$\Delta g_i=2G\sigma\int_{\theta_i}^{\theta_{i+1}}\mathrm{d}\theta\int_0^{\zeta}\mathrm{d}\zeta=2G\sigma\int_{\theta_i}^{\theta_{i+1}}\zeta\mathrm{d}\theta \tag{2-33}$$

利用 $\xi=\zeta\cot\theta$ 以及 *A*、*B* 两点的直线方程可得：

$$\zeta=\frac{\xi_i\zeta_{i+1}-\xi_{i+1}\zeta_i}{\cot\theta(\zeta_{i+1}-\zeta_i)-(\xi_{i+1}-\xi_i)}$$

将上式代入式(2-14)中可得：

$$\begin{aligned}\Delta g_i&=2G\sigma(\xi_i\zeta_{i+1}-\xi_{i+1}\zeta_i)\int_{\theta_i}^{\theta_{i+1}}\frac{\mathrm{d}\theta}{\cot\theta(\zeta_{i+1}-\zeta_i)-(\xi_{i+1}-\xi_i)}\\&=2G\sigma\frac{(\xi_i\zeta_{i+1}-\xi_{i+1}\zeta_i)}{(\zeta_{i+1}-\zeta_i)^2+(\xi_{i+1}-\xi_i)^2}\\&\left[(\xi_{i+1}-\xi_i)\left(\arctan\frac{\zeta_i}{\xi_i}-\arctan\frac{\zeta_{i+1}}{\xi_{i+1}}\right)+\frac{1}{2}(\zeta_{i+1}-\zeta_i)\ln\frac{\xi_{i+1}^2+\zeta_{i+1}^2}{\xi_i^2+\zeta_i^2}\right]\end{aligned} \tag{2-34}$$

用同样的办法，可计算其他三角形的重力异常值，并将其相加，可得到二度体在原点处引起的重力异常。若多边形有 n 个边，则其重力异常表达式为：

$$\Delta g(0,\ 0)=\sum_{i=1}^{n}\Delta g_i=2G\sigma\sum_{i=1}^{n}\frac{(\xi_i\zeta_{i+1}-\xi_{i+1}\zeta_i)}{(\zeta_{i+1}-\zeta_i)^2+(\xi_{i+1}-\xi_i)^2}$$
$$\left[(\xi_{i+1}-\xi_i)\left(\arctan\frac{\zeta_i}{\xi_i}-\arctan\frac{\zeta_{i+1}}{\xi_{i+1}}\right)+\frac{1}{2}(\zeta_{i+1}-\zeta_i)\ln\frac{\xi_{i+1}^2+\zeta_{i+1}^2}{\xi_i^2+\zeta_i^2}\right] \tag{2-35}$$

此外，Murthy、Sari、Zhou 分别详细推导了密度随深度按线性变化、密度随深度按双曲线变化以及密度沿水平和垂直两个方向变化时的二度体重力异常表达式，这里不再赘述。

2. 三度体重力异常正演

对于三度体重力异常的计算，可用任意形状和大小的三角形构成的多面体来逼近任意形体(图 2-6)。该方法由 Okabe 提出，何昌礼和钟本善对计算公式重新进行了研究，给出了简单的公式，求解过程分两步完成，首先通过坐标系旋转，将要计算的三角形旋转到水平位置，计算水平面元的三分量，然后再通过逆旋转，转回到原坐标系，完成各个面元的重、磁场三分量的计算。

设$(x,\ y,\ z)$坐标系中有一个任意的四面体 $ABCD$，其每个面为一个三角形、各角点的坐标如图 2-7 所示，计算 Δg 的公式为：

$$\Delta g(0,\ 0,\ 0)=G\sigma\iiint_V\frac{z}{(x^2+y^2+z^2)^{3/2}}\mathrm{d}x\mathrm{d}y\mathrm{d}z \tag{2-36}$$

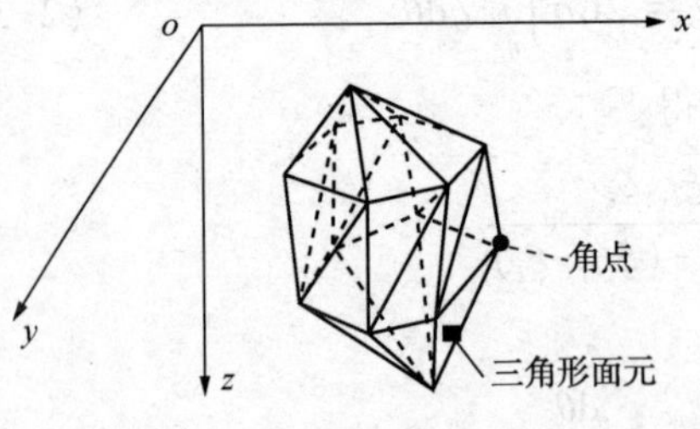

图 2-6　三角形多面体法示意图

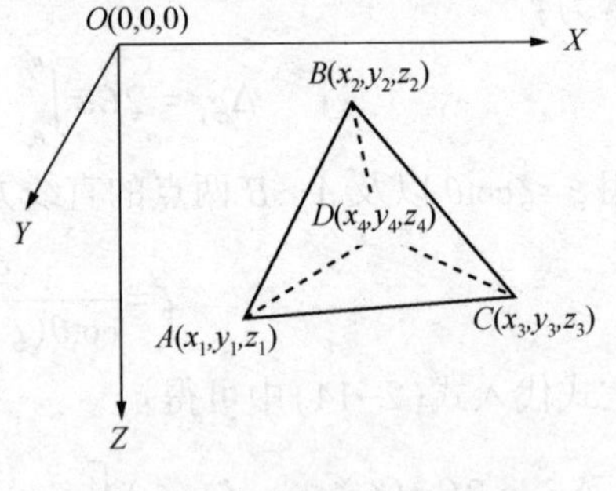

图 2-7　任意四面体示意图

利用高斯公式：

$$\iiint_V -\frac{\partial R}{\partial z}\mathrm{d}V=\iint_S R\cos\phi\mathrm{d}s \tag{2-37}$$

式中，$\mathrm{d}s$ 为面积元；$\cos\phi$ 为面积元 $\mathrm{d}s$ 的外法线与 z 轴之夹角的余弦。对比式(2-36)与式(2-37)左端可得：

$$\frac{\partial R}{\partial z}=\frac{z}{(x^2+y^2+z^2)^{3/2}} \tag{2-38}$$

故：

$$R=\int\frac{z}{(x^2+y^2+z^2)^{3/2}}\mathrm{d}z=\frac{-1}{(x^2+y^2+z^2)^{1/2}}$$

将上式代入式(2-37)中，并结合式(2-36)可得：

$$\begin{aligned}\Delta g(0,\ 0,\ 0)&=G\sigma\iint\limits_{S}\frac{-\cos\phi\mathrm{d}s}{(x^2+y^2+z^2)^{1/2}}\\&=G\sigma\sum_{i=1}^{n}\cos\phi_i\iint\limits_{S_i}\frac{-\mathrm{d}s}{(x^2+y^2+z^2)^{1/2}}\\&=G\sigma\sum_{i=1}^{n}\cos\phi_i\iint\limits_{S_i}u\mathrm{d}s=G\sigma\sum_{i=1}^{n}\cos\phi_i\cdot I_i\end{aligned} \tag{2-39}$$

其中

$$u=-1/(x^2+y^2+z^2)^{1/2} \tag{2-40}$$

$$I_i=\iint\limits_{S_i}[-(x^2+y^2+z^2)^{-1/2}]\mathrm{d}s \tag{2-41}$$

式中，n 为三角形个数；ϕ_i 为第 i 个三角形的外法线与 z 轴的夹角；S_i 为第 i 个三角形的面积。

为方便地计算 I_i，需要进行坐标旋转，使得 z 轴与所需积分的三角面的外法线方向一致。首先绕 z 轴转动 x 轴和 y 轴，直到所转动的 x 轴方向与所计算的三角形的外法线在 xoy 面上的投影方向一致，即在 xoy 面上逆时针转动 θ 角，得到暂态坐标系(x'，y，z)(图2-8)；然后绕 y 轴转动 z 轴和 x'轴，使得 z 轴方向与三角形外法线方向一致，从而确定了 X 轴和 Z 轴的位置，即利用暂态坐标系(x'，y，z)，使 zox' 面顺时针旋转 ϕ 角获得新坐标系(X，Y，Z)，该坐标变换可写为：

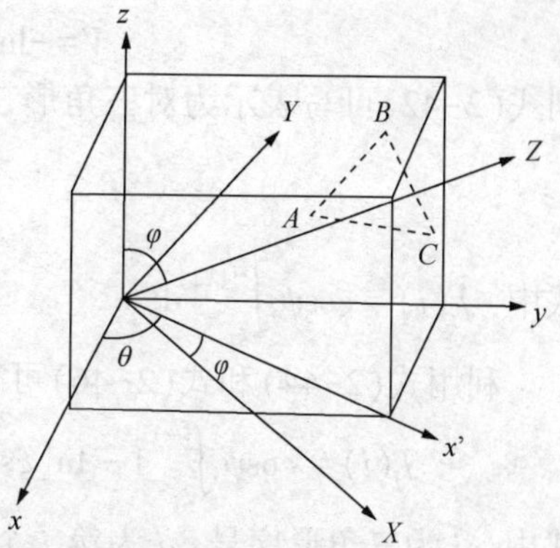

图 2-8 坐标旋转示意图(1)

$$\begin{pmatrix}X\\Y\\Z\end{pmatrix}=\begin{pmatrix}\cos\phi & 0 & -\sin\phi\\0 & 1 & 0\\\sin\phi & 0 & \cos\phi\end{pmatrix}\cdot\begin{pmatrix}\cos\theta & \sin\theta & 0\\-\sin\theta & \cos\theta & 0\\0 & 0 & 1\end{pmatrix}\begin{pmatrix}x\\y\\z\end{pmatrix} \tag{2-42}$$

式中 $0\leqslant\theta\leqslant2\pi$，$0\leqslant\phi\leqslant\pi$，故式(2-41)可写为：

$$I_i = \iint_{S_i} [- (X^2 + Y^2 + Z^2)^{-1/2}] \mathrm{d}X\mathrm{d}Y \tag{2-43}$$

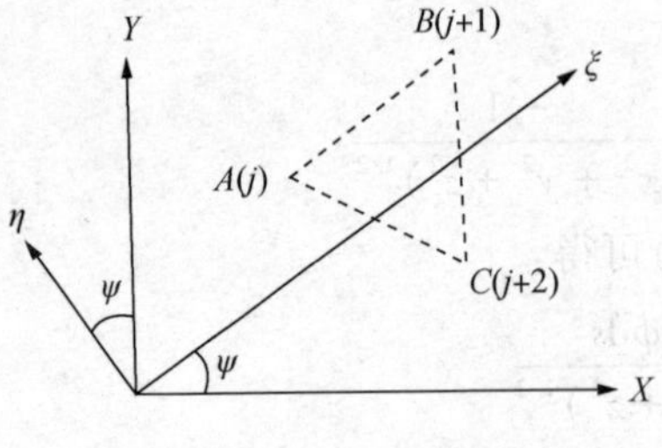

图 2-9 坐标旋转示意图(2)

为计算式(2-43)，在 XY 平面内再进行一次坐标旋转。假定三角形第 j 边的角点为 $j(A)$ 和 $j+1(B)$，将 XY 反时针转动 ψ 角，使 Y 方向与 j 边的外法线方向一致，得到新的坐标系(ξ，η)(图 2-9)。

$$\begin{pmatrix} \xi \\ \eta \end{pmatrix} = \begin{pmatrix} \cos\psi & \sin\psi \\ -\sin\psi & \cos\psi \end{pmatrix} \begin{pmatrix} X \\ Y \end{pmatrix} \tag{2-44}$$

其中：

$$\cos\psi = \frac{X_{j+1}-X_j}{[(X_{j+1}-X_j)^2+(Y_{j+1}-Y_j)^2]^{1/2}} \tag{2-45}$$

$$\sin\psi = \frac{Y_{j+1}-Y_j}{[(X_{j+1}-X_j)^2+(Y_{j+1}-Y_j)^2]^{1/2}} \tag{2-46}$$

式中，$0 \leqslant \psi \leqslant 2\pi$，显然 η 在第 j 边为常数，$\cos\psi$ 为该边外法线在 y 方向的方向余弦。可利用下式确定 V 函数：

$$\frac{\partial V}{\partial Y} = u$$

利用式(2-40)，可得：

$$V = -\ln[y+(x^2+y^2+z^2)^{1/2}] \tag{2-47}$$

则式(2-42)可写表示为对三角形三边的定积分之和：

$$I_j = \sum_{j=1}^{3} J_j(i) \tag{2-48}$$

式中，$J_j(i) = \cos\psi_j \int_{\xi_i}^{\xi_{i+1}} V\mathrm{d}\xi$

利用式(2-44)和式(2-46)可得：

$$J_j(i) = \cos\psi_j \int_{\xi_i}^{\xi_{i+1}} \{ - \ln[\xi\sin\psi + \eta\cos\psi + (\xi^2 + \eta^2 + z^2)^{1/2}] \} \mathrm{d}\xi \tag{2-49}$$

式中，i 为三角形序号；j 为第 i 个三角形中的边序号。对式(2-49)进行分部积分，进行变量代换，可得 $J_j(i)$ 的表达式为：

$$J_j(i) = \{ (X\sin\psi - Y\cos\psi) \ln[X\cos\psi + Y\sin\psi + (X^2+Y^2+Z^2)^{1/2}] \\ -2Z\arctan\frac{(1+\sin\psi)[Y+(X^2+Y^2+Z^2)1/2]+X\cos\psi}{Z\cos\psi} \Big\}_{x_j \; y_j}^{x_{j+1} y_{j+1}} \tag{2-50}$$

所以，多面体重力异常 Δg 的表达式为：

$$\Delta g(0, 0, 0) = G\sigma \sum_{i=1}^{n} \left[\cos\phi_i \sum_{j=1}^{3} J_j(i) \right] \tag{2-51}$$

由式(2-51)可知，要计算 Δg，需先计算 $J_j(i)$，而欲计算 $J_j(i)$，必须先计算式(2-46)中的 ψ 和 X、Y、Z，进而计算出式(2-42)中的 θ 和 ϕ，要计算 θ 和 ϕ，需要引入(x, y, z)坐标系中第 i 个多边形 S_i 的 3 个角点坐标。根据角点坐标，可计算出空间三角形分别在 yoz、zox 和 xoy 坐标平面两倍的投影面积 S_{yz}、S_{zx} 和 S_{xy}：

$$S_{xy}=|x_1(y_2-y_3)+x_2(y_3-y_1)+x_3(y_1-y_2)|$$

$$S_{yz}=|y_1(z_2-z_3)+y_2(z_3-z_1)+y_3(z_1-z_2)|$$

$$S_{zx}=|z_1(x_2-x_3)+z_2(x_3-x_1)+z_3(x_1-x_2)|$$

从而得：

$\cos\theta=-S_{yz}/\sqrt{S_{yz}^2+S_{zx}^2}$，$\sin\theta=-S_{xy}/\sqrt{S_{yz}^2+S_{zx}^2}$，$\cos\phi=-S_{xy}/\sqrt{S_{xy}^2+S_{yz}^2+S_{zx}^2}$，$\sin\phi=\sqrt{S_{yz}^2+S_{zx}^2}/\sqrt{S_{yz}^2+S_{zx}^2+S_{xy}^2}$

从以上公式可知，计算 Δg 所需的全部量都可以用(x, y, z)坐标系中多面体的角点坐标表示出来。具体步骤如下：

(1) 将任意复杂形体表面划分成一系列的三角形，并对所有三角形的角点给出 x、y、z 的坐标值；

(2) 对于任一个三角形的角点坐标 $A(x_1, y_1, z_1)$、$B(x_2, y_2, z_2)$ 和 $C(x_3, y_3, z_3)$，计算出 S_{yz}、S_{zx} 和 S_{xy}；

(3) 由 S_{yz}、S_{zx} 和 S_{xy}，计算 $\cos\theta$、$\sin\theta$、$\cos\phi$ 和 $\sin\phi$；

(4) 根据式(2-42)将(x, y, z)转换为(X, Y, Z)坐标；

(5) 由式(2-45)和式(2-46)计算 $\cos\psi$ 和 $\sin\psi$；

(6) 利用 X、Y、Z 和 $\sin\psi$、$\cos\psi$ 由式(2-50)计算 $J_j(i)$；

(7) 用式(2-51)计算整个多面体的 Δg 值。

第三章　空间域密度界面直接迭代反演方法

直接迭代法是出现较早的方法，也是研究和应用较多的一类方法。该方法最早由 Bott 提出，其原理是利用无限大平板重力异常公式逐次逼近消除剩余异常。该方法每次迭代修改量可利用线性迭代公式直接计算得到，这是其被称为直接迭代法的原因。本章首先介绍直接迭代法的基本计算公式，之后重点介绍目前对于直接迭代法的改进措施，并对改进措施的效果进行分析。

第一节　直接迭代法基本原理

直接迭代法的计算主要步骤如下。

第一步：将密度界面之上的介质剖分为垂直并置的直立六面体，根据观测重力异常及界面上下的密度差 $\Delta\rho$ 由无限大平板公式计算每个直立六面体的深度（或厚度）的初值 $m^k(x_i)$，即

$$m^0(x_i)=\frac{g^o(x_i)}{2\pi G\Delta\rho} \tag{3-1}$$

第二步：根据剖分的每个直立六面体的初始深度 $m^k(x_i)$，利用点元法正演计算所有直立六面体的重力值 $g(x_i,\ \Delta\rho,\ \boldsymbol{m}^k)$；

第三步：计算实测重力异常与正演重力异常的均方差，并判断其是否小于重力数据的噪声水平。若其小于重力数据噪声水平，则将 $m^k(x_i)$ 作为最终反演结果；若该误差大于重力数据的噪声水平，则利用下式计算密度界面的深度：

$$m^{k+1}(x_i)=m^k(x_i)+\frac{g^o(x_i)-g(x_i,\ \Delta\rho,\ \boldsymbol{m}^k)}{2\pi G\Delta\rho},\ i=1,\ \cdots,\ N \tag{3-2}$$

第四步：令 $k=k+1$，转到第二步。

Cordell 等在 Bott 方法的基础上，提出了三维重力反演方法，原理与 Bott 提出的反演方法相同，区别在于所用的迭代公式不同：

$$m^{k+1}(x_i)=m^k(x_i)\cdot\left[\frac{g^o(x_i)}{g(x_i,\ \Delta\rho,\ \boldsymbol{m}^k)}\right],\ i=1,\ \cdots,\ N \tag{3-3}$$

上式也通过式(3-1)给定初值而进行迭代，收敛条件与 Bott 方法相同。值得注意的是，随后的直接迭代法都是在 Bott 方法的基础上改进和发展的，而 Cordell 等的迭代方法未见到后续研究。

第二节　直接迭代法的改进措施

在 Bott 提出的反演方法的基础上，后续学者对于直接迭代法的改进主要集中在加快计算速度、提高稳定性和提高反演准确性三个方面。

1. 提高计算速度

在加快计算速度方面，林振民等给出的迭代修改量的计算公式为：

$$\Delta m^k(x_i)=\frac{g^o(x_i)-g(x_i,\ \Delta\rho,\ \boldsymbol{m}^k)}{2\pi G\Delta\rho}\cdot a,\ i=1,\ \cdots,\ N \tag{3-4}$$

式中，a 为加速收敛因子。

对于起伏剧烈的密度界面，在深度大的点上采用无限大平板公式的估计值偏小，而在深度小的点上估计值偏大。因此，林振民等提出以下经验公式：

$$a(r)=\alpha+\beta r \tag{3-5}$$

式中，

$$r=\frac{g^o(x_i)}{g^o_{\max}} \tag{3-6}$$

式中，$g^o(x_i)$ 为各点实测的重力异常，$g^o_{\max}$ 为实测重力异常的极值；α 和 β 为经验公式的系数。为确保迭代过程的收敛，在确定 α 和 β 的值时，需让 a 值满足下列条件，即：

$$0<a<2 \tag{3-7}$$

并让 a 的极大值 $a_{\max}$ 和极小值 $a_{\min}$ 满足下列条件，即：

$$a_{\max}\cdot a_{\min}=1 \tag{3-8}$$

根据式(3-5)，

$$a_{\min}=a(0)=\alpha \tag{3-9}$$

$$a_{\max}=a(1)=\alpha+\beta \tag{3-10}$$

根据式(3-8)～式(3-10)可得：

$$\beta=\frac{1}{\alpha}-\alpha \tag{3-11}$$

给定一组 α 值，根据式(3-10)和式(3-11)可计算出一组 β 和 $a_{\max}$ 值。如果大体上知道界面的起伏是剧烈的，则取较大的 $a_{\max}$ 和它对应的 α 和 β 值；如果界面起伏平缓，则取较小的 $a_{\max}$ 值；如果事先不了解界面的特征，则可取中间的 $a_{\max}$ 值。

此外，亦可将加速收敛因子设计为二次函数的形式，则需计算三个系数的取值问题，其思路与线性收敛因子类似，这里不再介绍。图 3-1 为正态分布曲线型界面模型及其反演结果，可以看出，采用适当的收敛因子后，对密度界面的第一次估计值就相当接近于给定的界面。

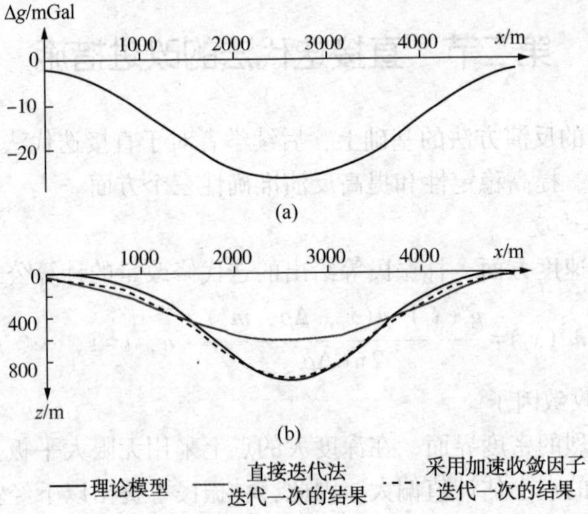

图 3-1　正态分布曲线型密度界面模型及其反演结果

林振民等提出的加速收敛因子的取值方法较为复杂，Silva 等改进了 Bott 的反演迭代公式，提高了收敛速度。改进后的迭代公式为：

$$m^{k+1}(x_i)=m^k(x_i)+\frac{g^o(x_i)-g(x_i,\ \Delta\rho,\ \boldsymbol{m}^k)}{b^k},\quad i=1,\ \cdots,\ N \tag{3-12}$$

式中，b^k 的初值可给定为一个相对较大的正值(如 $b^0=20$)。当 $g^o(x_i)-g(x_i,\ \Delta\rho,\ \boldsymbol{m}^k)$ 的 L_2-范数小于 $g^o(x_i)-g(x_i,\ \Delta\rho,\ \boldsymbol{m}^{k-1})$ 的 L_2-范数时，下次迭代时令 $b^{k+1}=r_1b^k$(r_1 的值通常位于 0.5~1 之间)；否则令 $b^k=b^k/r_2$ 重新计算本次结果。

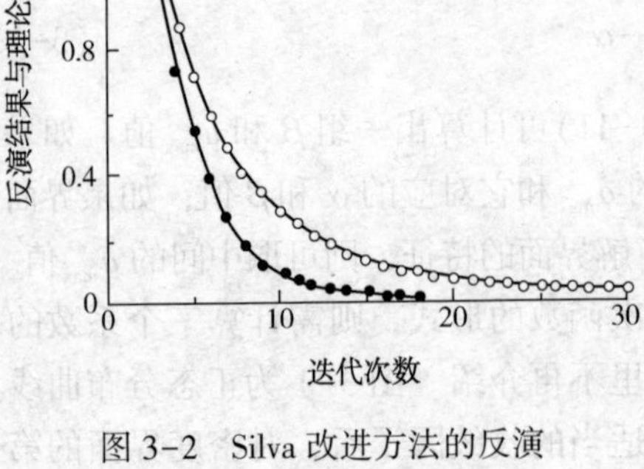

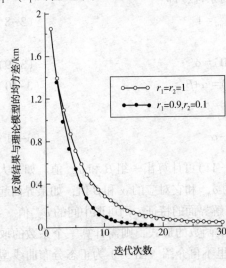

图 3-2　Silva 改进方法的反演误差随迭代次数变化图

利用式(3-12)所示的迭代公式对二维沉积盆地模型进行反演试算，在计算时给定$r_1=0.9$、$r_2=0.1$，并利用反演结果与理论模型的均方差作为反演误差，则反演误差随迭代次数的变化如图 3-2 所示(据 Silva 等)。对于该模型，收敛条件相同的情况下，Bott 方法需要 28 次迭代，而 Silva 改进的方法仅需要 14 次迭代。

2. 保证反演稳定性

事实上，Bott 提出的迭代公式最开始时迭代速度较快，计算比较稳定，但当反演误差较小时，反演不稳定，会出现振荡现象。通常采用滤波的方法提高反演的稳定性，如林振民等中采用将实测重力异常光滑的方法，而 Silva 等采用将每次的迭代反演结果用多节点平滑的方法进行光滑的措施。在每次迭代中，若实测重力异常与正演重力异常误差较大，则应减小参与平滑的节点数；若迭代反演不稳定，则应增大参与平滑的节点数。

Silva 等利用模型对平滑方法进行测试，当实测重力异常含噪声时(噪声水平为 0.1mGal)，令 $b_0=20$、$r_1=0.9$、$r_2=0.1$。若不进行滤波，反演结果非常不稳定，如图 3-3(a)所示，可见，低通滤波是一种保证反演结果稳定性的有效措施。事实上，反演结果中明显包含了两类波数成分：与界面起伏相关的低频重力异常以及与噪声相关的高频重力异常。图 3-3(b)~(d)分别为平滑不足(5 节点平滑)、平滑适当(19 节点平滑)、平滑过度(41 节点)的结果。其中黑色实线为理论模型，灰色实线为反演结果。可见，平滑因子的参数较难选择，应选择可以得到稳定反演结果的最小节点数。

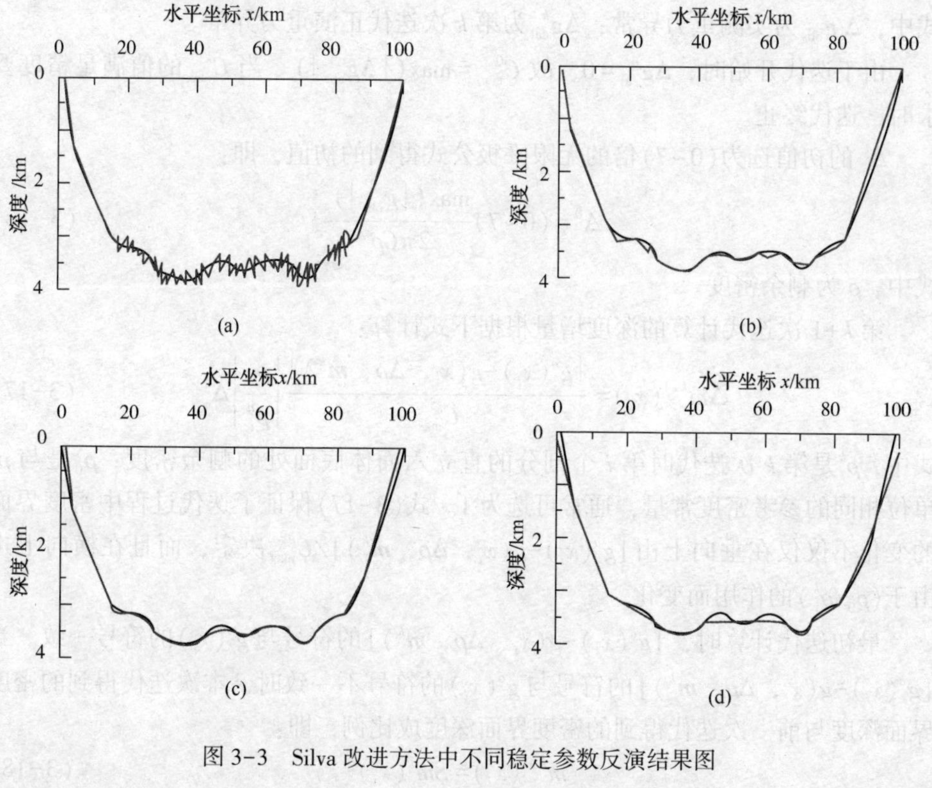

图 3-3　Silva 改进方法中不同稳定参数反演结果图

此外，一些学者针对提高反演稳定性也进行了其他方法的研究。在该方面，Prutkin 和 Casten 在迭代中加入了正则化因子，提高了反演的稳定性，迭代计算公式为：

$$m^{k+1}(x_i)=\frac{m^k(x_i)}{1+\frac{\alpha}{G\Delta\rho}m^k(x_i)\left[g^o(x_i)-g(x_i,\ \Delta\rho,\ \boldsymbol{m}^k)\right]},\ i=1,\ \cdots,\ N \tag{3-13}$$

式中，α 为正则化因子，通过该因子，可以避免振荡解，但其取值原则有待进一步研究。

Zhou 在反演时利用实测重力异常与模型拟合重力异常的最大差值构造反演迭代公式，从而提高了反演的效率和稳定性，反演计算公式为

$$\Delta^k=\max\left(z_0,\ \frac{C_{\max}^k}{C_{\max}^{k-1}+C_{\max}^k}\Delta^{k-1}\right) \tag{3-14}$$

式中，Δ^k 是第 k 次迭代增量，z_0 是最小深度增量（1-5m），$C_{\max}^k$ 是实测重力异常与正演重力异常之差向量的最大元素的绝对值，即：

$$C_{\max}^k=\max(|\Delta g_{\text{obs}}-\Delta g_{\text{cal}}^k|) \tag{3-15}$$

式中，Δg_{obs} 为实测重力异常；Δg_{cal}^k 为第 k 次迭代正演重力异常。

由于迭代开始时，$\Delta g_{\text{cal}}^n=0$，故 $C_{\max}^0=\max(|\Delta g_{\text{obs}}|)$。当 $C_{\max}^k$ 的值满足精度要求时，迭代终止。

Δ^k 的初值选为（0~7）倍的无限平板公式得到的初值，即：

$$\Delta^0=(0\sim7)\frac{\max(|g_{\text{obs}}|)}{2\pi G\rho} \tag{3-16}$$

式中，ρ 为剩余密度。

第 k+1 次迭代计算的深度增量根据下式计算：

$$\Delta m^{k+1}(x_i)=\frac{|g^o(x_i)-g(x_i,\ \Delta\rho,\ \boldsymbol{m}^k)|}{C_{\max}^k}\left|\frac{\rho_0}{\rho_i^n}\right|\Delta^k \tag{3-17}$$

式中，ρ_i^k 是第 k 次迭代时第 i 个剖分的直立六面体底面处的剩余密度；ρ_0 是与 ρ_i^k 单位相同的参考密度常量，通常可选为 1。式（3-17）保证了迭代过程中密度界面的变化不仅仅在垂向上由 $[g^o(x_i)-g(x_i,\ \Delta\rho,\ \boldsymbol{m}^k)]/C_{\max}^k$ 决定，而且在横向上也由于（ρ_0/ρ_i^k）的作用而变化。

最初迭代计算时，$[g^o(x_i)-g(x_i,\ \Delta\rho,\ \boldsymbol{m}^k)]$ 的符号与 $g^o(x_i)$ 的符号一致。当 $[g^o(x_i)-g(x_i,\ \Delta\rho,\ \boldsymbol{m}^k)]$ 的符号与 $g^o(x_i)$ 的符号不一致时，本次迭代得到的密度界面深度与前一次迭代得到的密度界面深度成比例，即：

$$m^{k+1}(x_i)=Sm^k(x_i) \tag{3-18}$$

式中，$m^k(x_i)$ 为第 i 点第 k 次迭代得到的密度界面深度。比例因子：

$$S=\left[1-0.5\frac{|g^o(x_i)-g(x_i,\ \Delta\rho,\ \boldsymbol{m}^k)|}{C_{\max}^k}\right] \tag{3-19}$$

以上的措施避免了当正演重力异常与实测重力异常差别很小时，新的密度界

面深度与前一次迭代结果接近。当$[g^o(x_i)-g(x_i, \Delta\rho, \boldsymbol{m}^k)]$的符号与$g^o(x_i)$的符号一致且误差大于给定精度时：

$$m^{k+1}(x_i)=m^k(x_i)+\Delta m^k(x_i) \tag{3-20}$$

3. 提高反演精度

Silva 等指出，在任一点x_i处直接迭代法每次迭代的模型修改量与该点处重力拟合差成比例。大的重力拟合差(通常在迭代初始阶段)意味着模型修改量较大，而此时重力拟合差也快速减小；反之，当重力拟合差较小时(通常在迭代快终止的阶段)，模型修改量也较小，此时重力拟合差也缓慢减小。因此，重力拟合差减小的速率会在迭代初始和迭代终止之间的某一个阶段比较明显。基于这一分析，Silva 等修改了常用的迭代收敛误差计算公式，避免了迭代次数过少造成的结果不准确的现象。

在每一次迭代过程 k 中，根据下式计算 τ^k

$$\tau^k=|s^k-s^{k-1}| \tag{3-21}$$

式中，

$$s^k=\frac{1}{\sum_{i=1}^{N}[g^o(x_i)-g(x_i, \Delta\rho, \boldsymbol{m}^k)]^2} \tag{3-22}$$

当 τ^k 接近或已经达到极小值时，反演迭代也会同时满足以下条件：

$$\varepsilon^k=\left\{\frac{1}{N}\sum_{i=1}^{N}[g^o(x_i)-g(x_i, \Delta\rho, \boldsymbol{m}^k)]^2\right\}^{1/2}\leqslant\delta \tag{3-23}$$

式中，δ 为估计的重力观测数据噪声标准差。

对于图 3-3 中的模型，给定$b_0=20$，$r_1=0.9$，$r_2=0.1$，$L=25$ 进行反演，结果如图 3-4 所示。图 3-4(a)为 $\boldsymbol{\varepsilon}^k$ 和 $\boldsymbol{\tau}^k$ 随迭代次数的变化图，分别用灰色点和黑色点表示。$\boldsymbol{\varepsilon}^k$ 在第 13 次迭代时已小于数据噪声水平(0.1mGal)，但当第 14 次迭代时，$\boldsymbol{\tau}^k$ 趋于极大值。如果在第 13 次迭代结束时结束反演，则会得到一个迭代不充分的解[图 3-4(b)]；而当 $\boldsymbol{\varepsilon}^k$ 小于噪声水平并且 τ^k 趋于极大值时继续迭代，直到 $\boldsymbol{\tau}^k$ 接近或已趋于极小值。图 3-4(c)为第 23 次迭代结束时的反演结果，图 3-4(d)为最终迭代反演结果(迭代次数为 24 次)。

除修改迭代收敛条件外，亦可通过在迭代反演过程中施加约束。在界面反演过程中加入已知深度点约束，能够有效减小反演多解性、提高反演准确性。张盛和孟小红将约束信息用于区域软约束，控制反演结果整体趋势。当控制点处反演结果与已知深度偏差小于一定限度时接受该模型；当控制点处反演结果与已知深度偏差大于一定限度时，将模型进行整体调整，这样能有效的避免硬约束引起的局部畸变。约束修正项如下：

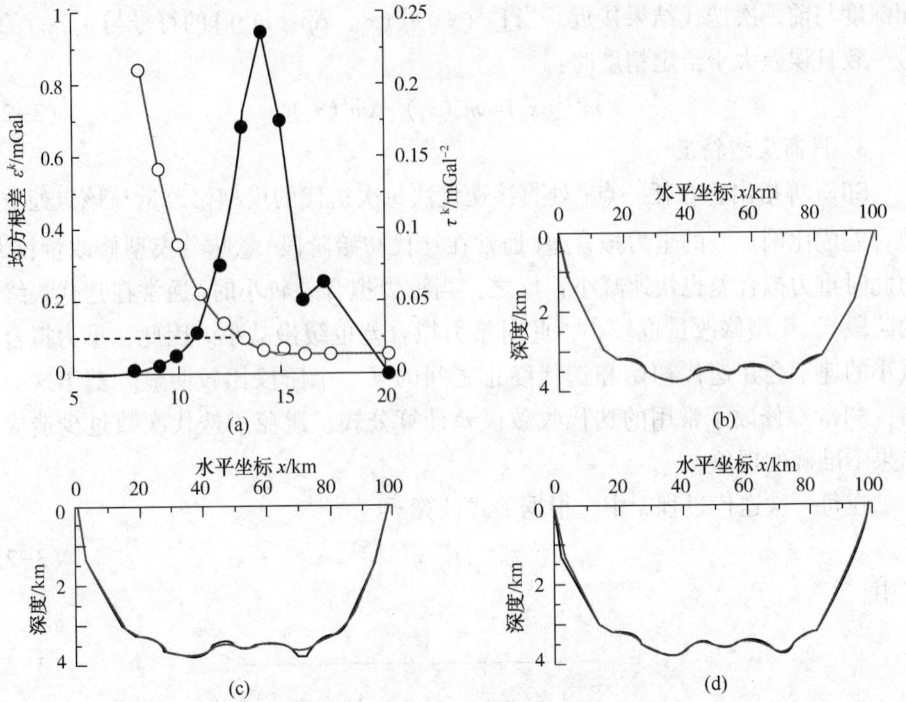

图 3-4　Silva 利用新的迭代收敛准则时不同参数的反演结果图

$$\Delta m^{cons} = A + B \cdot [g^o(x_i) - g(x_i,\ \Delta\rho,\ \boldsymbol{m}^k)] \tag{3-24}$$

$$A = \frac{\sum \Delta g^2 \sum \Delta h - \sum \Delta g \sum \Delta h \Delta g}{n\sum \Delta g^2 - \left(\sum \Delta g\right)^2} \tag{3-25}$$

$$B = \frac{n\sum \Delta g \Delta h - \sum \Delta g \sum \Delta h}{n\sum \Delta g^2 - \left(\sum \Delta g\right)^2} \tag{3-26}$$

$$\Delta g_j = g^o_{cons}(x_j) - g_{cons}(x_j,\ \Delta\rho,\ \boldsymbol{m}^k) \tag{3-27}$$

$$\Delta h = m^o_{cons}(x_j) - m^{inv}_{cons} \tag{3-28}$$

式中，$g^o_{cons}(x_j)$ 和 $g_{cons}(x_j,\ \Delta\rho,\ \boldsymbol{m}^k)$ 分别为第 j 个约束点处实测重力异常和拟合重力异常值；$m^o_{cons}(x_j)$ 和 m^{inv}_{cons} 分别为第 j 个约束点处真实深度和反演计算深度值。

此外，在反演中引入深度加权函数，以调整界面修改项在不同深度的权重，压制浅部界面隆起，突出深部凹陷，使得重力异常在垂向分布更为合理。将其与深度约束结合起来，得到反演迭代公式为：

$$m^{k+1}(x_i) = m^k(x_i) + \omega \cdot \frac{g^o(x_i) - g(x_i,\ \Delta\rho,\ \boldsymbol{m}^k)}{2\pi G \Delta\rho} \cdot \left[\frac{m_0 - m^k(x_i)}{m_0}\right]^\beta + \lambda m^{cons} \tag{3-29}$$

式中，ω 为加速收敛因子；$\left[\frac{m_0-m^k(x_i)}{m_0}\right]^\beta$ 为深度加权系数；β 为可调参数；m_0 为界面平均深度，为约束项权系数。

第三节　直接迭代法模型测试

以往的研究中对直接迭代法进行诸多改进，本小节主要对直接迭代法(Bott方法和 Cordell 方法)以及主要的改进方法进行模型测试，首先选用简单密度界面模型测试反演方法的正确性和准确性，并针对个别改进方法重新设计模型测试其改进效果；然后给以上模型的正演重力异常中加入噪声，利用含噪声重力数据反演以研究反演方法的稳定性；最后设计稍复杂密度界面模型研究各反演方法的应用效果。通过以上研究，从反演的准确性、计算速度和稳定性和三个方面的特征出发，分析不同方法的使用效果及使用时需注意的问题。

1. 简单密度界面模型测试

设计的简单密度界面模型如图 3-5(a)所示，该模型呈单一的凹陷形态，最大深度为 5km。正演计算时，将模型剖分为 23×15 个垂直并置的直立六面体，直立六面体的尺寸为 2km×2km，选用剩余密度为$-0.5\times10^3\mathrm{kg/m^3}$，计算点位于每个直立六面体的正上方，即 23×15 个网格节点上利用式(2-1)计算 $z=0$ 处的重力异常，计算结果如图 3-5(b)所示。另外，为更好的模拟实际情况，在理论重力异常中加入均值为 0，标准差为 0.1mGal 的高斯白噪声，形成含噪重力异常，如图 3-5(c)所示，该数据用于下一小节含噪声数据反演测试中。

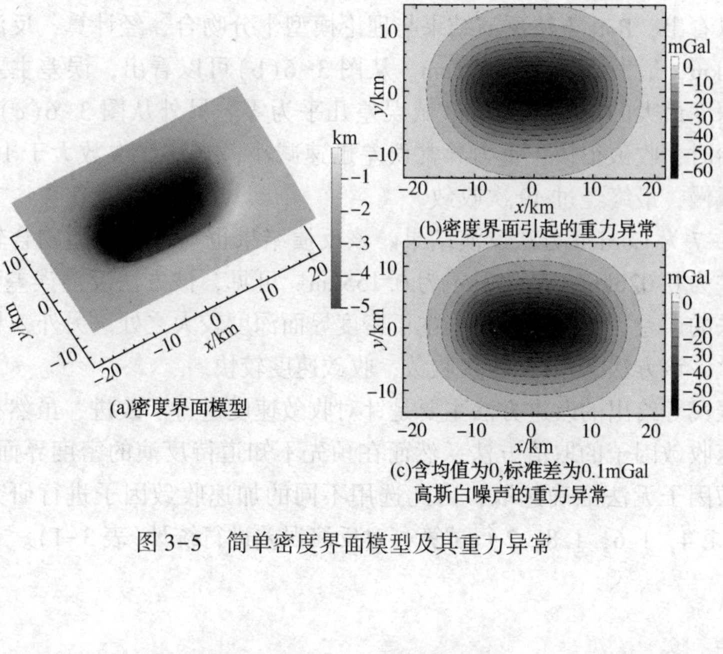

(a)密度界面模型

(b)密度界面引起的重力异常

(c)含均值为0,标准差为0.1mGal高斯白噪声的重力异常

图 3-5　简单密度界面模型及其重力异常

反演时模型剖分与正演相同，剩余密度选为$-0.5\times10^3\text{kg/m}^3$。为研究反演方法的准确性和计算速度，首先对理论重力异常[图 3-5(b)]进行反演，迭代收敛条件为：$\| g^o(x_i)-g(x_i, \Delta\rho, \boldsymbol{m}^{k-1}) \|_2<0.1\text{mGal}$ 或迭代次数 $k_{\max}=100$。图 3-6 为 Bott 方法反演结果，其中图 3-6(a)为反演结果，图 3-6(b)为反演结果与理论模型之差(正值表示反演结果浅于理论模型，负值表示反演结果较深，下同)，图 3-6(c)展示了误差随迭代次数的变化。

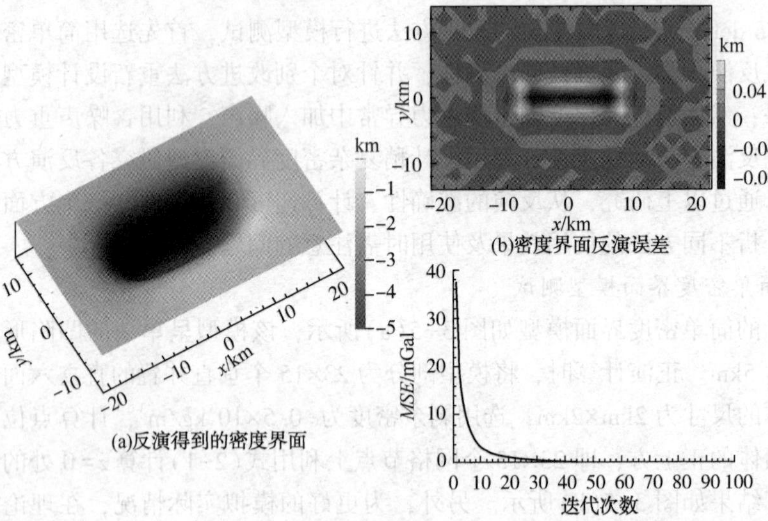

(a)反演得到的密度界面　(b)密度界面反演误差　(c)重力拟合误差随迭代次数变化

图 3-6　Bott 反演方法反演结果

可以看出，Bott 方法反演结果与理论模型十分吻合，经计算，反演均方误差为 0.016km，最大误差为 0.092km。从图 3-6(b)可以看出，误差主要集中在密度界面深度最大的位置，其他区域误差几乎为零。另外从图 3-6(c)可以看出，迭代开始时，收敛很快，重力异常误差迅速减小；当迭代次数大于 10 次时，收敛速度减慢，最终经过 49 次收敛。

图 3-7 为 Cordell 方法反演结果。该反演结果也与理论模型吻合较好，反演均方误差为 0.026km，最大误差为 0.155km。可见，该方法反演误差稍大于 Bott 反演方法的误差，最大误差也集中于密度界面深度较大之处。另外，与 Bott 反演方法相比，该方法迭代经 35 次收敛，收敛速度较快。

林振民等给出的改进方法主要是针对收敛速度进行了改进，虽然在文献中阐述了加速收敛因子的取值方法，然而在预先不知道待反演的密度界面的形态时，加速收敛因子无法准确选取，因此选用不同的加速收敛因子进行研究。分别取 $k=1.2$，1.4，1.6，1.8，2 行试算，对反演误差进行统计(表 3-1)。

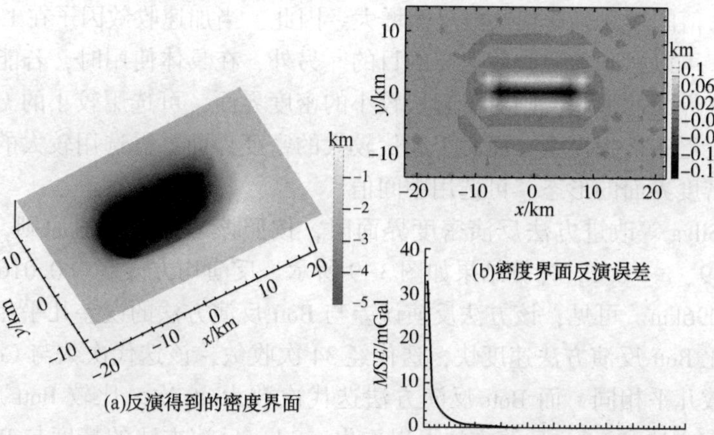

(a)反演得到的密度界面

(b)密度界面反演误差

(c)重力拟合误差随迭代次数变化

图 3-7　Cordell 反演方法反演结果

表 3-1　林振民反演方法不同加速收敛因子的反演误差统计表

加速收敛因子	1.2	1.4	1.6	1.8	2.0
均方误差/km	0.016	0.016	0.016	0.016	0.009
最大误差/km	0.091	0.093	0.093	0.093	0.062
平均误差/km	0.005	0.005	0.005	0.005	0.003
平均相对误差/%	0.177	0.171	0.179	0.192	0.270

从上表可以看出，选择不同加速收敛因子时，反演结果的误差十分接近，说明加速收敛因子不会影响反演结果，但会影响反演迭代次数。加速收敛因子取值不同时，反演迭代次数不同(图 3-8)。加速收敛因子 $k=1$ 时，相当于没有加速，即直接用 Bott 反演方法反演，迭代次数为 49 次；而当加速收敛因子分别取为 $k=1.2$、1.4、1.6、1.8 和 2 时，迭代次数分别为 40、35、30、27 和 100 次(最大迭代次数为 100 次)。可见，随着加速收

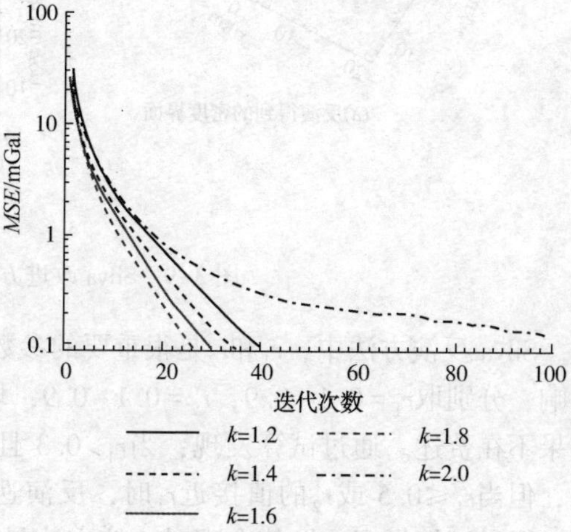

图 3-8　林振民反演方法不同加速收敛因子下的重力拟合误差随迭代次数变化图

敛因子取值增大，迭代收敛加快；经试算，当 $k=1.8\sim1.85$ 时，迭代次数最少，之后随着 k 值的增大，迭代次数反而增大。因此，当加速收敛因子在 1.2~1.8 之间取值时，可以达到加快收敛速度的目的。另外，在具体使用时，若能预先判断待反演密度界面的形态，则对于起伏较小的密度界面，可选用较小的 k 值，使其尽可能的接近布格板模型，而对于起伏较大的密度界面，需选用较大的 k 值；若无法预判密度界面的形态，可选用中间值。

采用 Silva 等改进方法反演密度界面时，按照该方法的取值原则，选取 $b_0=20$、$r_1=0.9$、$r_2=0.1$，计算结果如图 3-9 所示。反演均方误差为 0.016km，最大误差为 0.096km。可见，该方法反演误差与 Bott 反演方法的误差几乎相同，但其收敛速度比 Bott 反演方法速度快，迭代经 34 次收敛，该迭代次数与 Cordell 方法的迭代次数几乎相同，而 Bott 反演方法迭代次数为 49 次。比较 Bott 反演方法、Cordell 反演方法和 Silva 反演方法可以看出，Silva 反演方法的精度与 Bott 反演方法的精度相同，而其收敛速度与 Cordell 反演方法收敛速度一致，可见，该方法同时具有以上两种方法的优点。

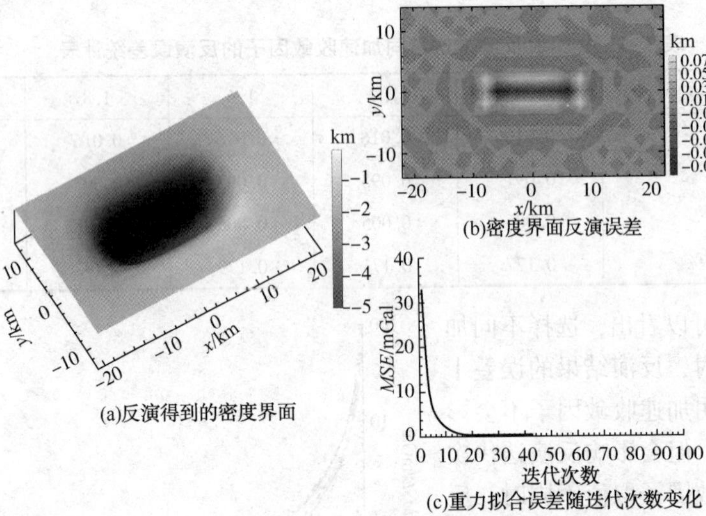

图 3-9　Silva 改进方法反演结果

Silva 反演方法中，r_1和r_2是很重要的参数。为研究r_1和r_2的取值对反演结果的影响，分别取$r_1=0.1\sim0.9$，$r_2=0.1\sim0.9$，取值间隔为 0.1 进行试算，具体试算结果不在赘述。通过试算发现，当$r_1>0.3$ 且$r_2<r_1$时，能得到较为可靠的反演结果，但当$r_1\leqslant0.5$ 或r_2的值接近r_1时，反演迭代过程不稳定，容易出现震荡。另外，通过试算发现，取值合理时，该方法最少可在 21 次达到收敛，且反演误差很小，因此该方法为一种较好的反演方法。通过以上分析，建议在使用该方法时，可取$r_1>0.5$ 且r_2取值约为r_1的 1/2。

张盛和孟小红对 Bott 反演方法做的最大的改进是在反演中加入深度加权函数纠正界面畸变，这里对深度加权函数的效果进行测试。测试时令式(3-29)中加速收敛因子 $\omega=0$，约束修正项*zcons*也取为 0。图 3-10 为 $\beta=1$ 时的反演结果。可以看出，反演结果与理论模型吻合较好，反演均方误差为 0.016km，最大误差为 0.110km，可见，该方法反演误差与 Bott 反演方法的误差几乎相同。迭代经 58 次收敛，该迭代次数比 Bott 反演方法迭代次数稍多一些。

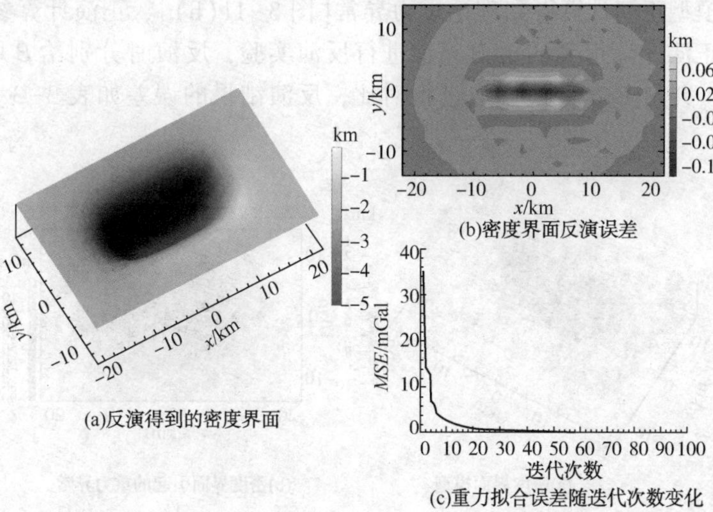

图 3-10　$\beta=1$ 时张盛和孟小红改进方法反演结果

从以上的试验似乎可以得出，深度加权函数的加入并未改进反演的效果，反而迭代收敛稍微缓慢。然而以上仅为 $\beta=1$ 时的结果。为进一步研究深度加权函数引入之后的效果，给 β 分别取不同的值进行反演试验，对结果进行统计(表 3-2)。

表 3-2　张盛和孟小红反演方法不同深度加权参数的反演结果统计表

深度加权参数	1.1	1.0	0.8	0.6	0.4	0.2	0.1	0.05	0.01
迭代次数	77	58	34	56	29	38	23	25	26
均方误差/km	0.011	0.016	0.024	0.012	0.022	0.019	0.017	0.017	0.016
最大误差/km	0.094	0.110	0.148	0.084	0.133	0.113	0.103	0.098	0.094
平均误差/km	0.003	0.004	0.007	0.003	0.007	0.006	0.005	0.005	0.004
平均相对误差/%	0.255	0.288	0.323	0.117	0.211	0.189	0.186	0.183	0.186

由于在试算时发现，当 β 的取值大于 1.1 时，迭代不收敛，因此上表中 β 的取值 1.1 开始逐渐减小，最小取 0.01。整体来看，随着 β 取值的减小，迭代收敛次数减小；从反演误差来看，随着 β 取值的不同，反演误差变化不大，均与 Bott 反演方法的误差接近，说明深度加权因子基本不影响反演结果，但其取值会影响

迭代收敛速度。根据 β 不同取值的计算结果，综合迭代次数和反演误差两方面来看，当 $\beta \leqslant 0.1$ 时，反演迭代次数均较小，并且反演误差也较小，且随着 β 取值的进一步减小而变化很小。

单从以上试算结果来看，深度加权函数似乎没有起到预期的作用，原因之一可能是实验用的模型本身深度较小，深度加权函数没有明显的效用。为进一步研究这个问题，加深图 3-5(a)中模型的深度，其最大深度为 10km[图 3-11(a)]。然后对该模型正演计算得到理论重力异常[图 3-11(b)]，正演计算参数与上文相同。用正演计算得到的重力异常进行反演实验，反演时分别给 β 取值 0.05、0.3、0.5，并与 Bott 反演方法进行对比，反演结果的误差如表 3-3 和图 3-12 所示。

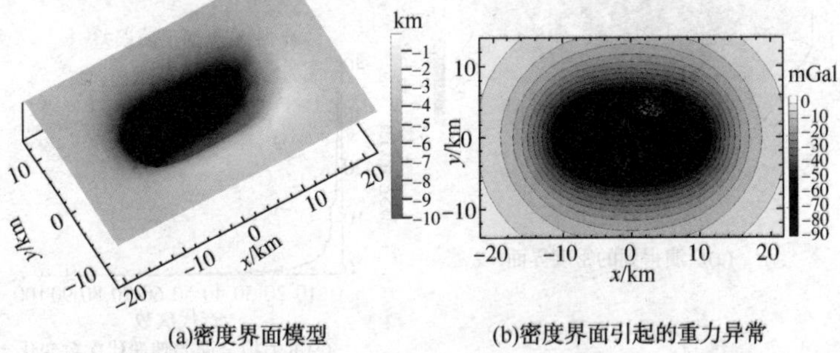

图 3-11　深度较大的简单密度界面模型及其重力异常

表 3-3　深度较大的简单密度界面反演结果误差统计表

反演参数或方法	β=0.05	β=0.3	β=0.5	Bott 反演方法
迭代次数	237	135	85	265
均方误差/km	0.062	0.069	0.071	0.062
最大误差/km	0.3	0.339	0.351	0.296
平均误差/km	0.021	0.023	0.024	0.02
平均相对误差/%	0.379	0.382	0.395	0.376

由表 3-3 的统计结果可以看出，随着 β 取值的增大，反演结果误差变化具有明显的规律，具体来讲，迭代次数明显减小，但反演的各项误差逐渐增大，而从误差的绝对大小来看，反演误差均不大(图 3-12 亦反映了这一特点)。从反演结果统计也可以看出，采用深度加权函数约束之后，反演结果反而比 Bott 反演方法(即未加约束的方法)误差稍大，可见该深度加权函数并未起到相应的作用。通过表 3-2 和表 3-3 不同深度的密度界面模型反演统计结果可以看出，深度加权函数在反演时主要起到了加速收敛的作用，且一般情形下，随着 β 取值的增大，迭

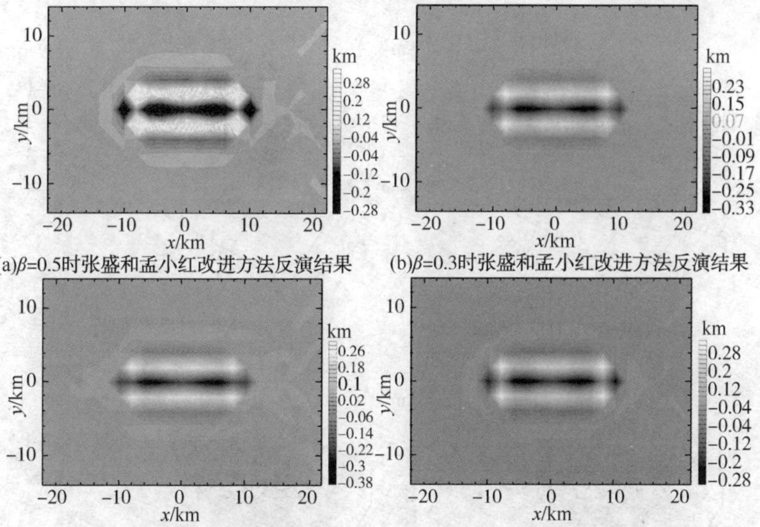

(a)β=0.5时张盛和孟小红改进方法反演结果
(b)β=0.3时张盛和孟小红改进方法反演结果
(c)β=0.5时张盛和孟小红改进方法反演结果
(d)Bott反演方法反演结果

图 3-12　深度较大的简单密度界面模型反演结果误差

代次数减小。但β值过大时，迭代次数又会增大，甚至会出现迭代不收敛的情况，例如对于图 3-5 所示的模型反演时，当$\beta \geqslant 0.6$时，迭代次数大于 Bott 反演方法的迭代次数，当$\beta > 1.1$时，迭代不收敛；对于图 3-11 所示的模型进行反演时，当$\beta > 0.5$时，迭代不收敛。这一特征亦说明，密度界面的形态不同时，若想达到加速收敛的目的，β取值范围应不同，若事先不知道密度界面的最大深度及形态，可选择较小的β值进行计算。

另外，对于图 3-9 所示的模型，也采用 Cordell 和 Henderson 反演方法和林振民反演方法进行试算。Cordell 和 Henderson 方法的反演经过 113 次迭代收敛，均方误差为 0.077km，最大误差为 0.401km；当加速收敛因子为 1.8 时，林振民方法的反演经 149 次迭代收敛，均方误差为 0.062km，最大误差为 0.303km。可见，若要加快收敛速度且保证反演的精度，则这些方法均可达到目的。

Santos 等的方法是在 Silva 等方法的基础上，利用正则化原理扩展了 Bott 的方法，这里同样采用图 3-5 的模型对该改进方法的正确性的应用效用进行分析。测试时选取$b_0=20$、$r_1=0.9$、$r_2=0.1$，给正则化参数λ取不同的值，结果如图 3-13 所示，反演误差见图 3-14。可以看出，当λ取 0.001 时，反演结果误差很小；随着λ取值的增大，反演误差逐渐增大，并且误差主要集中在模型深度最大处南北两侧的位置，呈非对称形态。其原因是该迭代公式中所用的约束的实质是给反演结果施加非光滑约束，正则化参数λ的值越大，这种非光滑约束作用越强，而模型试验中所用的模型为光滑密度界面，故误差较大。

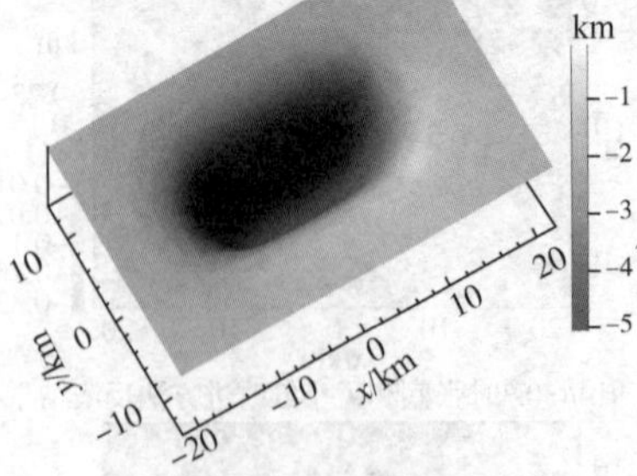

(a)λ=0.001时反演结果

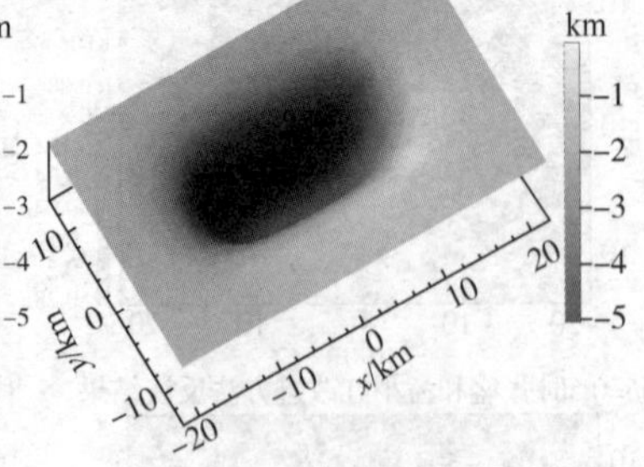

(b)λ=0.1时反演结果

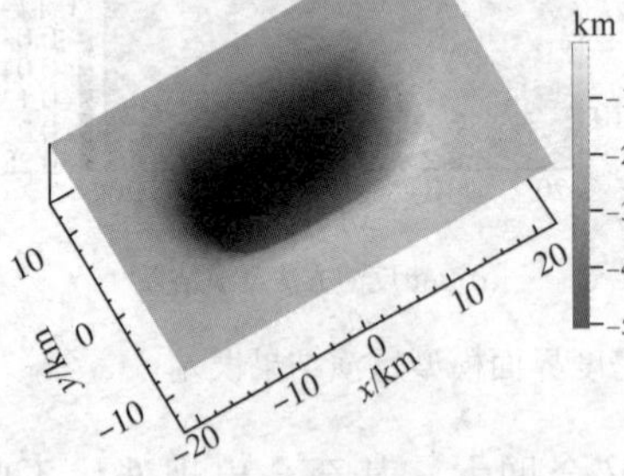

(c)λ=1时反演结果

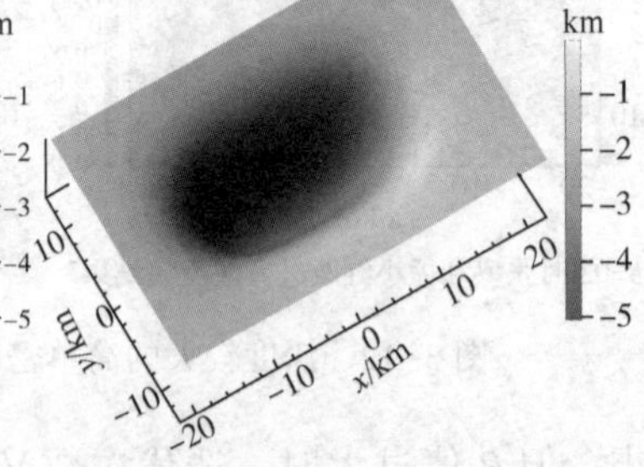

(d)λ=5时反演结果

图 3-13　不同正则化参数下 Santos 反演结果

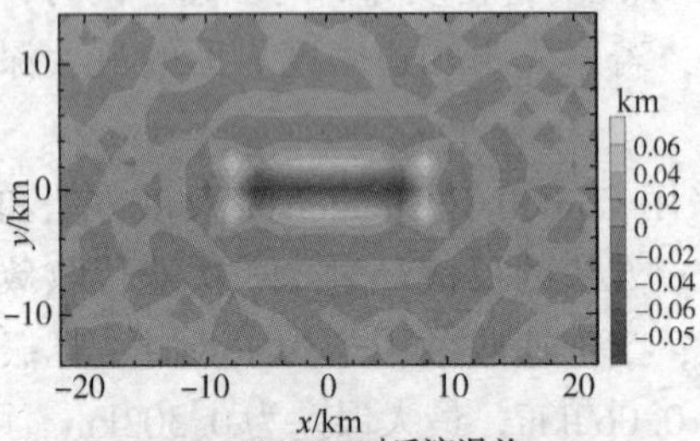

(a)λ=0.001时反演误差

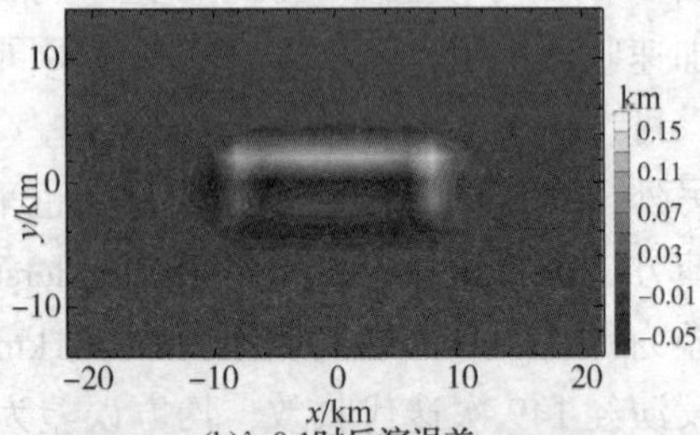

(b)λ=0.1时反演误差

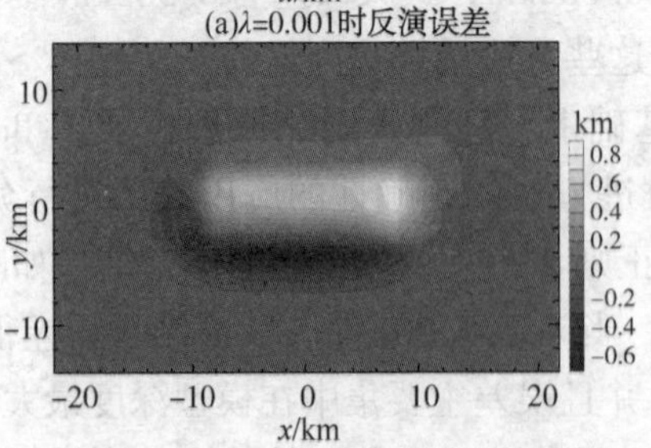

(c)λ=1时反演误差

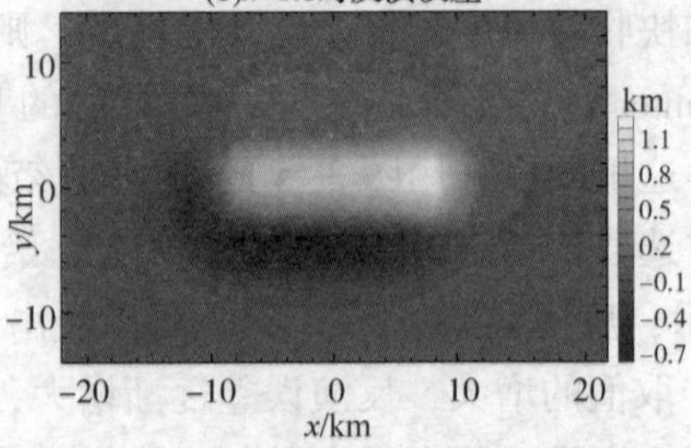

(d)λ=5时反演误差

图 3-14　不同正则化参数下 Santos 反演结果误差

2　含噪声重力数据反演测试

实际的重力数据往往存在误差，本节测试中给图 3-5(b)理论重力异常中加入均值为 0，标准差为 0.1mGal 的高斯白噪声，形成含噪重力异常[图 3-5(c)]，以模拟实际的重力数据。首先选用 Bott 反演方法进行测试。经过试算表明，若在测试时给定迭代收敛条件为 $\| \Delta g_{obs} - \Delta g_{cal}^{k} \|_2 < 0.1$mGal 时，则迭代 200 次时还未收敛(此时 $\| \Delta g_{obs} - \Delta g_{cal}^{k} \|_2 = 0.298$mGal)，相应的反演结果如图 3-15 所示。

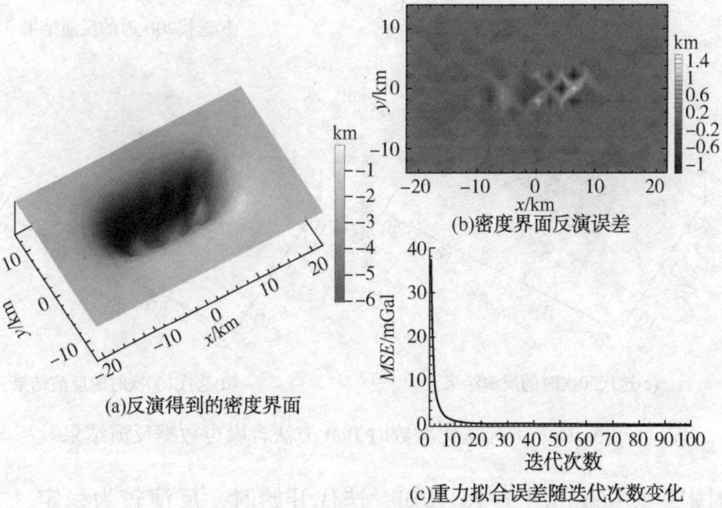

图 3-15 利用 Bott 方法的含噪声数据反演结果

从图 3-15(a)可以明显看出，反演结果基本形态与理论模型相似，但结果出现震荡，使得反演的最大深度超过 6km(理论模型最大深度为 5km)。从 3-15(b)可以看出，反演的误差主要集中在密度界面模型深度最大的位置，且表现为孤立的极值点，显然其是由数据误差引起的。从图 3-15(c)所示的迭代数据误差随迭代次数的变化来看，迭代次数小于 20 次的反演结果展示出来如图 3-16 所示。

从图 3-16(a)和图 3-16(b)可以看出，迭代次数不超过 20 次时，反演结果为光滑形态，没有出现振荡；比较而言，迭代 10 次时，反演结果虽在形态上与理论模型接近，但均方误差为 0.081km，反演得到的最大深度为 4.477km，反演结果整体较浅，与理论模型具有一定的差别；而迭代 20 次的结果均方误差为 0.045km，反演得到的最大深度为 5.003km，与理论模型十分接近。当迭代次数为 50 次时，反演结果出现振荡，局部区域出现畸变，使得反演结果中最大深度为 5.194km，深于理论模型。迭代 100 次时，这种畸变更为明显。

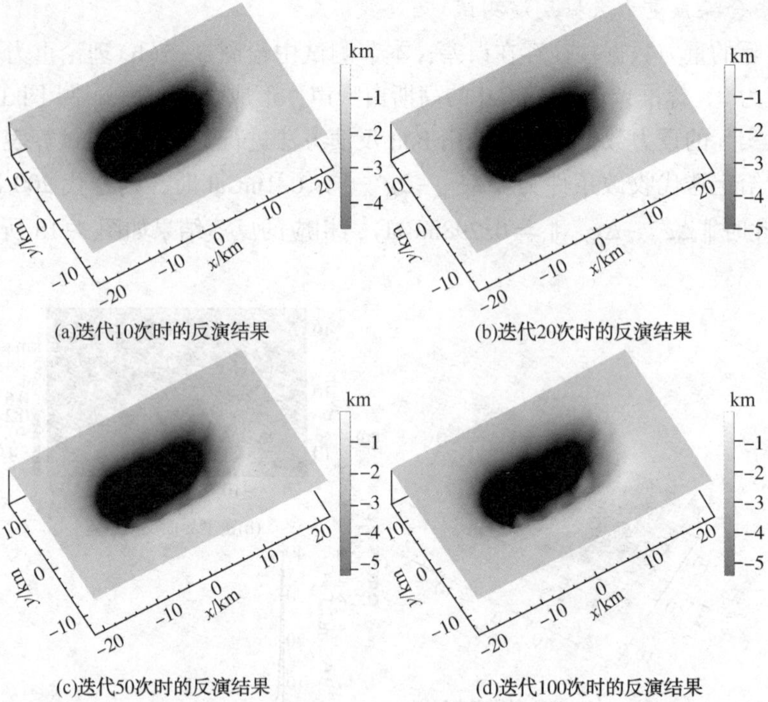

(a)迭代10次时的反演结果

(b)迭代20次时的反演结果

(c)迭代50次时的反演结果

(d)迭代100次时的反演结果

图 3-16　不同迭代次数时 Bott 方法含噪声数据反演结果

结合图 3-15(c)和图 3-16 可知，迭代开始时，反演较为稳定，并且能迅速收敛，当反演结果接近理论模型之后(如上述试验迭代次数为 20 次)，若再进行迭代，则会出现振荡现象，并且随着迭代次数的进一步增加，这种不稳定现象越来越明显。根据以上分析，结合 Bott 反演方法的迭代公式不难推测，当实测重力数据存在误差时，最初的迭代能快速收敛，得到较为合理的结果，而当正演拟合重力异常与观测重力异常接近时，之后的迭代实质为拟合实测数据误差的过程，该过程会将数据的误差放大，因此会出现越来越严重的振荡现象。

从图 3-6 的结果可以看出，对于不含噪声的重力异常(或光滑的重力异常)，反演结果是稳定的，并且能快速收敛。因此，若利用含噪数据反演时，可先对数据进行滤波，去除干扰，然后进行反演，这也是目前大多数学者采用的方法。一般而言，在使用直接迭代法时，可设置迭代收敛条件为模型正演拟合重力异常与实测重力异常的均方差小于数据观测误差(或噪声水平)时停止迭代，但实际中由于原始测量误差及数据处理等带来的误差，重力数据的噪声水平不一定能准确得到。因此，需要从直接迭代法的迭代过程出发，研究通用的迭代收敛准则。从图 3-15(c)和图 3-16 的分析中也可以看出，只要在迭代收敛急剧减小的趋势逐渐停止时停止迭代，即合理选择迭代次数，也能得到较好的效果。使用时需要先进行试算，通过试算结果绘制数据误差随迭代次数的变化曲线，然后分析最佳迭代次数。

控制迭代次数也就意味着使得迭代终止的另一个条件 $\|\Delta g_{\mathrm{obs}}-\Delta g_{\mathrm{cal}}^{k}\|_2$ 小于某一个值时停止迭代，从上文含噪重力异常（均值为 0，标准差 sd 为 0. 1mGal 的高斯白噪声）出发，研究较好的迭代终止条件。上述模型的计算点数为 $n=23\times15$，而最佳迭代次数（20 次）对应的数据误差收敛条件 $eps=\|\Delta g_{\mathrm{obs}}-\Delta g_{\mathrm{cal}}^{k}\|_2=1.125\mathrm{mGal}$，以上数据存在如下关系：$eps\approx\sqrt{sd^2\times n/3}$。因此，若大体知道实际数据的噪声水平，即可在反演时给出较为合理的迭代终止条件。需要注意的是，该条件是仅通过上述单个模型得出的结论，其是否适用于所有的密度界面，还需进一步验证和研究。给图 3-5(b) 理论重力异常中加入均值为 0，标准差为 0. 2mGal 的高斯白噪声，形成含噪重力异常[图 3. 17(a)]，分别采取对数据滤波去除干扰的方法以及本书提出的措施进行试算，并对二者的效果进行分析。

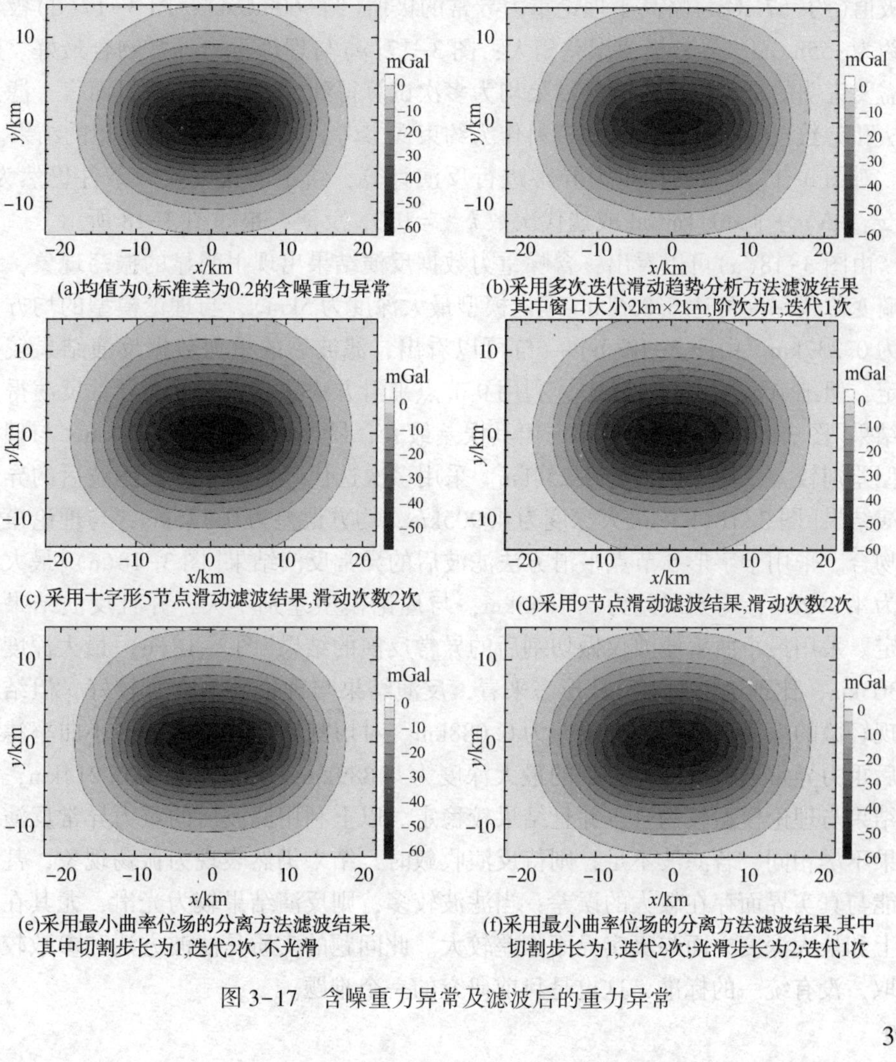

mGal
0
-10
-20
-30
-40
-50
-60
y/km
x/km
10
0
-10
-20
20
(a)均值为0,标准差为0.2的含噪重力异常
(b)采用多次迭代滑动趋势分析方法滤波结果
其中窗口大小2km×2km,阶次为1,迭代1次
(c)采用十字形5节点滑动滤波结果,滑动次数2次
(d)采用9节点滑动滤波结果,滑动次数2次
(e)采用最小曲率位场的分离方法滤波结果,
其中切割步长为1,迭代2次,不光滑
(f)采用最小曲率位场的分离方法滤波结果,其中
切割步长为1,迭代2次;光滑步长为2;迭代1次

图 3-17　含噪重力异常及滤波后的重力异常

在对数据进行滤波时，分别采用了多次迭代滑动趋势分析方法、节点平滑方法和最小曲率位场分离方法。其中图 3-17(b)为采用多次迭代趋势分析方法滤波结果，计算时选取窗口大小 2km×2km，x 和 y 方向阶次均为 1，滑动次数为 1；图 3-17(c)为采用十字形 5 节点平滑方法(即计算点及其 0°、90°、180°和 270°方向上权系数为 1、其余为 0)滑动 2 次滤波结果；图 3-17(d)为采用 9 节点平滑方法(即包括计算点及其周围 8 个方位共 9 个点的权系数为 1)滑动 2 次滤波结果；图 3-17(e)和 3-17(f)均为最小曲率位场分离结果，其中，图 3-17(e)仅采用切割的方法，选择切割步长为 1，迭代 2 次，图 3-17(f)在图 3-17(e)的基础上进行光滑，光滑步长为 2，迭代 1 次得到。由图 3-17(b)~图 3-17(f)对比可以看出，滤波后的异常均与理论重力异常[图 3-5(b)]非常接近，但细节上略有不同。其中图 3-17(b)、图 3-17(c)和图 3-17(e)形态上与理论重力异常吻合，但其极值(约-57mGal)略高于理论重力异常的极值(约-60mGal)；图 3-17(d)极值也约为-55mGal，异常极值误差稍大；图 3-17(e)与理论重力异常吻合最好。这里需要说明的是，以上各滤波结果均为多次试算得到，对于实际资料而言，滤波方法和参数选择需要结合其他资料作为约束或参考，才能得到较为理想的结果。

对图 3-17 所示的各重力异常进行反演计算，给定的迭代收敛条件仍然为：$\|\Delta g_{obs}-\Delta g^{k}_{cal}\|_2<0.1$mGal 或迭代次数 $k_{max}=100$，反演结果如图 3-18 所示。

由图 3-18(a)可以看出，含噪重力数据反演结果出现很明显的振荡现象，局部畸变位置深度可达 6.856km(理论模型最大深度为 5km)，与理论模型的均方误差为 0.237km。由图 3-18(b)~(f)可以看出，滤波后的重力数据反演结果较为稳定，但细节不尽相同。其中，利用 9 节点平滑方法滤波后的重力异常反演得到的结果[图 3-18(d)]最为稳定，但其误差最大，最大深度仅为 4.378km，与理论模型差别较大，均方误差为 0.254km。采用多次迭代趋势分析方法滤波后的异常反演结果[图 3-18(b)]最大深度为 4.905km，均方误差为 0.145km，与理论模型较吻合。采用十字形 5 节点平滑方法滤波后的异常反演结果[图 3-18(c)]最大深度为 4.692km，均方误差为 0.1645km，与理论模型差别不大，并且反演结果较稳定。采用最小曲率滤波仅做切割后的异常反演的结果[图 3-18(e)]最大深度为 5.305km，比理论模型深，从形态来看，反演结果与理论模型吻合较好，但结果出现轻微的振荡现象，均方误差为 0.088km。对切割后的异常进行最小曲率滤波之后重力异常进行反演，得到的最大深度为 4.889km，均方误差为 0.214km，反演结果与理论模型较吻合，并且结果较稳定。以上利用滤波后的重力异常反演的结果不尽相同，若滤波不足，则待反演收敛时，结果仍然表现为振荡现象，甚至可能与真实界面存在较大的误差；当滤波较多，则反演结果较为光滑，尤其在形态上和最大深度方面与真实界面相差较大。此问题的实质是滤波方法和参数较难选取，没有统一的标准，这也是目前研究的一个难题。

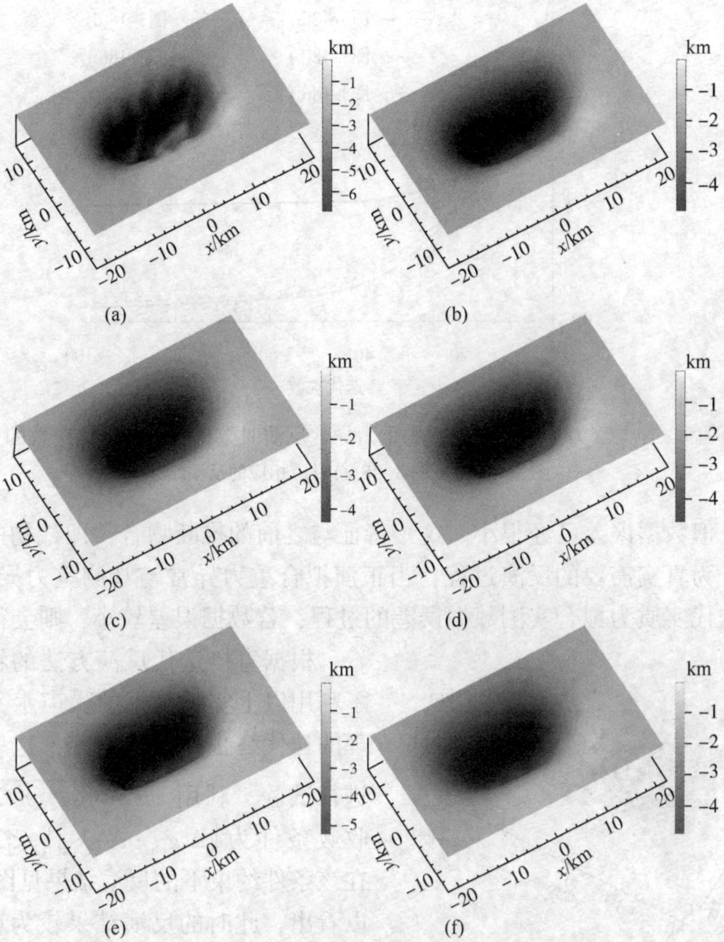

(a)~(f)分别对应图3-17中的(a)~(f)所示的重力异常

图 3-18　含噪重力异常及滤波后的重力异常反演得到的密度界面

图 3-19 为图 3-18 所示的 6 个反演结果对应的数据误差随迭代次数的变化图。可以看出，直接利用含噪异常反演时，最初迭代时，数据误差减小非常快，迭代次数超过 20 次时，收敛速度逐渐变缓，之后数据误差几乎不再减小，迭代 100 次时，数据误差为 0.827mGal。对于使用滤波的重力异常反演的情形，当迭代次数较少(如本次试算小于 10 次)时，重力数据误差几乎与未滤波的数据一致，当迭代次数稍大时，数据误差明显小于未滤波的数据误差，在以上五组数据的试算中，利用 9 节点平滑方法滤波后的重力异常和利用最小曲率切割并光滑的重力异常反演均收敛，前者迭代次数为 52 次，后者为 99 次，其余反演虽未在 100 次

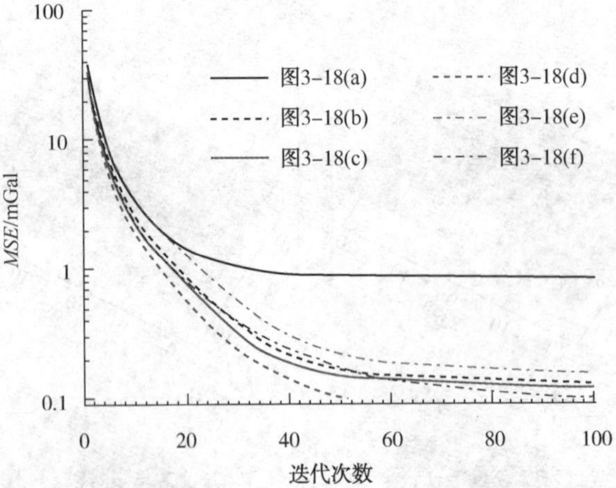

图 3-19　含噪重力异常及滤波后的重力异常反演时数据误差随迭代次数的变化图
图 3-18(a)~图 3-18(f)对应相应的反演结果

内收敛，但数据误差已经很小。这一特征与之前的推断吻合，即最初的迭代能快速收敛，为真实需要的反演过程，当正演拟合重力异常与观测重力异常接近时，之后的迭代实质为拟合实测数据误差的过程，若数据误差较小，则会很快收敛。

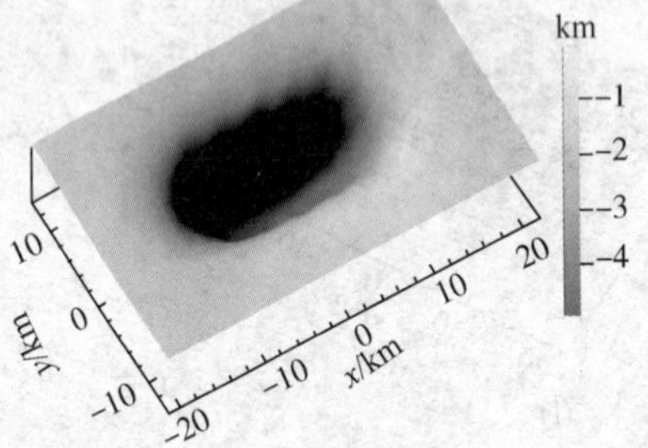

图 3-20　迭代误差限制下图 3-17(a)所示的含噪声数据反演结果图

根据直接迭代反演方法的特点，提出了利用以上实际数据的噪声水平估算为合理的迭代终止条件的措施，这里对该措施进行试验。利用 $eps \approx \sqrt{sd^2 \times n/3}$ 估算迭代收敛条件为 $\|\Delta g_{obs} - \Delta gk_{cal}\|_2 < 2.145\text{mGal}$，在该条件约束下的反演结果见图 3-20。可以看出，此时的反演结果较为稳定，并且在形态上与理论模型较为吻合。反演得到的最大深度为 4.921km，与理论模型相差 0.079km，均方误差为 0.067km，从反演误差数据来看，该结果也与理论模型较为吻合。将该方法与图 3-20 中各反演结果的误差进行统计，如表 3-4 所示[表中第一行反演措施中标注表示对应的图号中的反演结果，如“图 3-18(a)”表示图 3-18(a)展示的反演结果]。

表 3-4　含噪数据不同措施反演结果统计表

反演结果	图 3-18(a)	图 3-18(b)	图 3-18(c)	图 3-18(d)	图 3-18(e)	图 3-18(f)	图 3-20
迭代次数	>100	>100	>100	52	>100	99	14
均方误差/km	0.237	0.145	0.165	0.254	0.088	0.214	0.067
最大深度处误差/km	-1.856	0.095	0.308	0.622	-0.305	0.112	0.079

续表

反演结果	图 3-18(a)	图 3-18(b)	图 3-18(c)	图 3-18(d)	图 3-18(e)	图 3-18(f)	图 3-20
最大误差/km	2. 681	0. 673	0. 771	1. 074	0. 563	1. 234	0. 359
平均误差/km	0. 075	0. 077	0. 092	0. 143	0. 042	0. 112	0. 031
平均相对误差/%	8. 173	12. 292	18. 021	28. 793	6. 992	16. 493	6. 952

注：上表中最大深度误差中，正数表示反演结果浅于理论模型，负数表示反演结果深于理论模型。

由表 3-4 的统计结果可以看出，采取不同措施时，反演结果不同，甚至差别很大。以上 7 个结果中，采用预估迭代条件限制下的反演结果各项误差均为最小，且迭代次数明显小于其他的反演计算，这进一步说明提出的措施是正确合理的，且具有简单、快速的优势。

所有关于直接迭代法的改进方法均是在 Bott 的反演方法基础上进行的，因此以上对 Bott 反演方法稳定性的测试同样适用于其他改进方法，这里不再进行研究。直接迭代法的另一种形式即 Cordell 和 Henderson 提出的迭代方法，下文重点对该方法的稳定性进行测试。测试所用的数据仍为图 3-17(a)所示的含噪重力数据，首先给定迭代收敛条件为 $\|\Delta g_{obs}-\Delta g_{cal}^{k}\|_2<0.1$mGal、最大迭代次数 $k_{max}<200$ 进行试算，反演结果见图 3-21。

可以看出，反演结果误差非常大，主要表现为局部的极值点，最大可达 31. 51km，与理论模型相差甚远。用提出的措施进行试算，迭代收敛条件为 $\|\Delta g_{obs}-\Delta g_{cal}^{k}\|_2<2.145$mGal，反演结果如图 3-22 所示。可以看出，此时的反演结果与理论模型十分接近，并且仅需 10 次迭代即可得到结果，反演速度很快。从误差大小来看，最大深度处的误差为-0. 013km，均方误差为 0. 062km，可见，该反演结果误差很小。另外，与 Bott 反演方法结果(图 3-20)比较来看，最大深度误差和均方误差均小于 Bott 方法反演结果，并且迭代次数较少。

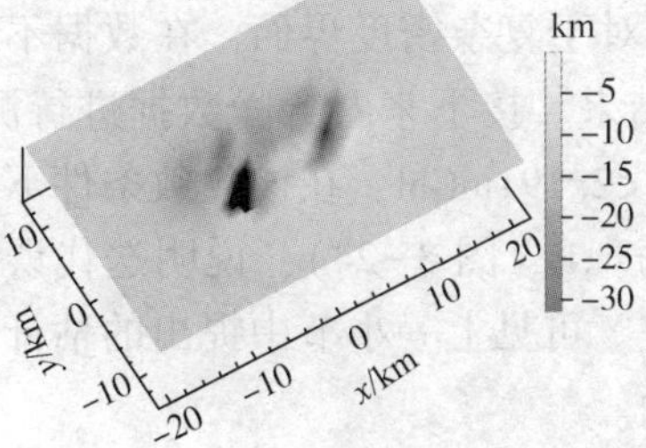

图 3-21　利用 Cordell 方法的含噪数据反演结果

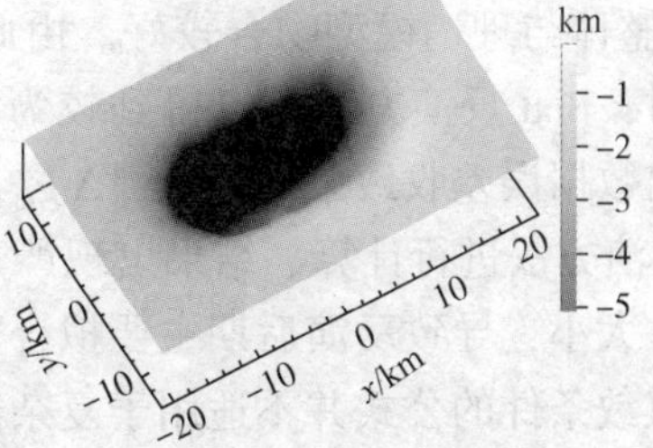

图 3-22　代误差限制下 Cordell 方法的含噪数据反演结果

3. 复杂密度界面模型测试

为分析以上反演方法的实际效果，本小节设计稍复杂的密度界面模型以模拟实际密度界面。设计的模型如图 3-23(a)所示，该模型主要由两个坳陷组成，呈两坳夹一隆的形态，模型左侧坳陷最大深度为 4.711km，右侧坳陷最大深度为 7km，中部隆起的最浅处为 1.854km。正演计算时，将模型剖分为 24×15 个垂直并置的直立六面体，直立六面体的尺寸为 1km×1km，选用剩余密度为 -0.3×10^3kg/m^3，计算点位于每个直立六面体的正上方，即 24×15 个网格节点上计算 $z=0$处的重力异常，计算结果如图 3-23(b)所示。另外，为更好的模拟实际情况，对理论重力异常中加入均值为 0，标准差为 0.2mGal 的高斯白噪声，形成含噪重力异常，如图 3-23(c)所示。

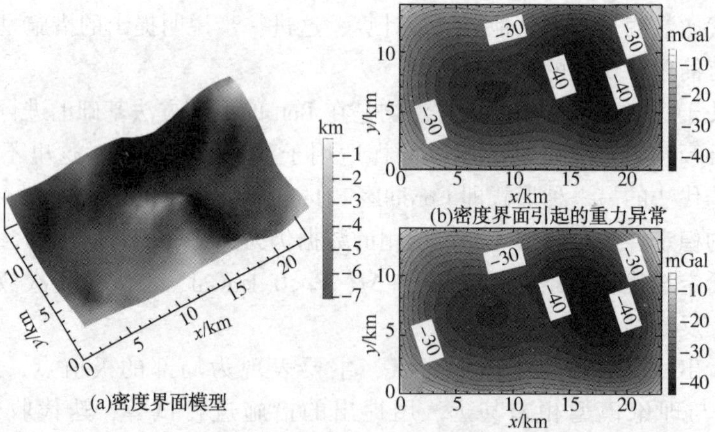

(a)密度界面模型

(b)密度界面引起的重力异常

(c)含均值为0,标准差为0.2mGal,高斯白噪声的重力异常

图 3-23　复杂密度界面模型及其重力异常

反演时模型剖分与正演相同，剩余密度选为-0.3×10^3kg/m^3。首先利用理论重力异常[图 3-23(b)]进行反演，反演结果的均方误差为 0.188km，最大深度处误差为-0.221km，界面形态与理论模型十分吻合(鉴于篇幅，这里不再展示结果)，整体与理论模型吻合较好。由此可见，对于复杂密度界面，在数据不存在误差时，Bott 反演方法可以得到较为满意的结果。接下来对含噪数据进行测试。估算出数据误差收敛条件 $eps=\|\Delta g_{obs}-\Delta g_{cal}^{k}\|_2<2.191$mGal，在该收敛条件下采用 Bott 反演方法进行计算，结果出现严重的振荡现象(图 3-24)，说明迭代误差收敛条件太小，导致反演后期主要拟合数据误差。可见上一小节中提出的估计迭代误差收敛条件的公式并不适用于复杂密度界面。

利用上一小节中迭代误差限确定方法，即根据重力数据拟合误差随迭代次数变化曲线，在迭代收敛急剧减小的趋势逐渐停止时的次数作为反演的迭代次数。从图 3-24(c)可以看出，迭代次数为 10 次时，重力数据拟合误差急剧下降的趋势已基本停止，所以在迭代时，应给定迭代次数为 10 次，图 3-25 为重新反演结果。从反演的密度界面形态来看，其与理论密度界面非常接近；从反演误差来

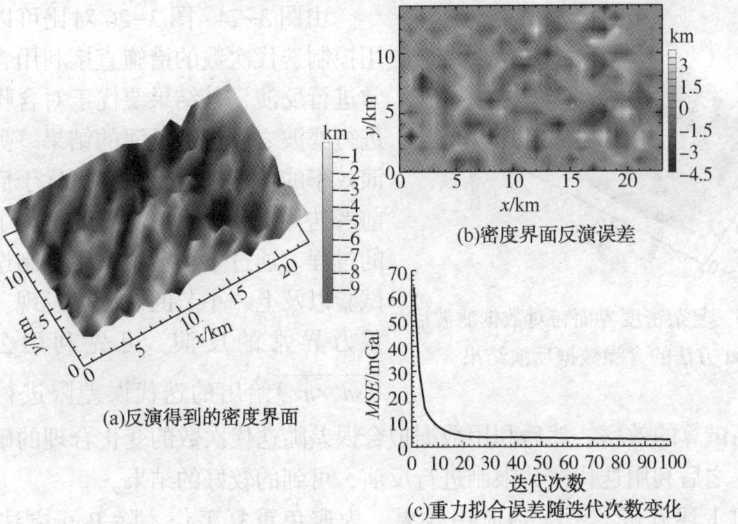

图 3-24　复杂密度界面给定迭代误差时利用 Bott 方法含噪声数据反演结果

看，均方误差为 0.519km，与理论模型略有差别。另外，从最大深度来看，反演的密度界面左侧坳陷最大深度为 4.768km，比理论模型深 0.057km；左侧坳陷最大深度为 6.104km，比理论模型浅 0.894km。

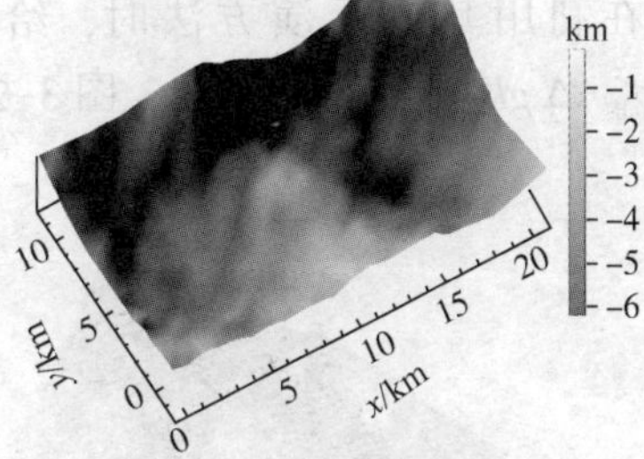

图 3-25　复杂密度界面在迭代次数限制下 Bott 方法的含噪数据反演结果

亦采用对含噪重力异常滤波的方法进行反演，这里采用多次迭代趋势分析方法进行，计算时选取窗口大小 2km×2km，x 和 y 方向阶次均为 1，滑动次数为 1。利用滤波后的重力异常进行反演，给定收敛条件 $eps=\|\Delta g_{obs}-\Delta g_{cal}^{k}\|_2<3.4$mGal，反演迭代经 38 次收敛，结果如图 3-26 所示。反演结果整体也表现为两坳夹一隆的形态，并且左侧坳陷的最大深度为 4.752km，右侧坳陷的最大深度为 7.027km，最大深度值均与理论模型接近。然后反演的结果与理论模型的细节差别较大，首先两个坳陷以及中间隆起整体较为光滑，其次在模型的边部出现畸变，使得反演结果在边部呈现为一个近似的矩形的隆起，与理论模型不符。反演结果与理论模型的均方误差为 0.902km。采用最小曲率位场分离方法对含噪重力异常进行滤波，选择切割步长为 1、迭代 2 次，光滑步长为 2、迭代 1 次得到滤波后的重力异常，利用该异常反演的结果与图 3-26 的结果接近，同样在边部出现了矩形畸变带，均方误差为 0.798km，略小于图 3-26 的结果。另外，该反演结果不如图3-26的结果那么光滑，细节上稍微更接近理论模型，但最大深度处的误差比较大，最大超过 1km。

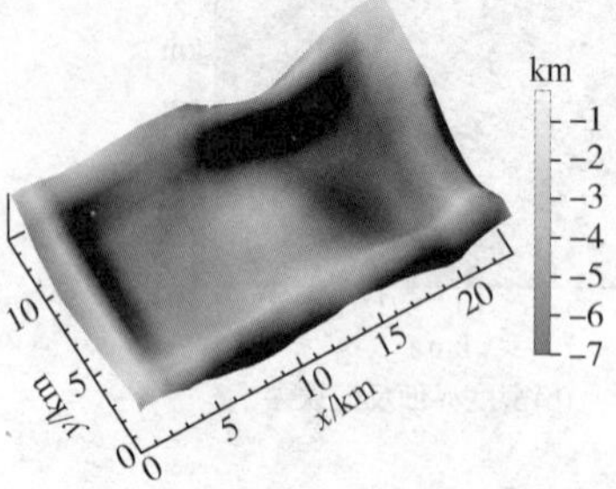

图 3-26　复杂密度界面在对数据滤波后 Bott 方法的含噪数据反演结果

由图 3-24~图 3-26 对比可以看出，采用控制迭代次数的措施直接利用含噪重力异常进行反演，其结果要优于对含噪重力异常进行滤波之后进行反演的结果。另外，从反演效率的角度来看，前者更优于后者，因为前者迭代次数少，更主要的是少了重力滤波的过程。通过本小节中采用控制迭代次数的试验以及上一小节的认识可发现，对于含噪重力异常的反演，可先利用公式 $eps \approx \sqrt{sd^2 \times n/3}$ 给出的迭代误差限进行试算，这样可提高试算的效率，然后利用数据拟合误差随迭代次数的变化合理的确定最大迭代次数，之后利用迭代次数限制进行反演，可到的较好的结果。

通过上述分析，考虑到应用效果，为避免重复工作，除 Bott 方法和 Cordell 方法之外，仅对林振民的改进方法和 Silva 的改进方法进行测试，对于其他方法不再进行测试。在图 3-24 的试验中，最佳迭代次数对应的收敛误差 7.947mGal，因此在利用其他反演方法时，给定迭代收敛误差限为给定收敛条件 $eps = \|\Delta g_{obs} - \Delta gk_{cal}\|_2 < 7.947\text{mGal}$，图 3-27 所示为相应的反演结果，误差统计如表 3-5 所示。

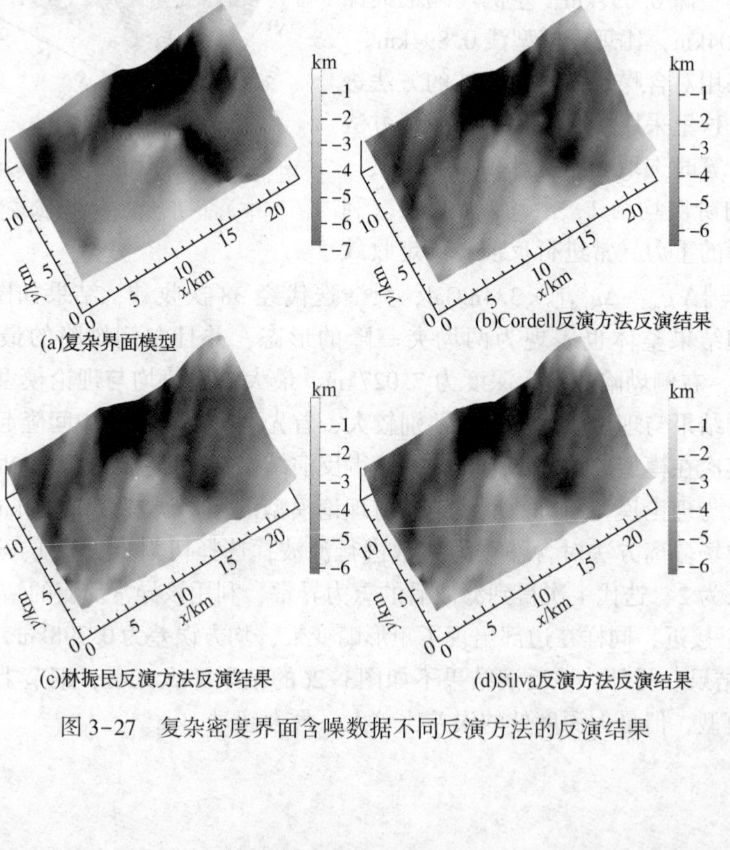

(a)复杂界面模型　(b)Cordell反演方法反演结果

(c)林振民反演方法反演结果　(d)Silva反演方法反演结果

图 3-27　复杂密度界面含噪数据不同反演方法的反演结果

表 3-5　复杂密度界面含噪数据不同反演方法的反演结果统计表

反演方法	Bott 方法	Cordell 方法	林振民方法	Silva 方法
迭代次数	10	8	6	5
均方误差/km	0. 519	0. 477	0. 496	0. 478
最大深度处误差/km	0. 894	0. 329	0. 654	0. 553
最大误差/km	1. 924	2. 023	1. 94	1. 942
平均误差/km	0. 367	0. 334	0. 35	0. 34
平均相对误差/%	11. 867	11. 121	11. 392	12. 106

注：表中最大深度误差中，正数表示反演结果浅于理论模型，负数表示反演结果深于理论模型。

通过图 3-25 和图 3-27 可以看出，以上 4 种反演方法得到的结果非常相似，并且整体与理论模型相差很小。从细节来看，4 种反演方法的结果均与理论模型有一些差别，最明显的是理论模型中右侧的坳陷北侧表现为一近东西向的构造，而 4 个反演结果中，这一特征均表现的不明显。另外，从表 3-5 的结果可以看出，综合迭代误差和反演误差两方面考虑，这 4 种反演方法中，Cordell 反演方法效果最好，但 4 种反演方法的应用效果相差不大。

第四节　直接迭代法应用实例

以中蒙边境地区东段莫霍面深度反演为例说明直接迭代法的效果，该实例来自张盛等。中蒙边境地区东段是我国重要多金属成矿带之一，其所在的兴蒙造山系经历多期构造演化，各地质体之间的相互关系复杂，地壳中主要深部结构特征模糊，导致对成矿构造单元的认识不统一，制约找矿工作的深入。因此，有必要对该地区莫霍面形态进行深入研究。

根据乌珠穆沁旗—辽宁东沟地学断面、满洲里—绥芬河地学断面的地震测深结果，将测深剖面的纵波速度通过经验公式转为密度，同时结合地表岩石物性测量结果，用最小二乘拟合，得到该地区的指数变密度模型为：

$$\Delta\rho = 1.2873e^{-0.089z} \tag{3-30}$$

所用数据为卫星重力数据，其空间分辨率可达 1′。对卫星重力进行布格校正得到布格重力异常，然后对所得布格异常经过优化滤波，去除沉积层和岩石圈干扰，得到该地区莫霍界面重力异常(图 3-28)。可以看出，该地区莫霍面重力异常整体表现为负值，范围-145～-15mGal，包含大兴安岭重力梯级带。

利用上述两条地学断面地震测深结果作为约束，由莫霍面重力异常反演迭代 30 次，均方误差为 6mGal，得到该地区莫霍面深度分布图(图 3-29)。研究区内莫霍面深度分布于 36～45km，莫霍面最大相差 8. 5km。在大兴安岭重力梯级带附近，莫霍面从 37km 降到 40km，大兴安岭莫霍面下凹，从 41km 降到 44km。从地震测深点处反演结果对比表可以看出，约束点处反演结果与地震测深结果平均偏差为 0.02km，除部分点偏差较大外，总体与地震测深结果一致。

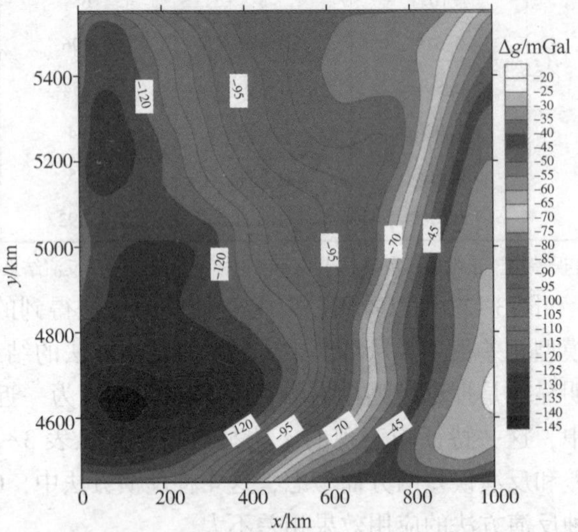

图 3-28　中蒙东部边境地区莫霍面重力异常

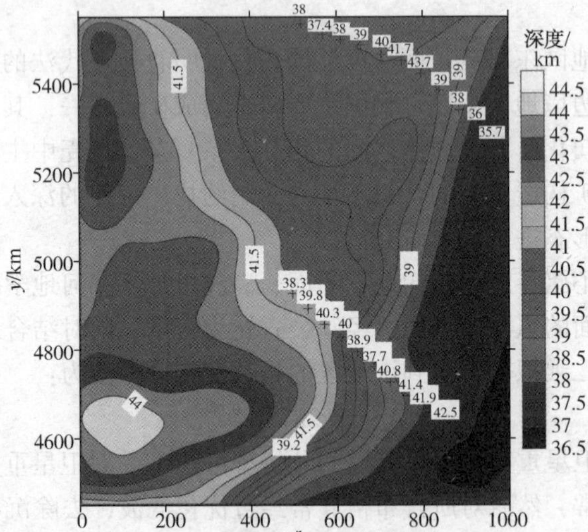

图 3-29　中蒙东部边境地区莫霍面深度反演结果

第四章　空间域密度界面正则化反演方法

关于密度界面反演的正则化反演方法研究起步较晚，但由于方便施加约束、可得到更为精细的密度界面形态，因此，近年来得到了较多的研究和应用。正则化反演方法一般利用实测重力异常与正演拟合重力异常的差值和模型约束建立目标函数，然后利用最优化方法求解目标函数的最小化问题，因此，反演的效果主要取决于目标函数的形式和最优化方法的选择。最优化方法主要决定了反演的效率，其对反演的结果影响较小，对反演结果影响较大的则是目标函数的形式，尤其是模型约束函数的形式。另外，模型约束函数也可以改善反演迭代过程的收敛，因此，研究模型约束函数的形式及其作用是一个重要的问题。本章首先介绍正则化反演的基本原理，然后重点针对不同的模型约束函数进行研究，建立不同约束函数的目标函数进行反演计算，据此分析不同模型约束函数的反演效果和适用性，以作为复杂密度界面三维反演的基础。

第一节　目标函数研究

1. 目标函数组成

反演问题可写为：

$$\boldsymbol{d} = F(\boldsymbol{m}) + \boldsymbol{e} \tag{4-1}$$

式中，$\boldsymbol{d}$ 为数据向量；$\boldsymbol{m}$ 为模型向量；$\boldsymbol{e}$ 为误差向量；F 为模型正演函数。根据数据向量 $\boldsymbol{d}$ 而得到模型向量 $\boldsymbol{m}$ 即为反演问题。

实际上，在地球物理问题中，无法找到一个非常精确的模型向量 $\boldsymbol{m}$ 使得模型正演数据与观测数据完全一致，即：

$$\boldsymbol{d} = F(\boldsymbol{m}) \tag{4-2}$$

所以，通常需要找到一个模型向量使得正演数据尽可能接近观测数据，此时反演问题可定义为：

$$\varphi_d(\boldsymbol{m}) = [\boldsymbol{d} - F(\boldsymbol{m})]^T \boldsymbol{V}^{-1} [\boldsymbol{d} - F(\boldsymbol{m})] \tag{4-3}$$

式(4-3)表示观测数据与模型正演数据的偏差，$\boldsymbol{V}$ 为数据偏差矩阵，是一个正定矩阵。

如果 $\boldsymbol{m}$ 是式(4-1)的解，那么其可使式(4-3)取得极小值，所以可通过使式(4-3)极小化从而得到式(4-1)的解。通常来说，满足要求的解可能有很多个，需要在众多解中寻找符合地质-地球物理特征及先验信息的解，所以需要对模型

向量 $\boldsymbol{m}$ 进行限制。可令

$$\varphi_m(\boldsymbol{m}) = (\boldsymbol{m} - \boldsymbol{m}_0)^T \boldsymbol{L}^T \boldsymbol{L}(\boldsymbol{m} - \boldsymbol{m}_0) \tag{4-4}$$

式中，$\boldsymbol{L}$ 为模型方差矩阵，用来限定模型变量的幅值和光滑程度；$\boldsymbol{m}_0$ 为先验信息，可选用已知的信息或前一次反演的结果。

上述反演问题实际上是一个约束最优化问题，可引入 Langrange 乘子 λ，从而采用正则化方法将其转化为无约束最优化问题：

$$\varphi(\boldsymbol{m}) = [\boldsymbol{d} - F(\boldsymbol{m})]^T \boldsymbol{V}^{-1}[\boldsymbol{d} - F(\boldsymbol{m})] + \lambda\,(\boldsymbol{m} - \boldsymbol{m}_0)^T \boldsymbol{L}^T \boldsymbol{L}(\boldsymbol{m} - \boldsymbol{m}_0) \tag{4-5}$$

式中，λ 为正则化参数，其作用是控制数据拟合偏差和模型约束偏差在目标函数极小化过程中的比重，当 λ 较大时，模型约束的比重增大，数据拟合偏差的影响减小；反之，λ 减小时，数据拟合偏差的比重增大，当 λ 趋于 0 时，反演问题是一个病态的最小二乘问题，其解是不稳定的。

式(4-5)为反演问题目标函数的一般形式，而在密度界面反演中，常见的目标函数有以下几种形式：

1997 年，Barbosa 等建立了由数据拟合误差、已知深度约束误差及一个光滑约束组成的目标函数：

$$\phi(\boldsymbol{p}) = \frac{1}{M}\,\|\boldsymbol{g} - \boldsymbol{g}^0\|^2 + \mu^a(\delta)\frac{f^a}{M}\,\|\boldsymbol{Ap} - \boldsymbol{h}^0\|^2 + \mu^r(\delta)\frac{f^r}{M}\,\|\boldsymbol{Rp}\|^2 \tag{4-6}$$

式中，$\boldsymbol{p} \equiv \{p_1,\ p_2,\ \cdots,\ p_M\}^T$，为待反演的参数，即密度界面深度；$M$ 为重力观测点数；$\boldsymbol{g} = \boldsymbol{g}(\boldsymbol{p}) \equiv \{g_1,\ g_2,\ \cdots,\ g_M\}^T$，为正演重力异常；$\boldsymbol{g}^0 = \boldsymbol{g}(\boldsymbol{p}) \equiv \{g_1^0,\ g_2^0,\ \cdots,\ g_M^0\}^T$，为实测重力异常；$\boldsymbol{h}^0$ 为 N 个已知点的深度值，$\boldsymbol{A}$ 是一个 $N \times M$（$N \leqslant M$）的矩阵，其使得反演的 M 个参数在位置上接近 N 个已知点的深度 $\boldsymbol{h}^0$；$\boldsymbol{R}$ 是一个 $L \times M$ 的矩阵，其中 L 为待反演的参数对的个数，例如若有先验信息表明第 i 个参数为第 j 个参数的两倍，则矩阵 $\boldsymbol{R}$ 的第 l 行元素组成的 M 维向量 $\boldsymbol{r}_l$ 中，除第 i 和第 j 个元素为 1 和−2 外，其与元素均为 0；f^a 和 f^r 分别为矩阵 $\boldsymbol{A}$ 和 $\boldsymbol{R}$ 的正则化因子；δ 为预计的数据噪声均方差；$\mu^a(\delta)$ 和 $\mu^r(\delta)$ 为拉格朗日乘子（非负实数），为使计算简化，该参数可以省略。

1999 年，Barbosa 等重新建立了目标函数，利用加权矩阵对模型的光滑约束进行改进，实现了非光滑形态盆地基底反演，目标函数如下：

$$\phi(\boldsymbol{p}) = \frac{1}{M}\,\|\boldsymbol{g} - \boldsymbol{g}^0\|^2 + \mu^a(\delta)\frac{f^a}{M}\,\|\boldsymbol{Ap} - \boldsymbol{h}^0\|^2 + \mu^r(\delta)\frac{f^r}{M}\,\|\boldsymbol{WRp}\|^2 \tag{4-7}$$

式中，$\boldsymbol{W}$ 是一个 $K\times K$ 型的对角加权阵，$\boldsymbol{R}$ 为 $K\times M$ 型矩阵，其每行只包含两个非零元素：1 和−1，这些元素与每一个相邻的参数对相关，K 是相邻参数对的总个数。特殊情形下，$\boldsymbol{W}$ 为 $K\times K$ 型的单位阵 $\boldsymbol{I}$，此时模型约束项为 $\|\boldsymbol{Rp}\|^2$，其实质是将

一个光滑约束施加在盆地基底反演之中。而矩阵 $\boldsymbol{W}$ 的作用就是通过给矩阵 $\boldsymbol{R}$ 的第 i 行的第 i 个元素加权重 $w_{ii} \in (0,\ 1]$ 从而减弱这种光滑约束的作用。例如若 $w_{ii}=1$，与第 i 个约束相关的相邻剖分柱体参数之间的光滑度加强；反之若 $w_{ii} \approx 0$，则不施加光滑约束。

Silva 等在沉积盆地基底反演中引入熵函数作为约束，分别进行了二维和三维非光滑形态沉积盆地基底反演，目标函数为：

$$\tau(\boldsymbol{p}) = \| \boldsymbol{g}^0 - \boldsymbol{g}(\boldsymbol{p}) \|^2 - \gamma_0 Q_0(\boldsymbol{p})/Q_{0\max} + \gamma_1 Q_1(\boldsymbol{p})/Q_{1\max} \tag{4-8}$$

式中，$Q_0(\boldsymbol{p})$ 和 $Q_1(\boldsymbol{p})$ 分别为 0 阶熵测度和 1 阶熵测度，$Q_{0\max}$ 和 $Q_{1\max}$ 是标准化常量，γ_0 和 γ_1 是正则化系数。$Q_0(\boldsymbol{p})$ 和 $Q_1(\boldsymbol{p})$ 的表达式如下：

$$Q_0(\boldsymbol{p}) = -\sum_{k=1}^{M}\left(\frac{p_k+\varepsilon}{\sum_{i=1}^{M} p_i+\varepsilon}\right)\log\left(\frac{p_k+\varepsilon}{\sum_{i=1}^{M} p_i+\varepsilon}\right) \tag{4-9}$$

$$Q_1(\boldsymbol{p}) = -\sum_{k=1}^{L}\left(\frac{|t_k|+\varepsilon}{\sum_{i=1}^{L} |t_i|+\varepsilon}\right)\log\left(\frac{|t_k|+\varepsilon}{\sum_{i=1}^{L} |t_i|+\varepsilon}\right) \tag{4-10}$$

式中，ε 为很小的正常数（$<10^{-8}$），用其保证熵测度的定义；t_i 为向量 $\boldsymbol{t}=\boldsymbol{Rp}$ 的元素。

2011 年，Martins 等引入全变差函数作为约束建立目标函数，实现了非光滑形态的三维沉积盆地基底反演。该方法与熵正则化方法相比，较为简单，因为其只需一个正则化参数的调整。目标函数如下：

$$\lambda(\boldsymbol{p}) = \| \boldsymbol{g}^0 - \boldsymbol{g}(\boldsymbol{p}) \|^2 + \mu(\| \boldsymbol{Ap} - \boldsymbol{h}^0 \|^2 + \| \boldsymbol{Rp} \|_1) \tag{4-11}$$

式中，

$$\| \boldsymbol{Rp} \|_1 = \sum_{l=1}^{L} |p_i - p_j| \tag{4-12}$$

式中，p_i 和 p_j 表示相邻的参数对，$\boldsymbol{L}$ 为参数对的个数。反演中采用 L_1-范数作为约束，实现了非光滑形态的反演。

由以上研究成果可知，利用非线性方法反演密度界面时，目标函数通常写为以下形式：

$$\varphi(\boldsymbol{m}) = \| \boldsymbol{g}^0 - \boldsymbol{g}(\boldsymbol{m}) \|^2 + \lambda \tau(\boldsymbol{m}) \tag{4-13}$$

式中，$\boldsymbol{m}$ 为待反演的参数，即密度界面深度；$\boldsymbol{g}(\boldsymbol{m})$ 为正演重力异常，$\boldsymbol{g}^0$ 为实测重力异常；λ 是正则化参数；$\tau(\boldsymbol{m})$ 为模型约束函数。

此外，若在反演时知道一些已知点的界面深度，则可将此信息作为约束，建立由数据误差函数、已知信息约束函数和模型约束函数组成的目标函数：

$$\varphi(\boldsymbol{m}) = \| \boldsymbol{g}^0 - \boldsymbol{g}(\boldsymbol{m}) \|^2 + \lambda_{\mathrm{h}} h(\boldsymbol{m}) + \lambda_{\mathrm{m}} \tau(\boldsymbol{m}) \tag{4-14}$$

式中，λ_{h} 和 λ_{m} 为正则化参数；$h(\boldsymbol{m})$ 为已知信息约束函数，其表达式为：

$$h(\boldsymbol{m}) = \| \boldsymbol{Wm} - \boldsymbol{H} \|_2^2 \tag{4-15}$$

式中，$\boldsymbol{H}$ 为 $B\times1$ 型向量，代表已知界面深度；B 为已知深度点的个数；$\boldsymbol{W}$ 为一个 $B\times M$ 型矩阵，其每行只有一个非零元素，用来保证反演结果在已知深度点附近接近真实深度；M 为剖分柱体的个数。

2. 模型约束函数的理论基础

模型约束函数一般采用范数的形式，常用的向量范数为：

向量的∞-范数(最大范数)：

$$\| x \|_{\infty} = \max_{1\leqslant i\leqslant n} |x_i| \tag{4-16}$$

向量的1-范数：

$$\| x \|_{1} = \sum_{i=1}^{n} |x_i| \tag{4-17}$$

向量的2-范数：

$$\| x \|_{2} = (x,\ x)^{\frac{1}{2}} = \left(\sum_{i=1}^{n} x_i^2\right)^{1/2} \tag{4-18}$$

向量的 p-范数：

$$\| x \|_{p} = \left(\sum_{i=1}^{n} |x_i|^{p}\right)^{1/p} \tag{4-19}$$

式中，$p\in[1,\ \infty)$，上述3种范数是 L_p-范数的特殊情况。

已经证明，L_p-范数符合范数定义的3个条件：

(1) $\| x \| \geqslant 0$，当且仅当 $x=0$ 时，$\| x \| = 0$(正定性)；

(2) $\| \alpha x \| = |\alpha| \| x \|$，$\alpha\in R$(齐次性)；

(3) $\| x+y \| \leqslant \| x \| + \| y \|$，$x,\ y\in S$(三角不等式)。

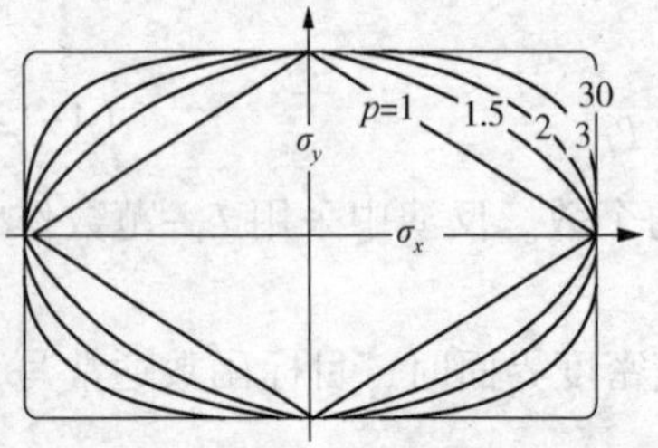

图4-1　二维情形下一些 p-范数的“单位圆”

图4-1为二维情形下不同的 L_p-范数的图形。

除 L_p-范数之外，1964年，Huber提出了一种新的度量向量长度的公式：

$$\phi(\boldsymbol{x}) = \sum_{i=1}^{n} \rho(x_i) \tag{4-20}$$

式中，$\rho(x)$ 为关于 x 的非负函数。当 $\rho(x)=m^2$ 时，其为向量的 L_2-范数；当 $\rho(x)=|m|^p$ 时，其为 L_p-范数。

尽管 L_p-范数有较好的数学特性，但其应用于最小化问题时，其数值计算很难实现，因为对于向量的任一元素，其导数为 $p\ |m|^{p-1}$ 当 $p=1$ 时，在0点不可微。为解决这一问题，提出了一些近似 p-范数的方法。Huber提出了以下范数形式

$$\rho_H(x) = \begin{cases} x^2/2\varepsilon & |x|\leqslant\varepsilon \\ |x|-\varepsilon/2 & |x|>\varepsilon \end{cases} \tag{4-21}$$

其中 ε 是调整 $\rho(x)$ 为 L_1-范数和 L_2-范数的一个阈值，其为正数。$\rho_H(x)$ 也简称为 Huber 函数，图 4-2(a)为 Huber 范数的示意图。当向量的元素小于 ε 时，$\rho(x)$ 为 L_2-范数形式；当向量的元素大于等于 ε 时，$\rho(x)$ 为 L_1-范数形式。这一性质避免了 L_1-范数在 0 点不可微的问题。由于 Huber 函数为分段函数，因此其偏导数也为分段函数，下式：

$$\frac{\delta\rho_H}{\delta x}=\begin{cases}x/\varepsilon & |x|\leqslant\varepsilon\\ 1 & 0<\varepsilon<x\\ -1 & 0>\varepsilon>-x\end{cases} \tag{4-22}$$

即为 Huber 函数的导数公式，图 4-2(b)为 Huber 范数导数的示意图。

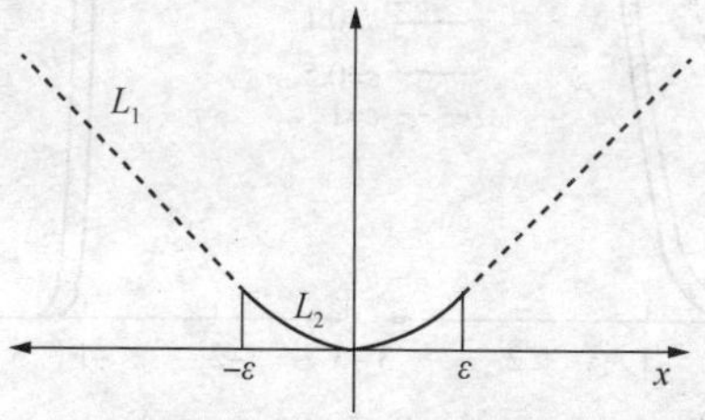

(a)Huber范数,实线为L_2范数,虚线为L_1范数;

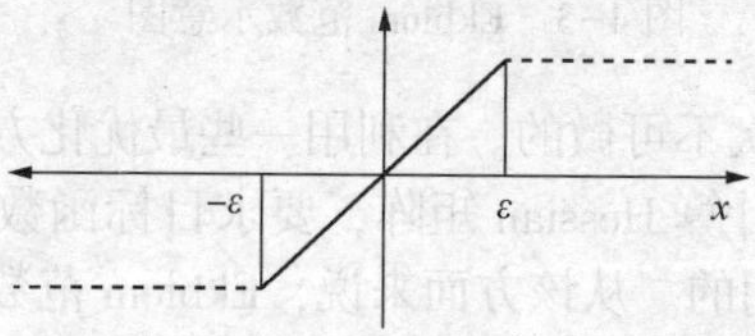

(b)Huber范数的导数,[-ε,ε]范围为线性变化,其他部分为常数

图 4-2　Huber 范数及其导数图

1973 年，Ekblom 提出了另一种范数形式

$$\rho_E(x)=(x^2+\varepsilon^2)^{\frac{p}{2}} \tag{4-23}$$

式中，ε 为阈值，当其值相对于 x 较小时，Ekblom 范数与 L_p-范数的特征近似；当 ε 的值较大时，实质为平方和测度，决定 x 向量中每一个元素的权重。当 ε 小到可以忽略时，当 $p=1$ 时，Ekblom 范数相当于 L_1-范数，而当 $p=2$ 时，Ekblom 范数相当于 L_2-范数。图 4-3 为 Ekblom 范数取不同的 p 值和 ε 的图像。

可以看出，当 p 取 1 和 2 时，Ekblom 范数分别相当于 L_1-范数和 L_2-范数；当 p 取值较大时，Ekblom 范数相当于∞-范数。

Ekblom 范数的偏导数为：

$$\frac{\delta\rho_E}{\delta x}=px\ (x^2+\varepsilon^2)^{p/2-1} \tag{4-24}$$

图 4-4 为 Ekblom 范数导数图，可以看出，Ekblom 范数的导数是光滑的，而 Huber 范数的导数是非光滑的。从导数的计算式也可以看出，Ekblom 范数是二次可

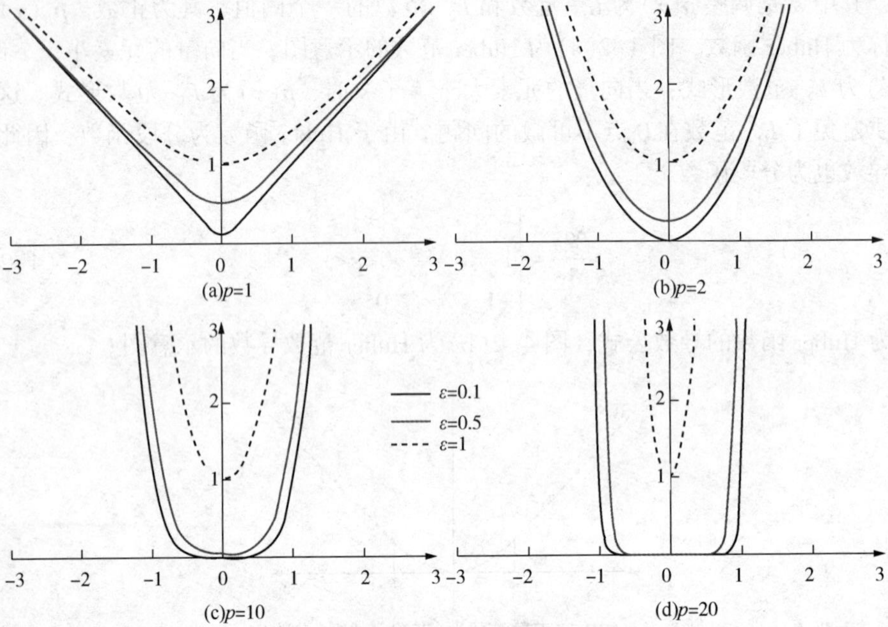

图 4-3　Ekblom 范数示意图

微的，而 Huber 范数是二次不可微的。在利用一些最优化方法(如牛顿法)求解目标函数极小化问题时，需要计算 Hessian 矩阵，要求目标函数是二次可微的，这种情形下，Huber 范数是不可用的。从该方面来说，Ekblom 范数的通用性更好。

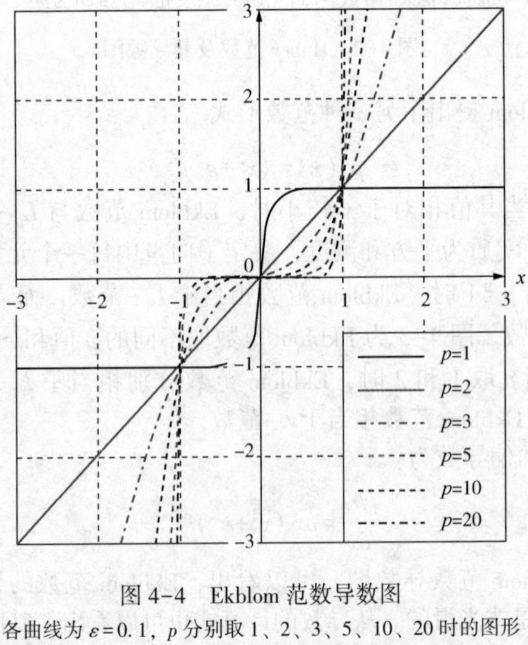

图 4-4　Ekblom 范数导数图

各曲线为 $\varepsilon=0.1$，p 分别取 1、2、3、5、10、20 时的图形

除以上范数之外，近年来，L_0-范数的应用也引起了极大的关注。L_0-范数的定义为向量 $\boldsymbol{x}$ 中非零元素的个数，由于 L_0-范数是不连续的，因此通常在计算时采用近似算法，将其转化为等价的范数问题。用近似方法在构造 L_0-范数的近似形式的实质为：选定近似函数 $\rho(x)$，使得 $\rho(x)$ 满足以下条件：

$$\rho(x)\begin{cases} =0 & x=0 \\ \approx 1 & x\neq 0 \end{cases} \tag{4-25}$$

1983 年，Last 和 Kubik 在反演密度体形态时，提出了一种约束模型：

$$A = h_1 h_2 \lim_{\beta\to 0}\sum_{j=1}^{n}\frac{m_j^2}{m_j^2+\beta^2} \tag{4-26}$$

Last 和 Kubik 在计算时，将模型剖为 n 个直立六面体，m_j 表示模型向量 $\boldsymbol{m}$ 的第 j 个向量。h_1 和 h_2 分别是剖分的直立六面体在水平和垂向方向的尺寸。

在以上工作的基础上，2014 年，Sun 和 Li 将向量 $\boldsymbol{m}$ 中非 0 元素的个数表示为

$$\tilde{N} = \lim_{\beta\to 0}\sum_{j=1}^{n}\frac{m_j^2}{m_j^2+\beta^2} \tag{4-27}$$

根据 L_0-范数的定义，可得：

$$L_{\mathrm{LK0}}(\boldsymbol{m}) = \lim_{\beta\to 0}\sum_{j=1}^{n}\frac{m_j^2}{m_j^2+\beta^2} \tag{4-28}$$

式中，$L_{\mathrm{LK0}}(\boldsymbol{m})$ 表示向量 $\boldsymbol{m}$ 的 L_0-范数。

若 β 的值足够小，L_0-范数可由下式近似：

$$L_{\mathrm{LK0}}(\boldsymbol{m}) \approx \sum_{j=1}^{n}\frac{m_j^2}{m_j^2+\beta^2} \tag{4-29}$$

以上近似范数的函数图像如图 4-5 所示。可以看出，当 $\beta=1$ 时，$\rho_{\mathrm{LK0}}(x)$ 的图像较为宽缓，随着 $|x|$ 的值的增大，$\rho_{\mathrm{LK0}}(x)$ 的值逐渐接近 1。随着 β 的值的减小，$\rho_{\mathrm{LK0}}(x)$ 的图像逐渐变窄，其形态更接近 L_0-范数的定义。但当 $\beta\leqslant 0.1$ 时，$\rho_{\mathrm{LK0}}(x)$ 的最小值大于 0；随着 β 过小时，$\rho_{\mathrm{LK0}}(x)$ 的值接近 1，这与 L_0-范数的特征不吻合。因此，在使用式(4-29)的近似式时，令 $0.1\leqslant\beta\leqslant 0.3$ 较为合理。

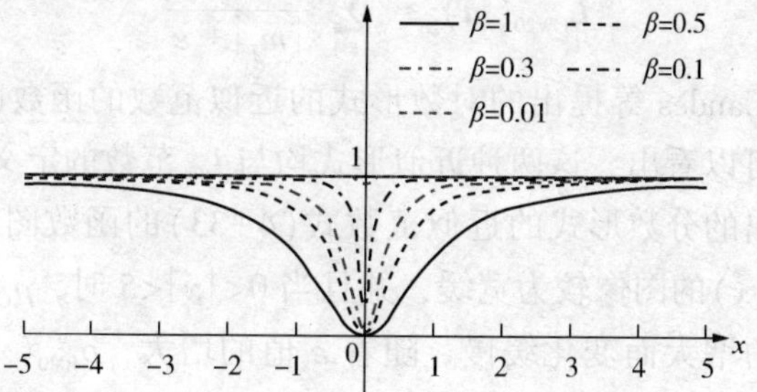

图 4-5　Last 和 Kubik 用于近似 L_0-范数的函数图像

各曲线为 β 分别取 1、0.5、0.3、0.1、0.01 时的图形

除以上近似式外，也有学者提出了其他近似形式。1998 年，Bradley 等提出了以下近似式：

$$L_{\mathrm{BM0}}(\boldsymbol{m}) \approx \sum_{j=1}^{n}(1-\mathrm{e}^{-\alpha|m_j|}) \tag{4-30}$$

式中，α 为常数，Bradley 等建议 α 取值为 5，也可通过缓慢增加 α 的值以提高近似程度。Bradley 等的近似范数的函数图像如图 4-6 所示。当 $\alpha=1$ 时，$\rho_{\mathrm{BM0}}(x)$ 的图像较为宽缓，随着 α 值的增大，$\rho_{\mathrm{BM0}}(x)$ 的图像急剧变窄。综合不同 α 值的图形来看，在使用式(4-30)近似 L_0-范数时，令 $5 \leqslant \alpha \leqslant 10$ 可取得较好的效果。

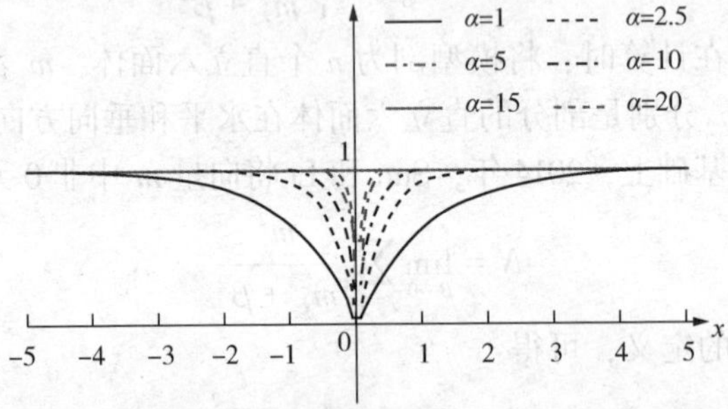

图 4-6　Bradley 等提出的近似 L_0-范数的函数图像

各曲线为 α 分别取 1、2.5、5、10、15、20 时的图形

2003 年，Weston 等研究了 L_0-范数的性质，提出了以下近似形式：

$$L_{\mathrm{WE0}}(\boldsymbol{m}) \approx \sum_{j=1}^{n}\ln(\varepsilon+|m_j|) \tag{4-31}$$

式中，$0<\varepsilon<<1$，用该参数保证当 $m_j=0$ 时上式可计算。

2008 年，Candès 等提出了其他的近似形式：

$$L_{\mathrm{CW10}}(\boldsymbol{m}) \approx \sum_{j=1}^{n}\log(|m_j|+\varepsilon) \tag{4-32}$$

$$L_{\mathrm{CW20}}(\boldsymbol{m}) \approx \sum_{j=1}^{n}\frac{|m_j|}{|m_j|+\varepsilon} \tag{4-33}$$

Weston 等和 Candès 等提出的对数形式的近似范数的函数图像分别如图 4-7 和图 4-8 所示，可以看出，这两种近似形式均与 L_0-范数的定义差别较大。

Candès 等提出的分数形式的近似范数式(4-33)的函数图像如图 4-9 所示。当 $\varepsilon=1$ 时，$\rho_{\mathrm{CW20}}(x)$ 的图像较为宽缓，并且当 $0<|x|<5$ 时，$\rho_{\mathrm{CW20}}(x)$ 最大值小于 1，函数值随 $|x|$ 的增大而变化缓慢。随着 ε 值的增大，$\rho_{\mathrm{BM0}}(x)$ 的图像变窄，但 $\rho_{\mathrm{CW20}}(0)$ 的值也逐渐增大。综合不同 ε 值的图形来看，在使用式(4-33)近似 L_0-范数时，令 $0.05 \leqslant \varepsilon \leqslant 0.1$ 可取得较好的效果，该式与式(4-29)和式(4-30)的近似形式比较而言，近似效果欠佳。

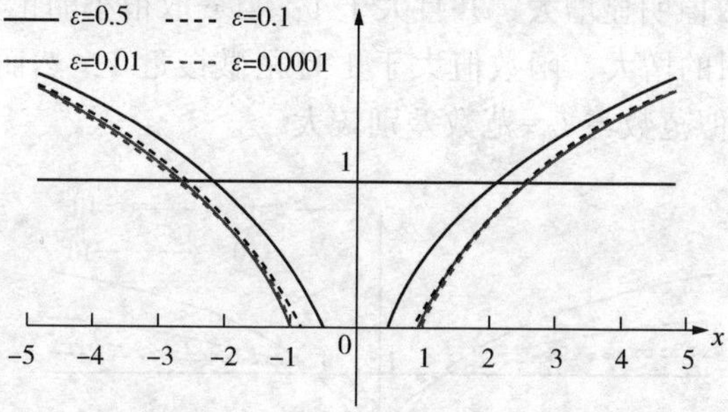

图 4-7 Weston 等提出的近似 L_0-范数的函数图像

各曲线为 ε 分别取 0.5、0.1、0.01、0.0001 时的图形

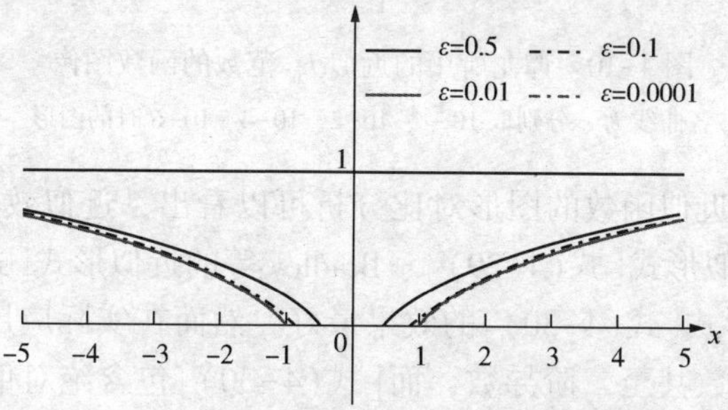

图 4-8 Candès 等提出的对数型近似 L_0-范数的函数图像

各曲线为 ε 分别取 0.5、0.1、0.01、0.0001 时的图形

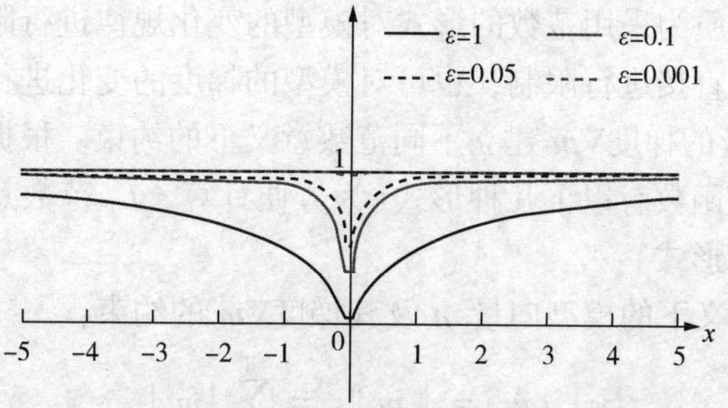

图 4-9 Candès 等提出的分数型近似 L_0-范数的函数图像

各曲线为 ε 分别取 1、0.1、0.05、0.001 时的图形

2013 年，谭龙在对向量施加稀疏约束时，认为 L_0-范数优于 L_1-范数，并采用了以下近似形式：

$$L_{T0}(\boldsymbol{m}) \approx \sum_{j=1}^{n} \frac{\log(1 + |m_j|/\varepsilon)}{\log(1 + 1/\varepsilon)} \tag{4-34}$$

式中，$0<\varepsilon<<1$。该近似范数的函数图像如图 4-10 所示。可以看出 $\varepsilon = 10^{-1}$时，

随$|x|$的增大，函数值明显增大，并且大于1；当ε取很小的正数(如图4-10中，$\varepsilon=10^{-6}$)时，随$|x|$的增大，函数值大于1且稍微接近1，然而$|x|=0$处的值误差稍大，可见该近似范数与L_0-范数差别较大。

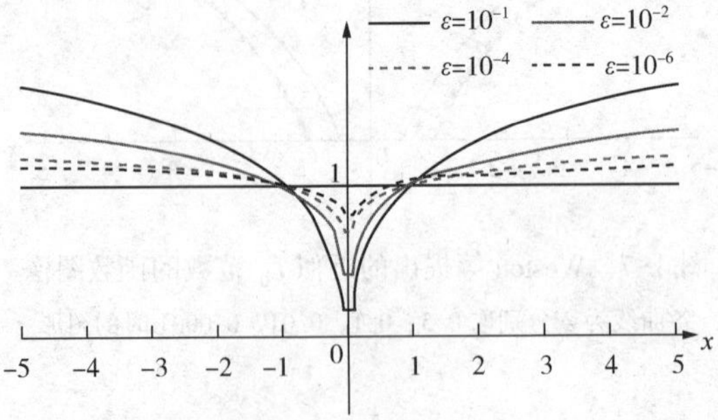

图4-10 谭龙所用的近似L_0-范数的函数图像

各曲线为ε分别取10-1、10-2、10-4、10-6时的图形

根据以上不同近似函数的图形对比分析可以看出，近似效果较好的范数有：Last和Kubik的近似形式[式(4-29)]、Bradley等的近似形式[式(4-30)]，其中Bradley等的近似形式[式(4-30)]的效果最好。然而在实际应用中，通常要计算模型约束的一阶导数甚至二阶导数，而[式(4-30)]包含绝对值，不利于导数的计算，[式(4-29)]的近似形式可以方便的计算一阶导数和二阶导数，这是该近似式的优势。综合考虑，建议采用[式(4-29)]近似L_0-范数。

3. 模型约束函数的建立

模型约束的实质为采用范数的形式对模型的变化规律进行限制。因此，可以对模型本身的变化直接进行限制，也可对模型的梯度的变化进行限制，即对模型向量$\boldsymbol{m}$和模型向量的梯度$\nabla \boldsymbol{m}$建立不同范数意义下的约束。根据上文介绍的不同的范数，模型约束函数有以下几种形式(为方便计算，L_2-范数意义下模型约束函数通常采用平方的形式)：

(1)L_1-范数意义下的模型向量$\boldsymbol{m}$及其梯度$\nabla \boldsymbol{m}$的约束：

$$\tau_{m1}(\boldsymbol{m}) = \|\boldsymbol{m}\|_1 = \sum_{i=1}^{M} |m_i| \tag{4-35}$$

$$\tau_{g1}(\boldsymbol{m}) = \|\nabla \boldsymbol{m}\|_1 = \sum_{l=1}^{L} |m_i - m_j| \tag{4-36}$$

式中，M为剖分模型体的个数；m_i和m_j为空间上相邻的剖分的两个模型体；L为相邻模型体的组数，下同。

(2)L_2-范数意义下的模型向量$\boldsymbol{m}$及其梯度∇m的约束：

$$\tau_{m2}(\boldsymbol{m}) = \|\boldsymbol{m}\|_2^2 = \sum_{i=1}^{M} m_i^2 \tag{4-37}$$

$$\tau_{g2}(\boldsymbol{m}) = \|\nabla\boldsymbol{m}\|_2^2 = \sum_{l=1}^{L}(m_i - m_j)^2 \tag{4-38}$$

式(4-35)~式(4.38)为常用的模型约束函数，其中又以 L_2-范数形式的约束最为常见。除此之外，也可综合利用 L_1-范数和 L_2-范数建立模型约束函数，即：

$$\tau_{m12}(\boldsymbol{m}) = \mu_1\|\boldsymbol{m}\|_1 + \mu_2\|\boldsymbol{m}\|_2^2 = \mu_1\sum_{i=1}^{M}|m_i| + \mu_2\sum_{i=1}^{M}m_i^2 \tag{4-40}$$

$$\tau_{g12}(\boldsymbol{m}) = \mu_1\|\nabla\boldsymbol{m}\|_1 + \mu_2\|\nabla\boldsymbol{m}\|_2^2 = \mu_1\sum_{l=1}^{L}|m_i - m_j| + \mu_2\sum_{l=1}^{L}(m_i - m_j)^2 \tag{4-41}$$

式中，μ_1 和 μ_2 分别为 L_1-范数和 L_2-范数约束的权重，且 $\mu_1+\mu_2=1$。在综合利用 L_1-范数 L_2-范数建立模型约束函数时，也可采用对模型向量 $\boldsymbol{m}$ 及其梯度 $\nabla\boldsymbol{m}$ 的约束交叉的形式，即一个模型约束函数中同时出现模型向量 $\boldsymbol{m}$ 及其梯度 $\nabla\boldsymbol{m}$ 的约束，形式如下：

$$\tau_{gm12}(\boldsymbol{m}) = \mu_1\|\boldsymbol{m}\|_1 + \mu_2\|\nabla\boldsymbol{m}\|_2^2 = \mu_1\sum_{i=1}^{M}|m_i| + \mu_2\sum_{l=1}^{L}(m_i - m_j)^2 \tag{4-42}$$

$$\tau_{gm21}(\boldsymbol{m}) = \mu_1\|\nabla\boldsymbol{m}\|_1 + \mu_2\|\boldsymbol{m}\|_2^2 = \mu_1\sum_{l=1}^{L}|m_i - m_j| + \mu_2\sum_{i=1}^{M}m_i^2 \tag{4-43}$$

根据上一小节中介绍的范数的特点，亦可利用 Huber 范数和 Ekblom 范数建立同时具备 L_1-范数和 L_2-范数特点的模型约束函数。

(3)基于 Huber 范数下的模型向量 $\boldsymbol{m}$ 及其梯度 $\nabla\boldsymbol{m}$ 的约束：

$$\tau_{mH}(\boldsymbol{m}) = \|\boldsymbol{m}\|_H = \sum_{i=1}^{M}\rho_H(m_i) \tag{4-44}$$

$$\tau_{gH}(\boldsymbol{m}) = \|\nabla\boldsymbol{m}\|_H = \sum_{l=1}^{L}\rho_H(m_i - m_j) \tag{4-45}$$

其中函数 ρ_H 的表达式见式(4-21)。

(4)基于 Ekblom 范数下的模型向量 $\boldsymbol{m}$ 及其梯度 $\nabla\boldsymbol{m}$ 的约束：

$$\tau_{mE}(\boldsymbol{m}) = \|\boldsymbol{m}\|_E = \sum_{i=1}^{M}(m_i^2 + \varepsilon^2)^{\frac{p}{2}} \tag{4-46}$$

$$\tau_{gE}(\boldsymbol{m}) = \|\nabla\boldsymbol{m}\|_E = \sum_{l=1}^{L}[(m_i - m_j)^2 + \varepsilon^2]^{\frac{p}{2}} \tag{4-47}$$

式中，ε 的意义见式(4-23)。

除以上约束外，将 L_0-范数引入到密度界面反演之中。根据上一小节中对 L_0-范数不同的近似形式的分析，选用 Last 和 Kubik 提出的近似形式，建立以下模型约束函数，即：

$$\tau_{m0}(\boldsymbol{m}) = \|\boldsymbol{m}\|_0 \approx \sum_{i=1}^{M}\frac{m_i^2}{m_i^2 + \beta^2} \tag{4-48}$$

$$\tau_{g0}(\boldsymbol{m}) = \|\nabla \boldsymbol{m}\|_0 \approx \sum_{l=1}^{L} \frac{(m_i - m_j)^2}{(m_i - m_j)^2 + \beta^2} \tag{4-49}$$

将以上各式中的模型约束函数作为式(4-14)中的$\tau(\boldsymbol{m})$，即可形成不同的目标函数。

第二节　最优化方法

为使式(4-14)的目标函数极小化，需要采用最优化方法。式(4-14)这种形式的目标函数极小化问题为无约束最优化问题，通常采用梯度法求解。而在梯度法当中，最速下降法沿目标函数的负梯度方向进行搜索，两次迭代的最速下降方向(即负梯度方向)是正交的，故其搜索方向是锯齿形，在极值点附近收敛较慢。非线性密度界面反演方法中，最优化方法通常选用牛顿法、拟牛顿法、高斯牛顿法，也有作者采用非线性共轭梯度法。这些最优化方法的参数修改公式均为以下形式：

$$\boldsymbol{m}^{(k+1)} = \boldsymbol{m}^{(k)} + \alpha^{(k)} \boldsymbol{p}^{(k)} \tag{4-50}$$

式中，$\boldsymbol{m}^{(k+1)}$和$\boldsymbol{m}^{(k)}$分别为第k次迭代修改后和修改前的值；$\boldsymbol{p}^{(k)}$为搜索方向，$\alpha^{(k)}$为迭代步长，合理的选择$\boldsymbol{p}^{(k)}$和$\alpha^{(k)}$是最优化方法能否解决目标函数最小化问题的关键。

大多数的最优化方法要求$\boldsymbol{p}^{(k)}$为下降方向，即$\boldsymbol{p}^{(k)T}\nabla\varphi(\boldsymbol{m}^{(k)})<0$。搜索方向$\boldsymbol{p}^{(k)}$通常可写为以下形式：

$$\boldsymbol{p}^{(k)} = -\boldsymbol{B}_k^{-1}\nabla\varphi^{(k)} \tag{4-51}$$

式中，$\boldsymbol{B}_k$为对称非奇异矩阵。最速下降法中，$\boldsymbol{B}_k$为单位阵I；牛顿法中，$\boldsymbol{B}_k$为严格Hessian矩阵$\nabla^2\varphi(\boldsymbol{m}^{(k)})$；拟牛顿法中，$\boldsymbol{B}_k$为一个与Hessian矩阵接近的矩阵。不同的最优化算法实质为每次对模型参数修改时，$\boldsymbol{p}^{(k)}$和$\alpha^{(k)}$的计算不同。下面介绍密度界面反演中常用的最优化方法。

1. 牛顿法

将目标函数$\varphi(\boldsymbol{m})$在$m^{(0)}$附近通过Taylor级数展开，并忽略二次以上的高阶项，得：

$$(\boldsymbol{m}) = (\boldsymbol{m}^{(0)}) + \boldsymbol{g}(\boldsymbol{m}^{(0)})(\boldsymbol{m}-\boldsymbol{m}^{(0)}) + \frac{1}{2}(\boldsymbol{m}-\boldsymbol{m}^{(0)})^T \boldsymbol{H}(\boldsymbol{m}^{(0)})(\boldsymbol{m}-\boldsymbol{m}^{(0)}) \tag{4-52}$$

式中，$\boldsymbol{g}(\boldsymbol{m}^{(0)})$是目标函数$\varphi(\boldsymbol{m})$在$\boldsymbol{m}^{(0)}$处的梯度向量；$\boldsymbol{H}(\boldsymbol{m}^{(0)})$是目标函数$\varphi(\boldsymbol{m})$在$\boldsymbol{m}^{(0)}$处的Hessian矩阵。

若$\varphi(\boldsymbol{m})$是一个二次函数，则式(4-52)可以准确的描述它的性质；若$\varphi(m)$是高次非线性函数，则式(4-52)仅是一个近似表达式。在这种情况下，反演求极小值必须反复迭代，最终才能求得目标函数的极小值。

显然，为求目标函数的极小值，则令：

$$\frac{\partial\ \varphi(\boldsymbol{m})}{\partial\ \boldsymbol{m}}=0$$

将式(4-52)带入上式，可得：

$$\boldsymbol{g}(\boldsymbol{m})=\boldsymbol{g}(\boldsymbol{m}^{(0)})+\boldsymbol{H}(\boldsymbol{m}^{(0)})(\boldsymbol{m}-\boldsymbol{m}^{(0)})=0 \qquad (4-53)$$

则有：

$$\boldsymbol{m}=\boldsymbol{m}^{(0)}-[\boldsymbol{H}(\boldsymbol{m}^{(0)})]^{-1}\boldsymbol{g}(\boldsymbol{m}^{(0)}) \qquad (4-54)$$

将上式写成第 k 次迭代的递推公式，则有：

$$\boldsymbol{m}^{(k+1)}=\boldsymbol{m}^{(k)}-[\boldsymbol{H}(\boldsymbol{m}^{(k)})]^{-1}\boldsymbol{g}(\boldsymbol{m}^{(k)}) \qquad k=0,\ 1,\ \cdots,\ n \qquad (4-55)$$

式(4-55)就是牛顿法的迭代公式。与式(4-42)相比，迭代步长$\alpha^{(k)}$为1，搜索方向$\boldsymbol{p}^{(k)}=-[\boldsymbol{H}(\boldsymbol{m}^{(k)})]^{-1}\boldsymbol{g}(\boldsymbol{m}^{(k)})$。

对于任何一元二次型目标函数，不管初始点在何处，只需迭代一次，就可得到极小点。虽然在地球物理反演中，目标函数都是多维、高次非线性函数，但在极小点附近，目标函数仍和二次函数相近。故初始模型选在极小点附近，牛顿法的收敛速度也是很快的。牛顿法的不足之处在于 Hessian 矩阵奇异时，其逆矩阵无法计算。为克服这一问题，有学者提出了“高斯-牛顿法”“Marquardt-Levenberg 法”等，其实质为对 Hessian 矩阵进行改造，构造一个正定的矩阵代替 Hessian 矩阵，形成新的迭代公式。一种常用的形式为：

$$\boldsymbol{m}^{(k+1)}=\boldsymbol{m}^{(k)}-[\boldsymbol{H}(\boldsymbol{m}^{(k)})+\mu_k\boldsymbol{I}]^{-1}\boldsymbol{g}(\boldsymbol{m}^{(k)}) \qquad k=0,\ 1\ \cdots,\ n \qquad (4-56)$$

式中，$\boldsymbol{I}$ 为单位矩阵；μ_k是一个随着迭代次数变化的正的阻尼因子。显然，当 $\boldsymbol{H}(\boldsymbol{m}^{(k)})$奇异时，因为$\mu_k>0$，则 $\boldsymbol{H}(\boldsymbol{m}^{(k)})+\mu_k\boldsymbol{I}$ 是正定矩阵。

当 $\boldsymbol{H}(\boldsymbol{m}^{(k)})$为 0 时，式(4-56)变为最速下降法的迭代公式，当$\mu_k=0$ 时，式(4-56)即牛顿法的迭代公式。所以式(4-56)兼顾有最速下降法和牛顿法的优点(前者在远离极小点的地方收敛较快，而后者在极小点附近收敛比最速下降法快)，其是在牛顿法与最速下降法之间取某种插值，力图以最大步长前进，同时又紧靠负梯度方向的一种方法。

对牛顿法的改进的另一种方法是在牛顿方向上增加一维搜索，即将式(4-55)改为：

$$\boldsymbol{m}^{(k+1)}=\boldsymbol{m}^{(k)}-\alpha^{(k)}[\boldsymbol{H}(\boldsymbol{m}^{(k)})]^{-1}\boldsymbol{g}(\boldsymbol{m}^{(k)})=\boldsymbol{m}^{(k)}+\alpha^{(k)}\boldsymbol{p}^{(k)} \qquad k=0,\ 1,\ \cdots,\ n \qquad (4-57)$$

式中，$\alpha^{(k)}$满足 $\varphi(\boldsymbol{m}^{(k)}+\alpha^{(k)}\boldsymbol{p}^{(k)})=\min\varphi(\boldsymbol{m}^{(k)}+\alpha\,\boldsymbol{p}^{(k)})$的最优步长。

2. 拟牛顿法

牛顿法具有二次收敛性。对牛顿法的修正方法克服了 Hessian 矩阵奇异时逆矩阵的计算问题，但式(4-56)中参数μ_k的取值很重要，若μ_k的值过小，则相应的修正牛顿方向不能保证 $\varphi(\boldsymbol{m})$是在$\boldsymbol{m}^{(k)}$处的下降方向；若 μ_k 的值过大，则会影响收敛速度。此外，牛顿法及其修正形式都需要计算函数 $\varphi(\boldsymbol{m})$ 的二阶导数。拟牛顿法克服了牛顿法的以上缺陷，其基本思想是在牛顿法迭代公式(4-56)中，利用 Hessian 矩阵$\boldsymbol{H}_k$ 的某个近似矩阵$\boldsymbol{B}_k$ 代替$\boldsymbol{H}_k$，矩阵$\boldsymbol{B}_k$ 应有以下特点：

(1)在某种意义下有$\boldsymbol{B}_k \approx \boldsymbol{H}_k$，使相应算法产生的方向是牛顿方向的近似，以保证算法具有较快的收敛速度；

(2)对所有的 k，矩阵$\boldsymbol{B}_k$ 对称正定，从而使得算法产生的方向是函数 $\varphi(\boldsymbol{m})$ 在$\boldsymbol{m}^{(k)}$ 处的下降方向；

(3)矩阵$\boldsymbol{B}_k$ 容易计算，通常采用一个秩 1 或秩 2 的矩阵进行校正。

设函数 $\varphi(\boldsymbol{m})$ 为二次可微函数，利用式(4-53)可得以下近似式：

$$\boldsymbol{g}(\boldsymbol{m}^{(k)}) \approx \boldsymbol{g}(\boldsymbol{m}^{(k+1)}) - \boldsymbol{H}(\boldsymbol{m}^{(k+1)})(\boldsymbol{m}^{(k+1)} - \boldsymbol{m}^{(k)}) \tag{4-58}$$

令$\boldsymbol{s}_k = \boldsymbol{m}^{(k+1)} - \boldsymbol{m}^{(k)}$，$\boldsymbol{y}_k = \boldsymbol{g}^{(k+1)} - \boldsymbol{g}^{(k)}$，则：

$$\boldsymbol{H}(\boldsymbol{m}^{(k+1)})\boldsymbol{s}_k \approx \boldsymbol{y}_k \tag{4-59}$$

对于二次函数，上式是精确成立的。构造 Hessian 矩阵的近似矩阵$\boldsymbol{B}_k$，使其满足式(4-59)，即：

$$\boldsymbol{B}_{k+1}\boldsymbol{s}_k = \boldsymbol{y}_k \tag{4-60}$$

式(4-60)通常称为拟牛顿方程或拟牛顿条件。令$\boldsymbol{H}_{k+1} = (\boldsymbol{B}_{k+1})^{-1}$，则可得拟牛顿方程的另一种形式：

$$\boldsymbol{H}_{k+1}\boldsymbol{y}_k = \boldsymbol{s}_k \tag{4-61}$$

式中，$\boldsymbol{H}_{k+1}$ 是 Hessian 矩阵的逆矩阵的近似。搜索方向由$\boldsymbol{p}^{(k)} = -\boldsymbol{H}_k \boldsymbol{g}_k$ 或$\boldsymbol{B}_k \boldsymbol{p}^{(k)} = -\boldsymbol{g}_k$ 确定。根据矩阵$\boldsymbol{B}_k$ 的的第三个特点，可通过以下形式构造$\boldsymbol{B}_k$(或$\boldsymbol{H}_k$)：

$$\boldsymbol{B}_{k+1} = \boldsymbol{B}_k + \Delta\boldsymbol{B}_k,\ \boldsymbol{H}_{k+1} = \boldsymbol{H}_k + \Delta\boldsymbol{H}_k \tag{4-62}$$

式中，$\Delta\boldsymbol{B}_k$ 和 $\Delta\boldsymbol{H}_k$ 是秩 1 或秩 2 矩阵。通常由式(4-60)[或式(4-61)]和校正公式(4-62)所确定的方法称为拟牛顿法。根据确定 $\Delta\boldsymbol{B}_k$ 和 $\Delta\boldsymbol{H}_k$ 的方法不同，有不同的拟牛顿方法。目前最流行的是 BFGS(Broyden-Fletcher-Goldfarb-Shanno)算法，其基本思想是在式(4-62)中取修正矩阵 $\Delta\boldsymbol{B}_k$ 为秩 2 矩阵：

$$\Delta\boldsymbol{B}_k = \alpha\,\boldsymbol{u}_k\,\boldsymbol{u}_k^T + \beta\,\boldsymbol{v}_k\,\boldsymbol{v}_k^T \tag{4-63}$$

式中，$\boldsymbol{u}_k$ 和$\boldsymbol{v}_k$ 是待定向量，α 和 β 是待定实数。将上式代入式(4-60)可得：

$$(\boldsymbol{B}_k + \alpha\,\boldsymbol{u}_k\,\boldsymbol{u}_k^T + \beta\,\boldsymbol{v}_k\,\boldsymbol{v}_k^T)\,s_k = y_k$$

或有以下等价式：

$$\alpha(\boldsymbol{u}_k^T\,\boldsymbol{s}_k)\boldsymbol{u}_k + \beta(\boldsymbol{v}_k^T\,\boldsymbol{s}_k)\boldsymbol{v}_k = \boldsymbol{y}_k - \boldsymbol{B}_k\,\boldsymbol{s}_k \tag{4-64}$$

可以看出，满足上式的向量$\boldsymbol{u}_k$ 和$\boldsymbol{v}_k$ 是不唯一的，可取$\boldsymbol{u}_k$ 和$\boldsymbol{v}_k$ 分别平行于$\boldsymbol{B}_k\,\boldsymbol{s}_k$ 和$\boldsymbol{y}_k$，即令$\boldsymbol{u}_k = \gamma\,\boldsymbol{B}_k\,\boldsymbol{s}_k$，$\boldsymbol{v}_k = \theta\,\boldsymbol{y}_k$，其中 γ 和 θ 是待定的参数。代入式(4-63)和式(4-64)中，可得

$$\Delta\boldsymbol{B}_k = \alpha\gamma^2\,\boldsymbol{B}_k\,\boldsymbol{s}_k\,\boldsymbol{s}_k^T\,\boldsymbol{B}_k + \beta\theta^2\,y_k\,y_k^T \tag{4-65}$$

$$\alpha[(\gamma\,\boldsymbol{B}_k\,s_k)^T s_k](\gamma\,\boldsymbol{B}_k\,s_k) + \beta[(\theta\,y_k)^T s_k](\theta\,y_k) = y_k - \boldsymbol{B}_k\,\boldsymbol{s}_k \tag{4-66}$$

重新整理，可得：

$$[\alpha\gamma^2(\boldsymbol{s}_k^T\boldsymbol{B}_k\boldsymbol{s}_k)+1]\boldsymbol{B}_k\boldsymbol{s}_k+[\beta\theta^2(\boldsymbol{y}_k^T\boldsymbol{s}_k)-1]y_k=0 \tag{4-67}$$

可令 $\alpha\gamma^2(\boldsymbol{s}_k^T\boldsymbol{B}_k\boldsymbol{s}_k)+1=0$ 和 $\beta\theta^2(\boldsymbol{y}_k^T\boldsymbol{s}_k)-1=0$，即：

$$\alpha\gamma^2=-\frac{1}{\boldsymbol{s}_k^T\boldsymbol{B}_k\boldsymbol{s}_k},\ \beta\theta^2=\frac{1}{\boldsymbol{y}_k^T\boldsymbol{s}_k}$$

从而可得 BFGS 秩 2 修正公式：

$$\boldsymbol{B}_{k+1}=\boldsymbol{B}_k-\frac{\boldsymbol{B}_k\boldsymbol{s}_k\boldsymbol{s}_k^T\boldsymbol{B}_k}{\boldsymbol{s}_k^T\boldsymbol{B}_k\boldsymbol{s}_k}+\frac{\boldsymbol{y}_k\boldsymbol{y}_k^T}{\boldsymbol{y}_k^T\boldsymbol{s}_k} \tag{4-68}$$

显然，$\boldsymbol{B}_k$ 对称正定时，当且仅当 $\boldsymbol{y}_k^T\boldsymbol{s}_k>0$ 时，$\boldsymbol{B}_{k+1}$ 对称正定。

若在使用拟牛顿法时采用 Armijo 型线性搜索，由于不能保证 $\boldsymbol{y}_k^T\boldsymbol{s}_k>0$，此时 $\boldsymbol{B}_k$ 的正定性不能由线性搜索保证。为保证 Armijo 型线性搜索时矩阵 $\boldsymbol{B}_k$ 的正定性，可采用如下修正方式：

$$\boldsymbol{B}_{k+1}=\begin{cases}\boldsymbol{B}_k-\dfrac{\boldsymbol{B}_k\boldsymbol{s}_k\boldsymbol{s}_k^T\boldsymbol{B}_k}{\boldsymbol{s}_k^T\boldsymbol{B}_k\boldsymbol{s}_k}+\dfrac{\boldsymbol{y}_k\boldsymbol{y}_k^T}{\boldsymbol{y}_k^T\boldsymbol{s}_k} & 若\boldsymbol{y}_k^T\boldsymbol{s}_k>0\\ \boldsymbol{B}_k & 若\boldsymbol{y}_k^T\boldsymbol{s}_k\leqslant 0\end{cases} \tag{4-69}$$

不难看出，只要初始矩阵 $\boldsymbol{B}_0$ 对称正定，上述修正方式可保证矩阵 $\boldsymbol{B}_k$ 为对称正定矩阵。

基于 Armijo 搜索准则的 BFGS 算法的步骤如下：

(1)给定参数 $\delta\in(0,1)$，$\sigma\in(0,0.5)$，初始值 $\boldsymbol{m}^{(0)}\in R^n$，终止误差 $0<\varepsilon\ll 1$。初始对称正定矩阵 $\boldsymbol{B}_0$(通常取为 Hessian 矩阵 $\boldsymbol{H}(\boldsymbol{m}^{(0)})$ 单位矩阵 $\boldsymbol{I}$)，令 $k=0$。

(2)计算 $\boldsymbol{g}^{(k)}=\nabla\varphi(\boldsymbol{m}^{(k)})$，若 $\|\boldsymbol{g}^{(k)}\|\leqslant\varepsilon$，停止计算，输出 $\boldsymbol{m}^{(k)}$ 作为结果。

(3)解线性方程组得解 $\boldsymbol{d}_k$：

$$\boldsymbol{B}_k\boldsymbol{d}_k=-\boldsymbol{g}_k \tag{4-70}$$

(4)设 n_k 是满足下列不等式的最小非负整数 n：

$$\varphi(\boldsymbol{m}^{(k)}+\delta^n\boldsymbol{d}_k)\leqslant\varphi(\boldsymbol{m}^{(k)})+\sigma\delta^n(\boldsymbol{g}^{(k)})^T\boldsymbol{d}_k \tag{4-71}$$

令 $\alpha=\delta^n$，$\boldsymbol{m}^{(k+1)}=\boldsymbol{m}^{(k)}+\alpha\boldsymbol{d}_k$。

(5)由校正公式(4-69)确定 $\boldsymbol{B}_{k+1}$。

(6)令 $k=k+1$，转第(2)步。

3. 非线性共轭梯度法

共轭梯度法是介于最速下降法与牛顿法之间的一个方法。该方法仅需要利用一阶导数信息，但克服了最速下降法收敛慢的缺点，又避免了牛顿法需要存储和计算 Hessian 矩阵及其逆矩阵的缺点。共轭梯度法不仅是解大型线性方程组最有效的方法之一，也是解大型非线性最优化问题最有效的算法之一。

共轭梯度法是共轭方向法的一种。共轭方向法的基本思想是在求解 n 维正定二次目标函数极小点时产生一组共轭方向作为搜索方向，在精确线搜索条件下算法至多迭代 n 步即能求得极小点。经过适当的修正后共轭方向法可以推广到求解一般非二次目标函数的情形。下面先介绍共轭方向的概念及标准的共轭梯度法，然后介绍常用的非线性共轭梯度法计算公式及步骤。

对于对称正定矩阵 $\boldsymbol{A}$，若对于一组非零向量 $\{\boldsymbol{p}_0, \boldsymbol{p}_1, \cdots, \boldsymbol{p}_n\}$，有

$$\begin{cases}\boldsymbol{p}_i^T \boldsymbol{A} \boldsymbol{p}_j = 0 & i \neq j \\ \boldsymbol{p}_i^T \boldsymbol{A} \boldsymbol{p}_j > 0 & i = j\end{cases} \tag{4-72}$$

则称非零向量 $\{\boldsymbol{p}_0, \boldsymbol{p}_1, \cdots, \boldsymbol{p}_n\}$ 关于 $\boldsymbol{A}$ 共轭。

如果 $\{\boldsymbol{p}_0, \boldsymbol{p}_1, \cdots, \boldsymbol{p}_n\}$ 是一组共轭方向，那么从任意向量 $\boldsymbol{x}_0$ 出发，可构造一组向量 $\{\boldsymbol{x}_0, \boldsymbol{x}_1, \cdots, \boldsymbol{x}_n\}$，其满足

$$\boldsymbol{x}_{k+1} = \boldsymbol{x}_k + \alpha_k \boldsymbol{p}_k \tag{4-73}$$

$$\alpha_k = \frac{\boldsymbol{r}_k^T \boldsymbol{p}_k}{\boldsymbol{p}_k^T \boldsymbol{A} \boldsymbol{p}_k} \tag{4-74}$$

令 $\boldsymbol{x}_0 \in R^n$ 是任意初始点并假设 $\{\boldsymbol{x}_0, \boldsymbol{x}_1, \cdots, \boldsymbol{x}_n\}$ 是根据共轭方向公式(4-72)和式(4-73)形成的，则：

$$\boldsymbol{r}_k^T \boldsymbol{p}_i = 0 \quad i = 0, 1, \cdots, k-1 \tag{4-75}$$

并且向量组 $\{\boldsymbol{x}_0, \boldsymbol{x}_1, \cdots, x_n\}$ 中包含了线性方程组 $\boldsymbol{Ax} = \boldsymbol{b}$ 的解，即：

$$\boldsymbol{\phi}(\boldsymbol{x}) = \frac{1}{2}\boldsymbol{x}^T \boldsymbol{Ax} - b^T \boldsymbol{x} \tag{4-76}$$

取得极小值时的解。式(4-75)中，$\boldsymbol{r}_k = \boldsymbol{A} \boldsymbol{x}_k - \boldsymbol{b}$。该方法为共轭梯度法，并且最多只需 n 步即可。

共轭梯度法中，每一个共轭方向 $\boldsymbol{p}_k$ 都是最速下降方向(负梯度)和前一次方向 $\boldsymbol{p}_{k-1}$ 的线性组合，可写为：

$$\boldsymbol{p}_k = -\boldsymbol{r}_k + \beta_k \boldsymbol{p}_{k-1} \tag{4-77}$$

由于 $\boldsymbol{p}_k$ 和 $\boldsymbol{p}_{k-1}$ 关于 $\boldsymbol{A}$ 是共轭的，即 $\boldsymbol{p}_k^T \boldsymbol{A} \boldsymbol{p}_{k-1} = 0$，由此可得：

$$\beta_k = \frac{\boldsymbol{r}_k^T \boldsymbol{A} \boldsymbol{p}_{k-1}}{\boldsymbol{p}_{k-1}^T \boldsymbol{A} \boldsymbol{p}_{k-1}} \tag{4-78}$$

将式(4-75)和式(4-77)代入式(4-74)中，可得：

$$\alpha_k = \frac{\boldsymbol{r}_k^T \boldsymbol{r}_k}{\boldsymbol{p}_k^T \boldsymbol{A} \boldsymbol{p}_k} \tag{4-79}$$

由 $\boldsymbol{r}_k = \boldsymbol{A} \boldsymbol{x}_k - \boldsymbol{b}$ 和式(4-72)可得：

$$\boldsymbol{r}_{k+1} = \boldsymbol{r}_k + \alpha_k \boldsymbol{A} \boldsymbol{p}_k \tag{4-80}$$

由式(4-77)、式(4-74)和式(4-80)可得：

$$\beta_{k+1} = \frac{\boldsymbol{r}_{k+1}^T \boldsymbol{r}_{k+1}}{\boldsymbol{r}_k^T \boldsymbol{r}_k} \tag{4-81}$$

这样，选择第一次的搜索方向$\boldsymbol{p}_0$为初值$\boldsymbol{x}_0$处的最速下降方向，则可利用以下算法求解式(4-76)的极小化问题：

(1)给定$\boldsymbol{x}_0$，并令$\boldsymbol{r}_0=\boldsymbol{A}\,\boldsymbol{x}_0-\boldsymbol{b}$，$\boldsymbol{p}_0=-\boldsymbol{r}_0$，$k=0$；

(2)计算$\alpha_k=\dfrac{\boldsymbol{r}_k^T\,\boldsymbol{r}_k}{\boldsymbol{p}_k^T\boldsymbol{A}\,\boldsymbol{p}_k}$，并计算$\boldsymbol{x}_{k+1}=\boldsymbol{x}_k+\alpha_k\,\boldsymbol{p}_k$；

(3)计算$\boldsymbol{r}_{k+1}=\boldsymbol{r}_k+\alpha_k\boldsymbol{A}\,\boldsymbol{p}_k$；

(4)若$|\boldsymbol{r}_{k+1}|$很小则停止，否则转到(5)；

(5)计算$\beta_{k+1}=\dfrac{\boldsymbol{r}_{k+1}^T\boldsymbol{r}_{k+1}}{\boldsymbol{r}_k^T\,\boldsymbol{r}_k}$；

(6)计算$\boldsymbol{p}_{k+1}=-\boldsymbol{r}_{k+1}+\beta_{k+1}\boldsymbol{p}_k$；

(7)令$k=k+1$，然后转到(2)。

以上流程称为标准共轭梯度法。

标准共轭梯度算法可视为使式(4-76)定义的凸二次函数极小化的算法。对于一般的凸函数、甚至一般非线性函数f的极小化问题，需要对该算法进行改进。

Fletcher和Reeves对标准共轭梯度算法进行了修改，首先在计算搜索步长α_k时，用一维线性搜索方法，其次将梯度$\boldsymbol{r}$改为一般非线性函数f的梯度，这样得到了非线性共轭梯度法。具体步骤为：

(1)给定$\boldsymbol{x}_0$，计算$f_0=f(\boldsymbol{x}_0)$，$\boldsymbol{g}_0=\nabla f(\boldsymbol{x}_0)$；

(2)令$\boldsymbol{p}_0=-\boldsymbol{g}_0$，$k=0$；

(3)搜索α_k使得$f(x_k+\alpha_k\,\boldsymbol{p}_k)=\min\limits_{\alpha_k}f(x_k+\alpha_k\,\boldsymbol{p}_k)$，令$\boldsymbol{x}_{k+1}=\boldsymbol{x}_k+\alpha_k\,\boldsymbol{p}_k$；

(4)计算$\boldsymbol{g}_{k+1}=\nabla f_{k+1}$，若$|\boldsymbol{g}_{k+1}|$很小则停止，否则转到(5)；

(5)计算$\beta_{k+1}^{FR}=\dfrac{\boldsymbol{g}_{k+1}^T\boldsymbol{g}_{k+1}}{\boldsymbol{g}_k^T\,\boldsymbol{g}_k}$；

(6)计算$\boldsymbol{p}_{k+1}=-\boldsymbol{g}_{k+1}+\beta_{k+1}^{FR}\boldsymbol{p}_k$；

(7)令$k=k+1$，然后跳到(3)。

以上算法称为Fletcher-Reeves共轭梯度法(FR)。非线性共轭梯度法中，除FR共轭梯度法外，还有以下常用的形式，区别在于β_k的计算。

Polak-Ribière-Polyak公式：

$$\beta_{k+1}^{PRP}=\frac{\boldsymbol{g}_{k+1}^T(\boldsymbol{g}_{k+1}-\boldsymbol{g}_k)}{\boldsymbol{g}_k^T\,\boldsymbol{g}_k} \tag{4-82}$$

Hestenes-Stiefel公式：

$$\beta_{k+1}^{HS}=\frac{\boldsymbol{g}_{k+1}^T(\boldsymbol{g}_{k+1}-\boldsymbol{g}_k)}{\boldsymbol{p}_k^T(\boldsymbol{g}_{k+1}-\boldsymbol{g}_k)} \tag{4-83}$$

Fletcher 提出的 CD 公式(即共轭下降法):

$$\beta_{k+1}^{CD}=-\frac{\boldsymbol{g}_{k+1}^{T}\boldsymbol{g}_{k+1}}{\boldsymbol{p}_{k}^{T}\boldsymbol{g}_{k}} \tag{4-84}$$

Liu-Storey 公式:

$$\beta_{k+1}^{LS}=-\frac{\boldsymbol{g}_{k+1}^{T}(\boldsymbol{g}_{k+1}-\boldsymbol{g}_{k})}{\boldsymbol{g}_{k}^{T}\boldsymbol{p}_{k}} \tag{4-85}$$

Dai-Yuan 公式:

$$\beta_{k+1}^{DY}=-\frac{\boldsymbol{g}_{k+1}^{T}\boldsymbol{g}_{k+1}}{\boldsymbol{p}_{k}^{T}(\boldsymbol{g}_{k+1}-\boldsymbol{g}_{k})} \tag{4-86}$$

以上六种方法中，Polak-Ribière-Polyak(PRP)方法是目前认为数值表现最好的共轭梯度法之一。若 f 为严格凸二次函数并且线性搜索是准确的，那么两次梯度的方向是相互正交的，故 $\beta_{k+1}^{PR}=\beta_{k+1}^{FR}$。对于一般的非线性函数，若其线性搜索是非准确的，则 FR 方法和 PRP 方法具有明显的不同。Powell 指出，即使当步长 α_k 取线搜索下的极小点值，PRP 方法会在目标函数的非稳定点处出现循环，为此，可通过以下设定进行修改:

$$\beta_{k+1}^{PRP+}=\max\{\beta_{k+1}^{PRP},\ 0\} \tag{4-87}$$

在使用非线性共轭梯度法求解非线性函数的极小值问题时，在每一步迭代时需要利用线性搜索方法确定迭代步长 α_k，即要求:

$$f(\boldsymbol{x}_k+\alpha_k\boldsymbol{p}_k)=\min_{\alpha_k>0}f(\boldsymbol{x}_k+\alpha_k\boldsymbol{p}_k) \tag{4-88}$$

称此类线搜索为精确线搜索。精确线搜索分为两类，一类是使用导数的搜索，如插值法、牛顿法和抛物线法等；另一类是不用导数的搜索，如黄金分割法、Fibonacci 法和二分法等。

精确线搜索往往需要计算很多的函数值和梯度值，计算量较大。特别是当迭代点远离最优点时，过分最求线性搜索的精度反而会降低整个算法的效率。另外，一些最优化算法的收敛速度并不依赖于精确的一维搜索过程。因此，可以降低对α_k的精确度要求，只要保证目标函数在迭代的每一步都有充分的下降即可，即非精确线搜索。常用的非精确线搜索准则有以下几种:

(1)Armijo-Goldstein 准则:

$$f(\boldsymbol{x}_k+\alpha_k\boldsymbol{p}_k)\leqslant f(\boldsymbol{x}_k)+\rho\alpha_k\boldsymbol{g}_k^{T}\boldsymbol{p}_k \tag{4-89}$$

$$f(\boldsymbol{x}_k+\alpha_k\boldsymbol{p}_k)\geqslant f(\boldsymbol{x}_k)+(1-\rho)\alpha_k\boldsymbol{g}_k^{T}\boldsymbol{p}_k \tag{4-90}$$

其中，$0<\rho<0.5$，该准则中第一个不等式为充分下降条件，第二个不等式保证了 α_k 不会取的太小。

(2)Wolfe-Powell 准则

在 Armijo-Goldstein 准则中，式(4-90)的一个缺点是可能把 $\phi(\alpha_k)=f(\boldsymbol{x}_k+\alpha_k\boldsymbol{p}_k)$的极小点排除在可接受区间之外。为克服这一缺点，同时保证 α_k 不会取的太

小，可用以下条件代替：

$$\boldsymbol{g}\,(\boldsymbol{x}_k+\alpha_k\,\boldsymbol{p}_k)^T\,\boldsymbol{p}_k \geqslant \sigma\,\boldsymbol{g}_k^T\,\boldsymbol{p}_k \tag{4-91}$$

式中，$0<\rho<\sigma<1$。

有时可用一个更强的条件代替式(4-91)：

$$|\boldsymbol{g}\,(\boldsymbol{x}_k+\boldsymbol{\alpha}_k\,\boldsymbol{p}_k)^T\,\boldsymbol{p}_k| \leqslant \sigma\,|\boldsymbol{g}_k^T\,\boldsymbol{p}_k| \tag{4-92}$$

即强 Wolfe-Powell 准则。一般地，σ 越小，线性搜索越精确，但工作量越大。通常可取 $\rho=0.1$，$\sigma\in[0.6,\ 0.8]$。文献中建议对于牛顿法和拟牛顿法，可取 $\sigma=0.9$；对于非线性共轭梯度法，可取 $\sigma=0.1$。

共轭梯度法具有二次终止性，即对于严格凸二次函数极小化问题，经过有限次(最多 n 次)迭代可得最优解。由于一般非线性函数 f 在任一点附近可用二次函数近似，因此，可粗略认为共轭梯度法经过连续 n 次迭代后产生的点是函数 f 的某个二次近似函数的一个近似解。故可重新开始共轭梯度法，即算法每经过 n 次迭代后，将当前迭代点作为新的初始点重新开始共轭梯度法。算法步骤如下：

(1)给定$\boldsymbol{x}_0$，计算 $f_0=f(\boldsymbol{x}_0)$，$\boldsymbol{g}_0=\nabla f(\boldsymbol{x}_0)$，精度 $\varepsilon>0$；

(2)令$\boldsymbol{p}_0=-\boldsymbol{g}_0$，$k=0$；

(3)若 $|\boldsymbol{g}_{k+1}|\leqslant\varepsilon$，则算法终止，得问题的解$x_k$，否则转步骤(4)；

(4)搜索 α_k 使得 $f(\boldsymbol{x}_k+\alpha_k\,\boldsymbol{p}_k)=\min\limits_{\alpha_k} f(\boldsymbol{x}_k+\alpha_k\,\boldsymbol{p}_k)$，令$\boldsymbol{x}_{k+1}=\boldsymbol{x}_k+\alpha_k\,\boldsymbol{p}_k$；

(5)由某种共轭梯度法确定$\boldsymbol{p}_{k+1}$；

(6)若 $k<n$，令 $k=k+1$，转步骤(3)；若 $k=n$，令$\boldsymbol{x}_0=\boldsymbol{x}_k$，$k=0$，转步骤(1)。

对于二次函数式(4-76)，矩阵 $\boldsymbol{A}$ 的特征值的分布会影响共轭梯度法的收敛速度，可采用预优方法，即通过非奇异矩阵 $\boldsymbol{C}$ 将 $\boldsymbol{x}$ 改为 $\hat{\boldsymbol{x}}$，即：

$$\hat{\boldsymbol{x}}=\boldsymbol{C}\boldsymbol{x} \tag{4-93}$$

此时，二次函数(4-76)变为：

$$\hat{\phi}(\hat{x})=\frac{1}{2}\hat{\boldsymbol{x}}^T(\boldsymbol{C}^{-T}\boldsymbol{A}\,\boldsymbol{C}^{-1})\hat{\boldsymbol{x}}-(\boldsymbol{C}^{-T}\boldsymbol{b})^T\hat{\boldsymbol{x}} \tag{4-94}$$

这样，共轭梯度法的收敛速度取决于矩阵$\boldsymbol{C}^{-T}\boldsymbol{A}\,\boldsymbol{C}^{-1}$的特征值而不是矩阵 $\boldsymbol{A}$ 的特征值。因此，要选择矩阵 $\boldsymbol{C}$ 使得$\boldsymbol{C}^{-T}\boldsymbol{A}\,\boldsymbol{C}^{-1}$的条件数远小于矩阵 $\boldsymbol{A}$ 的条件数。Rodi 和 Mackie 在利用非线性共轭梯度法进行二维大地电磁反演时将预优矩阵 $\boldsymbol{C}$ 选为以下形式：

$$\boldsymbol{C}=(r_l\boldsymbol{I}+\lambda\,\boldsymbol{L}^T\boldsymbol{L})^{-1} \tag{4-95}$$

式中，r_l 是一个给定的标量。

另外一种简单的选定预优矩阵的方法为，利用 Cholesky 方法将 A 分解为 $\boldsymbol{A}=\boldsymbol{L}\,\boldsymbol{L}^T$，然后计算一个近似因子 $\tilde{\boldsymbol{L}}$，使其比 $\boldsymbol{L}$ 稀疏。为得到 $\tilde{\boldsymbol{L}}$，通常需要保证 $\boldsymbol{A}$ 的

下三角矩阵比 $\tilde{L}$ 稀疏。由此可得 $A\approx\tilde{L}\,\tilde{L}^T$，则预优矩阵 $C=\tilde{L}^T$ 且 $C^{-T}A\,C^{-1}=\tilde{L}^{-T}A\,\tilde{L}^{-T}\approx I$。

将预优矩阵 C 加入标准共轭梯度法流程中，将得到预优共轭梯度法。

第三节　模型约束适用性研究

本节中建立不同的密度界面模型，将第一节中提出的几种模型约束函数分别加入到式(4-13)所示的目标函数中，并利用上一小节的最优化方法(考虑到计算效率，本章计算中选用 PRP 非线性共轭梯度法)求解目标函数极小化的问题以得到密度界面反演结果，通过反演结果，分析不同模型约束函数的效果。

考虑到二维模型能更好的突出细节，因此本节反演计算及其效果分析主要采用二维密度界面模型。另外，从几何形态来看，密度界面通常表现为光滑和非光滑这两种基本形态，因此试算时所用的密度界面模型均以这两种基本形态或组合形态为基础，参考文献建立了两个密度界面模型，如图 4-11 下半部分所示。其中模型(a)整体表现为地堑形式，界面最深处为非光滑形态，两侧整体表现为光滑形态，但均被“断裂”错断，这些错断之处为非光滑形态。模型(b)表现为隆坳相间的形式，由两个坳陷和一个隆起组成，其中左侧坳陷为非光滑形态，右侧坳陷为光滑形态。

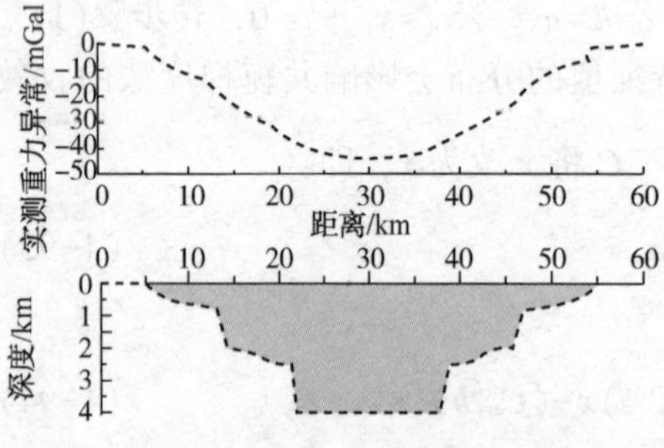

(a)整体表现为地堑形式,界面最深处为非光滑形态,两侧为光滑界面,但均被非光滑形态错断

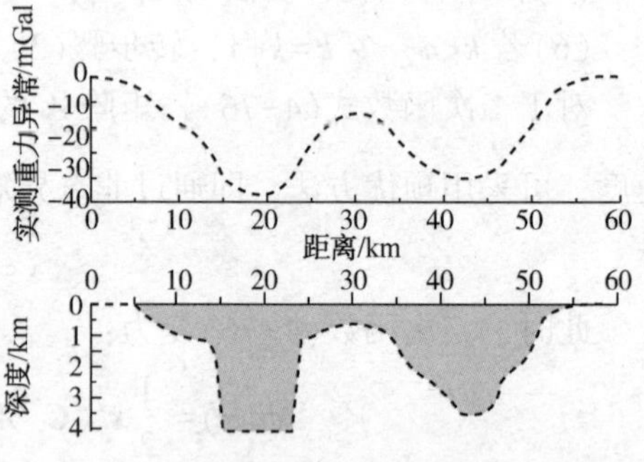

(b)表现为隆坳相间的形式,其中左侧坳陷为非光滑形态,右侧坳陷为光滑形态

图 4-11　密度界面模型及其引起的重力异常

另外亦建立两个三维密度界面模型进一步测试不同约束函数的三维反演效果。建立的模型如图 4-12 下半部分所示，其中图 4-12(a)为裂陷型密度界面模型，其由两个裂陷组成，左侧的裂陷深度为 4 km，右侧裂陷深度为 5 km；图 4-12(b)为坳陷型密度界面模型，其也由两个坳陷组成，中间以隆起分隔，左侧坳陷最大深度为 5.8 km，右侧坳陷最大深度为 5.5 km。事实上，右侧的坳陷型密

度界面可认为是左侧裂陷型密度界面的“模糊”形态。将以上两个模型均剖分为31×21个垂直并置的直立六面体，直立六面体的尺寸为1 km×1 km，选用剩余密度为-0.3×10³ kg/m³计算模型理论重力异常，分别如图4-12上半部分所示。

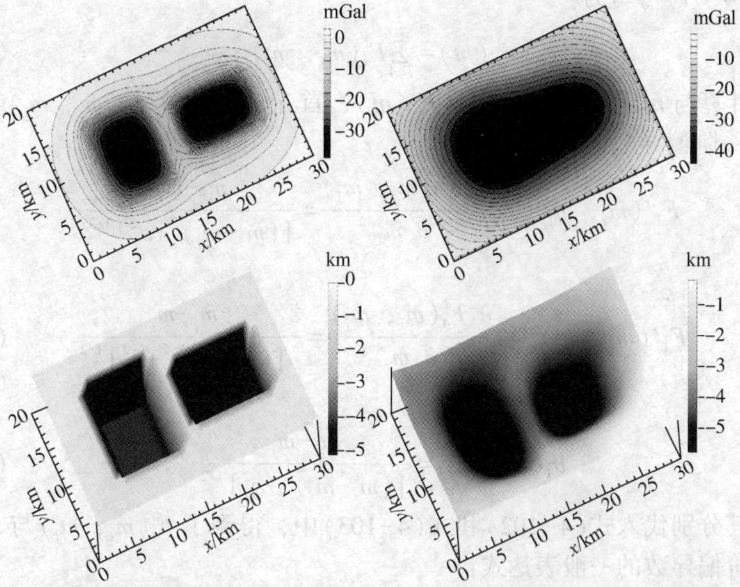

(a)裂陷型密度界面及其理论重力异常　(b)坳陷型密度界面及其理论重力异常

图4-12　裂陷型和坳陷型三维密度界面模型及其引起的重力异常

1. 基于L_1-范数的模型约束

利用L_1-范数的形式作为模型约束函数的困难在于其是非可微的，因此对式(4-35)和式(4-36)的模型约束函数，可用Acar和Vogel对全变差函数的近似方法，将模型约束函数写为以下近似形式：

$$\tau_{m1}(\boldsymbol{m}) \approx \tau_{m1}^{\mu}(\boldsymbol{m}) = \sum_{i=1}^{M}(m_i^2+\varepsilon^2)^{1/2} \tag{4-96}$$

$$\tau_{g1}(\boldsymbol{m}) \approx \tau_{g1}^{\mu}(\boldsymbol{m}) = \sum_{l=1}^{L}[(m_i-m_j)^2+\varepsilon^2]^{1/2} \tag{4-97}$$

式中，ε为一个接近0的非负数。可以看出，该近似式与Ekblom范数约束下的模型约束函数的形式十分接近，事实上其为Ekblom范数中$p=1$的特殊情形。

函数$\tau_{m1}^{\mu}(\boldsymbol{m})$对其中任一元素$\boldsymbol{m}_i$的偏导数为：

$$\frac{\delta\tau_{m1}^{\mu}}{\delta m_i} = \frac{m_i}{(m_i^2+\varepsilon^2)^{1/2}} \tag{4-98}$$

则$\tau_{m1}^{\mu}(\boldsymbol{m})$的梯度$\boldsymbol{J}^{m1}(\boldsymbol{m})$可写为：

$$\boldsymbol{J}^{m1}(\boldsymbol{m})=\left[\frac{m_1}{(m_1^2+\varepsilon^2)^{1/2}}, \frac{m_2}{(m_2^2+\varepsilon^2)^{1/2}}, \cdots, \frac{m_M}{(m_M^2+\varepsilon^2)^{1/2}}\right]^T \tag{4-99}$$

下面推导 $\tau_{g1}^{\mu}(\boldsymbol{m})$ 的梯度 $\boldsymbol{J}^{g1}(\boldsymbol{m})$ 的表达式，令：

$$F_1^l(m_i, m_j)=[(m_i-m_j)^2+\varepsilon^2]^{1/2} \tag{4-100}$$

则式(4-97)可写为：

$$\tau_{g1}^{\mu}(\boldsymbol{m})=\sum_{l=1}^{L}F_1^l(m_i, m_j) \tag{4-101}$$

为了计算与 $\boldsymbol{m}$ 有关的梯度向量 $\boldsymbol{J}^{g1}(\boldsymbol{m})$，首先分别计算 $F_1^l(m_i, m_j)$ 与 m_i 和 m_j 有关的一阶偏导数：

$$F_1'(m_i, m_j)_{m_i}\equiv\frac{\partial F_1^l(m_i, m_j)}{\partial m_i}=\frac{m_i-m_j}{[(m_i-m_j)^2+\varepsilon^2]^{1/2}} \tag{4-102}$$

和

$$F_1'(m_i, m_j)_{m_j}\equiv\frac{\partial F_1^l(m_i, m_j)}{\partial m_j}=-\frac{m_i-m_j}{[(m_i-m_j)^2+\varepsilon^2]^{1/2}} \tag{4-103}$$

令：

$$\theta_1(m_i, m_j)=\frac{m_i-m_j}{[(m_i-m_j)^2+\varepsilon^2]^{1/2}} \tag{4-104}$$

并将其分别代入式(4-102)和式(4-103)中，得到了 $F_l(m_i, m_j)$ 与 m_i 和 m_j 有关的一阶偏导数的一般表达式：

$$F_1'(m_i, m_j)=\pm\theta_1(m_i, m_j) \tag{4-105}$$

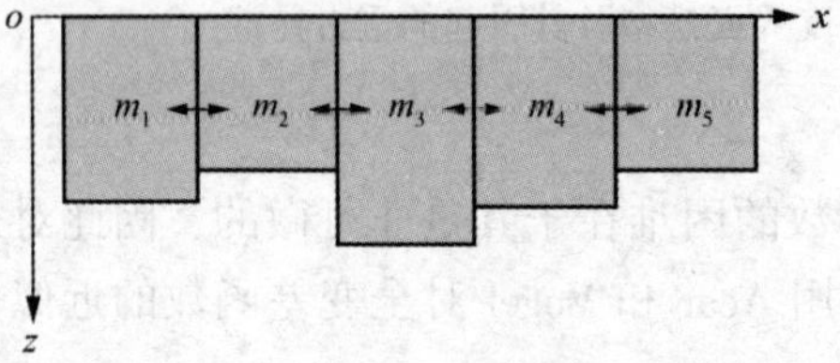

图 4-13　用 5 个柱体部分的密度界面示意图

对于 $\boldsymbol{J}^{g1}(\boldsymbol{m})$ 的计算，首先用一个简单模型说明。将密度界面剖分为 5 个相邻的垂直柱体，柱体的底面深度 $m_j(j=1, 2, \cdots, 5)$ 代表了密度界面的深度，即需要反演的参数。图 4-13 为密度界面剖分示意图，其中黑色箭头表示相邻的模型参数对，模型参数对的个数 $L=4$。对于该简单模型，$\boldsymbol{J}^{g1}(\boldsymbol{m})$ 的表达式为：

$$\boldsymbol{J}^{g1}(\boldsymbol{m})=\begin{bmatrix}\theta_1(m_1, m_2)\\ -\theta_1(m_1, m_2)+\theta_1(m_2, m_3)\\ -\theta_1(m_2, m_3)+\theta_1(m_3, m_4)\\ -\theta_1(m_3, m_4)+\theta_1(m_4, m_5)\\ -\theta_1(m_4, m_5)\end{bmatrix} \tag{4-106}$$

上式结果可写为简单的形式：

$$J^{g1}(\boldsymbol{m})=\boldsymbol{R}^T\boldsymbol{q}_1 \tag{4-107}$$

式中，$\boldsymbol{q}_1$ 为 $L\times1$ 型向量，其第 l 个向量由式(4-104)中 $\theta(m_i, m_j)$ 的表达式给出。一般情形下，$\boldsymbol{q}_1(L\times1)$ 的第 l 个元素由下式给出：

$$\boldsymbol{q}_1\equiv\{q_{1l}\}=\theta_1(m_i, m_j)=\frac{m_i-m_j}{[(m_i-m_j)^2+\varepsilon^2]^{1/2}} \tag{4-108}$$

$\boldsymbol{R}$ 为一阶差分拉普拉斯算子，对于图 4-11 的模型，上式中 $\boldsymbol{R}$ 为 4×5 型矩阵。一般情形下，式(4-107)中 $L\times M$ 型矩阵 $\boldsymbol{R}$ 的每一行只有两个非零元素 1 和 -1，第 l 行的两个非零元素对应与第 l 个相邻模型参数对相关的两个相邻柱体底面深度。因此，式(4-97)也可写为 $\tau_{g1}(\boldsymbol{m})=\|\boldsymbol{Rm}\|_1$。$L\times1$ 型向量 $\boldsymbol{Rm}$ 是模型 $\boldsymbol{m}$ 沿 x 方向的一阶导数的有限差分近似，所以在以上简单例子中，矩阵 $\boldsymbol{R}(4\times5)$ 和向量 $\boldsymbol{Rm}(4\times1)$ 分别可写为：

$$\boldsymbol{R}=\begin{bmatrix}1 & -1 & 0 & 0 & 0\\ 0 & 1 & -1 & 0 & 0\\ 0 & 0 & 1 & -1 & 0\\ 0 & 0 & 0 & 1 & -1\end{bmatrix} \tag{4-109}$$

$$\boldsymbol{Rm}=[(m_1-m_2), (m_2-m_3), (m_3-m_4), (m_4-m_5)]^T \tag{4-110}$$

尽管 $\tau^{\mu}_{g1}(\boldsymbol{m})$ 的梯度 $\boldsymbol{J}^{g1}(\boldsymbol{m})$ 的表达式(4-107)由图 4-13 所示的二维简单模型推导出，但可对它一般化，用来计算任何一个 $M\times1$ 型向量 $\tau^{\mu}_{g1}(\boldsymbol{m})$ 的梯度。

从非线性反演方法的原理来看，当模型约束函数相同时，正则化参数 λ_{h} 和 λ_{m} 的值决定了反演的效果。而 λ_{h} 是已知深度约束的权重，其值不影响反演结果的几何形态，所以反演效果主要取决于 λ_{m} 的值。另外，对于不同的模型约束函数，尤其是含有阈值或调整参数的模型约束函数，反演的效果也与这些参数有关。因此，在下文的模型试算中，给定不同的正则化参数 λ_{m} 及模型约束函数中的调整参数进行反演，对不同的模型约束函数进行评价，并给出一般的正则化参数和调整参数的取值规律，下同。

首先测试基于 L_1-范数的模型向量 $\boldsymbol{m}$ 的约束函数[式(4-96)的近似]的效果，对图 4-11 中密度界面模型 a 进行测试。在反演时取式(4-96)中 $\varepsilon=10^{-3}$ 以保证该近似式尽可能的接近 L_1-范数的形式，给 λ_{m} 分别取 10^{-4}、10^{-1}、1 和 5 进行试算，另外也采用自适应调整 λ_{m} 的方法进行计算，并对该模型利用直接迭代法进行反演，给定迭代收敛终止为目标函数梯度的 L_2-范数平方 $\|\boldsymbol{r}(\boldsymbol{m})\|_2^2<10^{-2}$ 或最大迭代次数 $k_{\max}=200$，结果如图 4-14 所示。

从图 4-14 可以看出，以上 6 个反演结果均对于密度界面较浅之处(<2.5 km)反演效果较好，而较深之处反演结果不同。λ_{m} 取 10^{-4} 和 10^{-1} 时，反演结果几乎相同；λ_{m} 取 1 和 5 时，反演结果也几乎一致。在反演计算分别取 λ_{m} 为 10^{-2} 和 2 进行反演，反演结果与图 4-14 的规律一致，即当 $\lambda_{\mathrm{m}}<1$ 时，反演结果如图 4-14(a)和

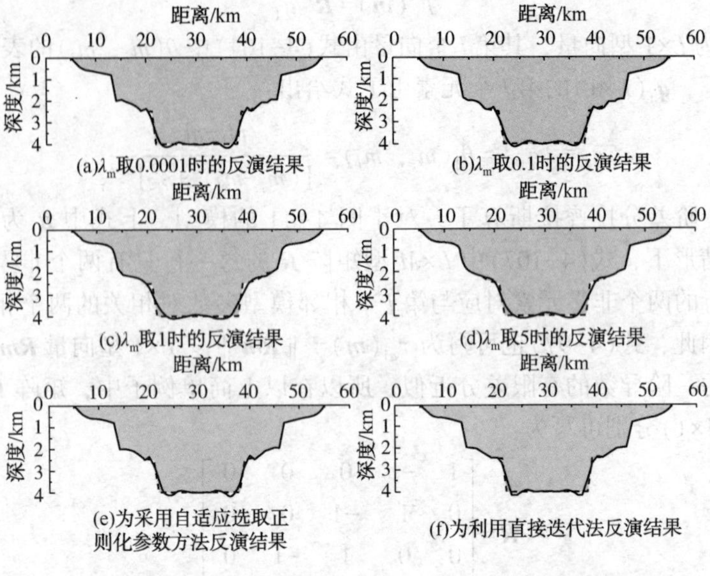

图 4-14　基于 L_1-范数的模型向量约束下不同 λ_m 时二维密度界面模型 a 的反演结果

图 4-14(b)的形态，与理论模型整体形态较为吻合；当 $\lambda_m \geqslant 1$ 时，反演结果如图 4-14(c)和图 4-14(d)的形态，反演结果更为光滑，这一特征在模型深度较大之处更为明显，与理论模型差别稍大。另外，采用自适应选取正则化参数的反演结果[图 4-14(e)]及直接迭代法反演结果[图 4-14(f)]与 $\lambda_m<1$ 时的反演结果基本相同，其原因是自适应选取正则化参数反演时，正则化参数 λ_m 随着迭代次数逐渐减小，最后趋于 0(图 4-15)；而直接迭代法反演时仅利用重力异常，不施加模型约束，其相当于目标函数式(4-13)中 $\lambda_m=0$ 的结果。

另外，也对模型约束函数中的调整参数 ε 的取值对反演结果的影响进行了研究。在反演试算时令 $\lambda_m=1$，图 4-16 为 ε 分别取 10^{-3}、10^{-1} 和 1 时的反演结果。可以看出，对于式(4-35)的模型约束函数，ε 的取值对反演结果影响不大，但在反演时为了尽可能的保留 L_1-范数的特点，ε 的取值不宜太大。

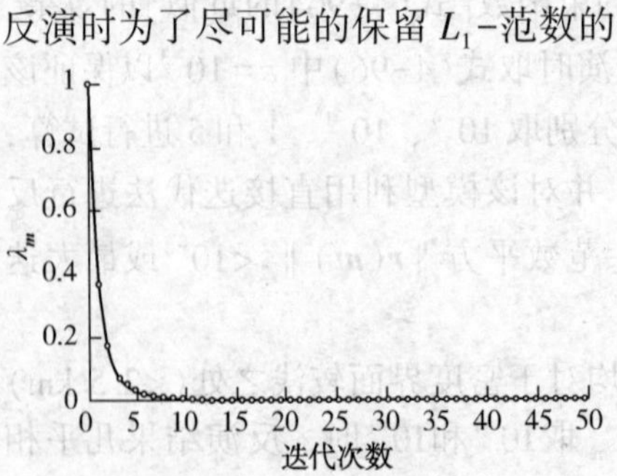

图 4-15　自适应反演时正则化参数随迭代次数的变化

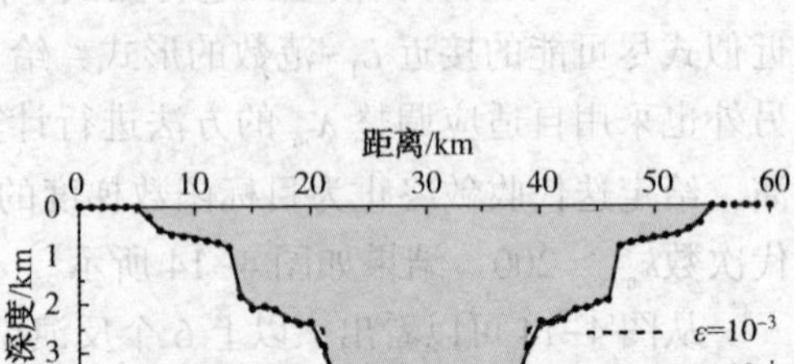

图 4-16　基于 L_1-范数的模型向量约束下不同 ε 时二维密度界面模型 a 的反演结果

从以上反演结果可以看出，对于密度界面模型 a，基于 L_1-范数的模型向量 $\boldsymbol{m}$ 的约束函数进行反演，结果仍然与理论模型有一定的差别，主要表现在界面较深的区域。

图 4-17 是对图 4-11 中密度界面模型 b 的反演结果。与模型 a 的测试相同，反演时取 $\varepsilon=10^{-3}$，λ_m 分别取 10^{-4}、10^{-1}、1 和 5 进行试算，另外也采用自适应调整 λ_m 的方法以及直接迭代法进行反演。可以看出，以上 6 个反演结果均出现振荡现象，但效果不同。从图 4-17(a)~(e)可以看出，λ_m 取不同值时反演结果十分相似，均表现为左侧裂陷为光滑形态，与理论模型不符，中部隆起的部分出现振荡，并且在右侧坳陷深度较大的位置上也出现了振荡现象。从图中亦可看出，随着 λ_m 取值的增大，反演结果的振荡现象略微减小，当 $\lambda_m=5$ 时，振荡现象最小，说明正则化约束的权重增大时，非线性反演的稳定性提高。图 4-17(e)的反演结果与 $\lambda_m=10^{-4}$ 的反演结果十分类似，这是因为随着迭代次数的增大，自适应得到的 λ_m 值逐渐减小的原因。对于该密度界面模型，直接迭代法的反演结果图 4-17(f)与非线性反演方法的结果完全不同，该反演结果中，模型左侧裂陷深部表现为两侧较深中部稍浅的特征，对于中部隆起和右侧光滑坳陷的反映较好。与其他结果相比，直接迭代法反演结果与理论模型较为接近，说明直接迭代法对于坳陷型密度界面的反演效果较好，但不适用于裂陷型密度界面反演。在对模型试算时，也对调整参数 ε 的取值对反演结果的影响进行了研究。试算结果表明，ε 的取值几乎不影响反演结果，这与上文的认识是一致的。

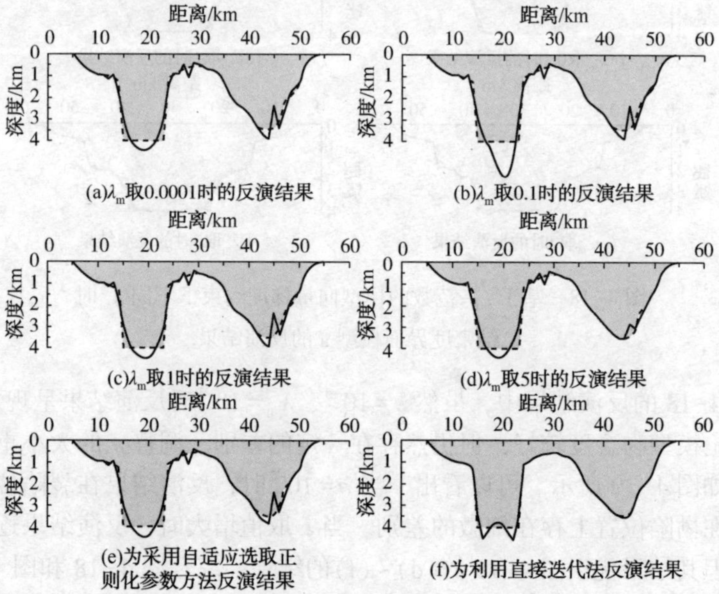

图 4-17　基于 L_1-范数的模型向量梯度约束下不同 λ_m 时二维密度界面模型 b 的反演结果

从以上两个模型的试算结果来看，无论是对于坳陷型密度界面还是裂陷型密度界面，基于 L_1-范数的模型向量 $\boldsymbol{m}$ 的约束函数反演结果均不好。

下面测试基于 L_1-范数的模型梯度向量 $\nabla\boldsymbol{m}$ 的约束函数[式(4-97)的近似式]的效果。对密度界面模型 a 测试时取 $\varepsilon=10^{-3}$ 以保证该近似式尽可能的接近 L_1-范数的形式，给 λ_m 分别取 10^{-4}、10^{-2}、10^{-1}、1、2 和 5 进行试算，结果见图 4-18。可以看出，当 λ_m 取值较小时，反演结果整体与理论模型吻合较好，但在理论模型尤其是深度较大的裂陷位置，反演结果为坳陷型。随着 λ_m 取值的增大，反演结果逐渐表现为裂陷型，尤其当 $\lambda_m=10^{-1}$ 时，裂陷形态最为明显，但在模型"断裂"处反演结果的角度稍小，与模型有一定的差别。随着 λ_m 取值进一步增大，反演结果反而呈现坳陷形态，并且在模型较浅之处也为坳陷形态，与理论模型差别稍大。尤其当 $\lambda_m=5$ 时，反演结果最深的位置上出现轻微的振荡现象。

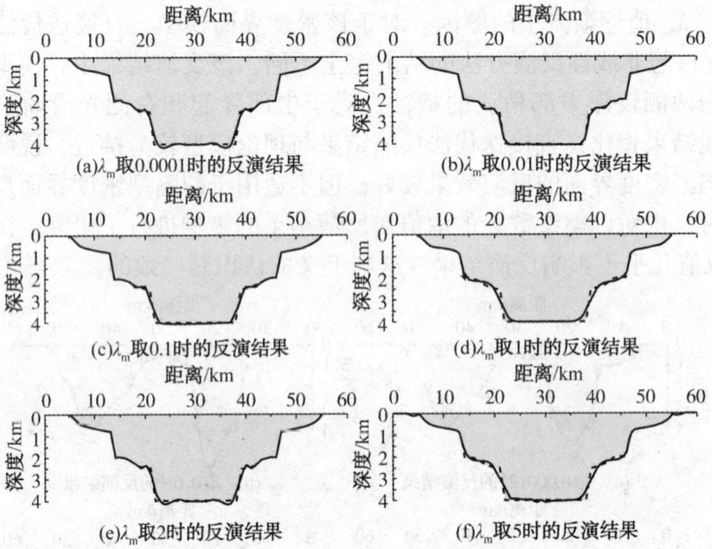

图 4-18　基于 L_1-范数的模型向量梯度约束下不同 λ_m 时二维密度界面模型 a 的反演结果

在图 4-18 的反演结果中，虽然 $\varepsilon=10^{-3}$、$\lambda_m=10^{-1}$时反演结果呈现裂陷形态，已经与理论模型吻合度较好，但仍然存在一定的差别。调整 ε 的大小重新进行反演，结果如图 4-19 所示。可以看出，当 $\varepsilon=10^{-2}$时，反演结果在裂陷位置上十分吻合，仅在坳陷位置上存在细微的差别。当 ε 取值增大时，反演结果逐渐出现坳陷形态，但其结果优于图 4-18 的(d)~(f)的结果。综合图 4-18 和图 4-19 的结果可以看出，λ_m 的取值对反演结果的影响更大一些，而 ε 的取值影响反演结果的局部形态。

给定 $\varepsilon=10^{-3}$，分别取 λ_m 为 10^{-4}、10^{-2}、10^{-1}和 1 对模型 b 进行试算，结果

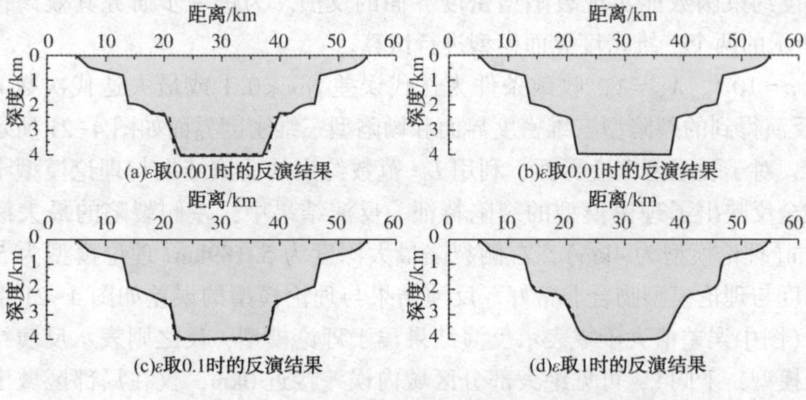

图 4-19　$\lambda_m = 0.1$ 时基于 L_1-范数的模型向量梯度约束下不同 ε 时二维密度界面模型 a 的反演结果

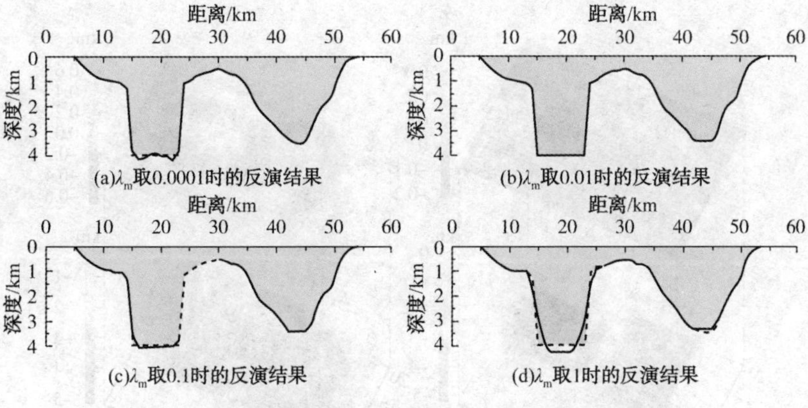

图 4-20　基于 L_1-范数的模型向量梯度约束下不同 λ_m 时二维密度界面模型 b 的反演结果

如图 4-20 所示。从结果可以看出，当 $\lambda_m = 10^{-4}$ 时，与上文的测试结果类似，即模型约束函数的权重很小，故反演结果总体与理论模型接近，但总体呈现一定的坳陷形态。当 $\lambda_m = 10^{-2}$ 时，反演结果与理论模型最为吻合，不仅反演出了模型左侧的裂陷，而且对于中部隆起和右侧坳陷也有较好的反映。当 $\lambda_m = 10^{-1}$ 时，反演结果逐渐出现坳陷特征，而当 $\lambda_m = 1$ 时，反演结果呈现十分明显的坳陷特征，并且在右侧坳陷的位置也与理论模型有一些差别。

通过对以上两个模型的试验可以看出，与模型 a 所示的小规模断阶状界面相比，模型 b 所示的此类在横向上隆坳较为明显的界面更易反演。以上不同的模型反演试验结果表明，在 L_1-范数意义下，利用模型向量的梯度约束式(4-36)的结果优于利用模型向量约束式(4-35)的反演结果，并且，L_1-范数意义下的模型向量的梯度约束函数能实现裂陷型密度界面的反演。为进一步研究其效果，对图 4-12 所示的两个三维密度界面模型进行试算。

令 $\varepsilon=10^{-2}$、$\lambda_m=1$，收敛条件为迭代误差 $epsr<0.1$ 或最大迭代次数 $kr_{max}=200$，反演得到的裂陷型三维密度界面和坳陷型三维密度界面如图 4-21 所示。可以看出，对于裂陷型密度界面，利用 L_1-范数约束的反演结果与理论模型十分接近，完全反映出了理论模型的裂陷特征。反演结果中，左侧裂陷的最大深度为 4. 072km(理论模型为 4km)，右侧裂陷最大深度为 5. 189km(理论模型为 5km)，最大深度与理论模型吻合非常好。反演结果与理论模型的误差如图 4-21 上半部分所示(图中误差值大于零表示反演结果浅于理论模型，反之则表示反演结果深于理论模型，下同)，可见绝大部分区域内误差接近 0km，仅在局部区域出现了一些偏差。反演结果与理论模型的均方差仅为 0. 049km，平均误差 0. 019km，最大误差 0. 376km(为个别点，出现在右侧裂陷的角点位置)。

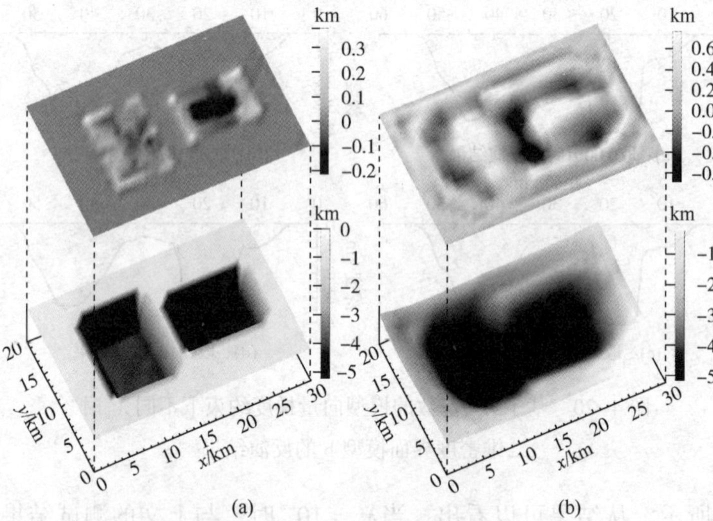

图 4-21 基于 L_1-范数的模型向量梯度约束下裂陷型和坳陷型三维密度界面模型反演结果

图中，下半部分分别为裂陷型密度界面和坳陷型密度界面反演结果，上半部分分别为两个反演结果的误差，误差大于零表示反演结果浅于理论界面，反之表示反演结果深于理论界面

对于坳陷型密度界面，利用 L_1-范数约束的反演结果与理论模型的形态差别较大，理论模型整体为坳陷形态，而反演结果整体表现为裂陷形态，尤其在模型深度较大的位置，反演结果为一个接近水平的界面，在理论模型左、右坳陷的位置，反演结果得到的最大深度分别为 5. 15km 和 4. 788km，而此处理论模型最大

深度分别为 5.8km 和 5.5km，反演结果与理论模型差别较大(图 4-21 上半部分所示的误差图也反映了这一特征)。反演结果整体均方差为 0.206km，平均误差 0.145km，最大误差 0.768km。

由以上二维和三维模型试算结果可以看出，L_1-范数意义下的模型向量的梯度约束函数能很好地应用于裂陷型密度界面反演，但不能用于坳陷型密度界面的反演。

2. 基于 L_2-范数的模型约束

对于 L_2-范数意义下的模型约束函数，其中式(4-37)的函数 $\tau_{m2}(\boldsymbol{m})$ 对其中任一元素 m_i 的偏导数为：

$$\frac{\partial \tau_{m2}}{\partial m_i}=2m_i \tag{4-111}$$

则 $\tau_{m2}(\boldsymbol{m})$ 的梯度 $\boldsymbol{J}^{m2}(\boldsymbol{m})$ 可写为：

$$\boldsymbol{J}^{m2}(\boldsymbol{m})=[2m_1,\ 2m_2,\ \cdots,\ 2m_M]^T \tag{4-112}$$

对于 $\tau_{g2}(\boldsymbol{m})$(4-38 式)的梯度 $\boldsymbol{J}^{g2}(\boldsymbol{m})$ 的表达式的计算，可参考推导 $\boldsymbol{J}^{g1}(\boldsymbol{m})$ 时用的方法。这里仍然用图 4-13 的简单例子。对于该简单模型，可得：

$$\boldsymbol{J}^{g2}(\boldsymbol{m})=\begin{bmatrix} 2(m_1-m_2) \\ -2(m_1-m_2)+2(m_2-m_3) \\ -2(m_2-m_3)+2(m_3-m_4) \\ -2(m_3-m_4)+2(m_4-m_5) \\ -2(m_4-m_5) \end{bmatrix}=2\begin{bmatrix} m_1-m_2 \\ -m_1+2m_2-m_3 \\ -m_2+2m_3-m_4 \\ -m_3+2m_4-m_5 \\ -m_4+m_5 \end{bmatrix} \tag{4-113}$$

上式可进一步简化为：

$$\boldsymbol{J}^{g2}(\boldsymbol{m})=2\,\boldsymbol{W}_r\boldsymbol{m} \tag{4-114}$$

其中：

$$\boldsymbol{W}_r=\begin{bmatrix} 1 & -1 & 0 & 0 & 0 \\ -1 & 2 & -1 & 0 & 0 \\ 0 & -1 & 2 & -1 & 0 \\ 0 & 0 & -1 & 2 & -1 \\ 0 & 0 & 0 & -1 & 1 \end{bmatrix},\ \boldsymbol{m}=\begin{bmatrix} m_1 \\ m_2 \\ m_3 \\ m_4 \\ m_5 \end{bmatrix}$$

矩阵 $\boldsymbol{W}_r$ 可进一步写为：

$$\boldsymbol{W}_r=\begin{bmatrix} 1 & 0 & 0 & 0 \\ -1 & 1 & 0 & 0 \\ 0 & -1 & 1 & 0 \\ 0 & 0 & -1 & 1 \\ 0 & 0 & 0 & -1 \end{bmatrix}\begin{bmatrix} 1 & -1 & 0 & 0 & 0 \\ 0 & 1 & -1 & 0 & 0 \\ 0 & 0 & 1 & -1 & 0 \\ 0 & 0 & 0 & 1 & -1 \end{bmatrix} \tag{4-115}$$

上式右端第二个矩阵即为式(4-109)中一阶差分拉普拉斯算子 $\boldsymbol{R}$ 的表达式，

因此$W_r = R^T R$，将其代入式(4-114)中，可得：

$$J^{g2}(m) = 2R^T R m \tag{4-116}$$

式(4-116)即为$\tau_{g2}(m)$的梯度$J^{g2}(m)$的表达式。对于任何一个$M\times 1$型向量$J^{g2}(m)$，只要得到R的表达式，即可计算其值。

首先分别对二维密度界面模型 a 和模型 b 分别利用基于L_2-范数的模型向量m的约束函数式(4-37)进行测试。在反演时给λ_m分别取10^{-4}、10^{-2}、10^{-1}和 1 进行试算，结果如图 4-22 和图 4-23 所示。

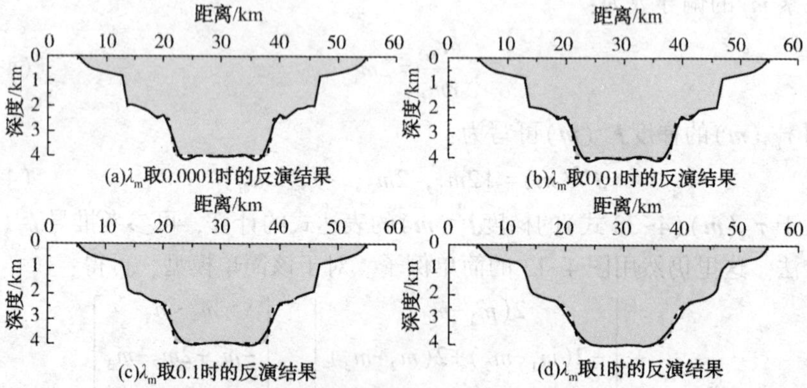

图 4-22 基于L_2-范数的模型向量约束下不同λ_m时二维密度界面模型 a 的反演结果

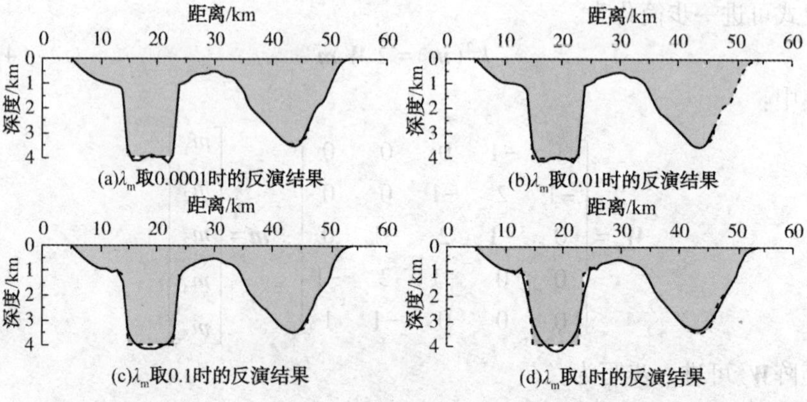

图 4-23 基于L_2-范数的模型向量约束下不同λ_m时二维密度界面模型 b 的反演结果

图 4-11 所示的两个二维密度界面模型反演的结果有一个共同的特点：随着λ_m取值的增大，反演结果呈现更为光滑的坳陷形态，尤其当$\lambda_m \geqslant 1$时，坳陷特征非常明显。

对二维密度界面模型 a 和模型 b 分别利用基于 L_2-范数的模型向量梯度$\nabla \boldsymbol{m}$的约束函数式(4-38)的反演结果如图 4-24 和图 4-25 所示。从模型 a 的反演结果可以看出，λ_m 取值不同时，反演结果均呈现坳陷形态，并且随着 λ_m 取值的增大，反演结果越趋于光滑。与图 4-22 的结果相比，当 λ_m 取相同的值时，二者反演结果整体基本相同，但基于 L_2-范数的模型向量 $\boldsymbol{m}$ 反演结果在最大深度处稍浅一些，并且结果更平坦一些。模型 b 的反演结果特征与模型 a 的特征基本相同，另外与图 4-23 的结果相比，当 λ_m 取值稍大时，基于 L_2-范数的模型向量梯度$\nabla \boldsymbol{m}$ 的约束的反演结果在模型左侧的裂陷处更窄一些。

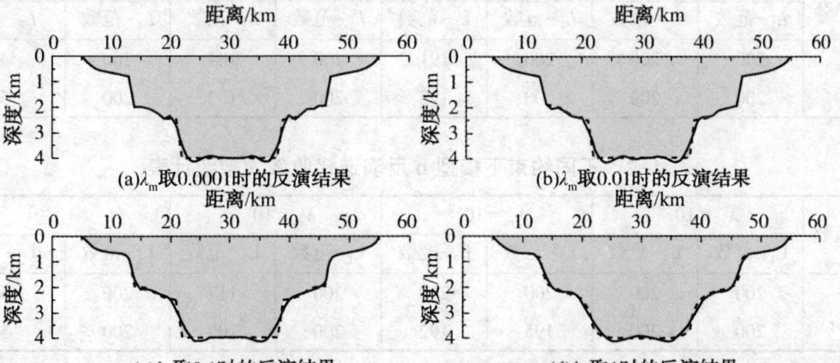

(a)λ_m取0.0001时的反演结果　(b)λ_m取0.01时的反演结果

(c)λ_m取0.1时的反演结果　(d)λ_m取1时的反演结果

图 4-24　基于 L_2-范数的模型向量梯度约束下不同 λ_m时二维密度界面模型 a 的反演结果

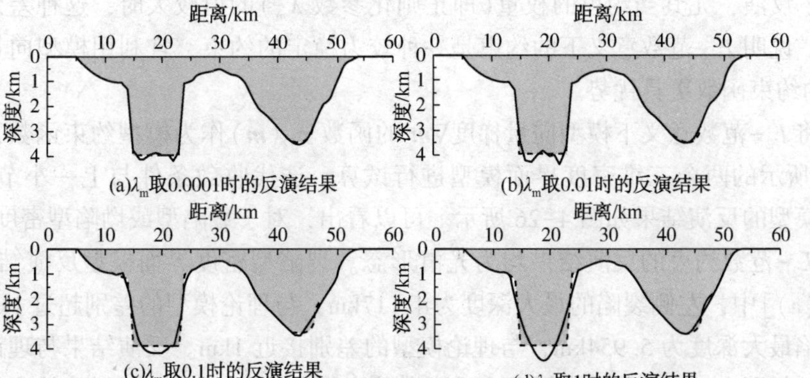

(a)λ_m取0.0001时的反演结果　(b)λ_m取0.01时的反演结果

(c)λ_m取0.1时的反演结果　(d)λ_m取1时的反演结果

图 4-25　基于 L_2-范数的模型向量梯度约束下不同 λ_m时二维密度界面模型 b 的反演结果

对比基于 L_1-范数和 L_2-范数的约束函数的测试结果，首先从反演的效果来看，利用模型向量 $\boldsymbol{m}$ 的约束函数反演结果均呈坳陷形态，而利用模型向量梯度

$\nabla \boldsymbol{m}$的约束函数反演时，L_1-范数意义下的反演结果可呈现裂陷形态，L_2-范数意义下的反演结果为坳陷形态。其次从反演的稳定性来看，对于模型 a，这 4 种约束函数均能得到较为稳定的反演结果，而对于模型 b，采用 L_1-范数的模型向量 $\boldsymbol{m}$ 作为约束进行反演时，结果出现振荡现象。另外，在对模型进行测试时，基于 L_2-范数意义下的模型约束函数的反演迭代收敛次数远小于基于 L_1-范数约束的反演，上述两个模型测试的迭代次数分别如表 4-1 和表 4-2 所示。

表 4-1　不同约束下模型 a 反演迭代收敛次数统计表

约束函数	$\lambda_m=10^{-4}$		$\lambda_m=10^{-2}$		$\lambda_m=10^{-1}$		$\lambda_m=1$	
	L_1-范数	L_2-范数	L_1-范数	L_2-范数	L_1-范数	L_2-范数	L_1-范数	L_2-范数
m	200	200	200	191	200	104	200	46
∇m	200	200	200	178	200	102	200	50

表 4-2　不同约束下模型 b 反演迭代收敛次数统计表

约束函数	$\lambda_m=10^{-4}$		$\lambda_m=10^{-2}$		$\lambda_m=10^{-1}$		$\lambda_m=1$	
	L_1-范数	L_2-范数	L_1-范数	L_2-范数	L_1-范数	L_2-范数	L_1-范数	L_2-范数
m	200	200	200	200	200	117	200	53
∇m	200	200	195	192	200	109	200	53

从模型 a 和模型 b 的反演迭代收敛次数统计结果可以看出，对于这两个模型，不论是利用模型向量 $\boldsymbol{m}$ 的函数进行约束，还是利用模型向量梯度$\nabla \boldsymbol{m}$ 的函数进行约束，L_2-范数意义下模型约束函数的反演迭代收敛速度明显快于 L_1-范数意义下反演，尤其当约束的权重(即正则化参数 λ_m)的值较大时，这种差别更为明显。说明 L_2-范数意义下的约束是一种较为稳定的约束，且利用模型向量梯度 $\nabla \boldsymbol{m}$ 的约束函数更具优势。

将 L_2-范数意义下模型向量梯度$\nabla \boldsymbol{m}$ 的函数 $\tau_{g2}(\boldsymbol{m})$作为模型约束函数，对图 4-12 所示的两个三维密度界面模型进行试算，迭代收敛条件与上一小节相同，两个模型的反演结果如图 4-26 所示。可以看出，对于裂陷型或坳陷型密度界面，利用 L_2-范数约束的反演结果均为光滑形态。裂陷型密度界面模型反演结果[图 4-26(a)]中，左侧裂陷的最大深度为 4. 117km，与理论模型的差别超过 1km，右侧裂陷最大深度为 5. 954km，与理论模型的差别接近 1km。反演结果与理论模型的误差如图 4-26 上半部分所示，反演误差主要集中在理论模型裂陷的边界位置以及底部位置，这是由于理论模型在这些区域为裂陷形态，而反演结果为坳陷形态，故差别较大。反演结果与理论模型的均方差为 0. 483km，平均误差 0. 232km，最大误差 2. 541km(集中出现裂陷边界位置)。

坳陷型密度界面模型反演结果[图 4-26(b)]中，理论模型左、右坳陷的位置，反演结果得到的最大深度分别为 5. 550km 和 5. 069km，反演结果均浅于理论

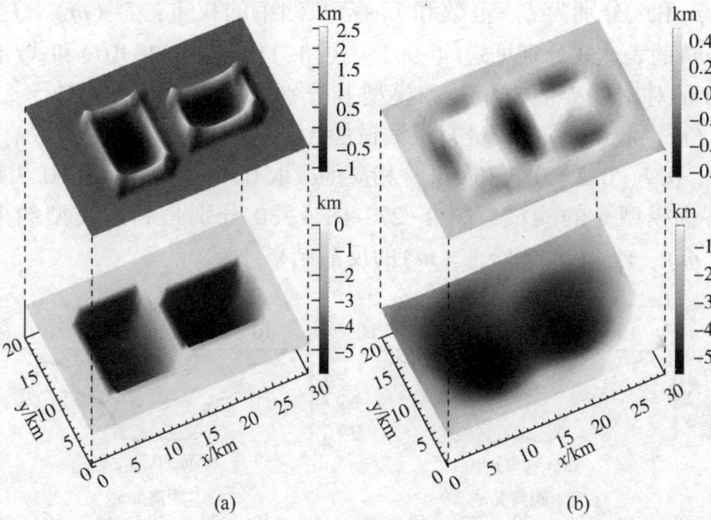

图 4-26　基于 L_2-范数的模型向量梯度约束

下裂陷型和坳陷型三维密度界面模型反演结果

图中，下半部分分别为裂陷型密度界面和坳陷型密度界面反演结果，

上半部分分别为两个反演结果的误差，误差大于零表示反演结果浅于理论界面，

反之表示反演结果深于理论界面

模型，误差分别为 0.250km 和 0.431km。反演结果整体均方差为 0.143km，平均误差 0.085km，最大误差 0.617km。与 L_1-范数约束下的反演结果[图 4-21(b)]相比，反演结果各项误差均明显减小，并且其形态也与理论模型较为吻合。另外，从局部细节来看，反演结果与理论模型的差别主要在模型区中部，该位置处理论模型为一个局部的隆起，但反演结果中这一形态表现的不明显，其主要原因为该隆起范围较小，并且埋深较大，其在重力异常[图 4-12(b)]几乎无反映，因此根据重力异常无法对其进行准确反演。

可见，L_2-范数意义下的模型向量的梯度约束函数能很好地应用于坳陷型密度界面反演，但不能用于裂陷型密度界面的反演。

3. 基于 L_1-范数和 L_2-范数的模型约束

对于综合利用 L_1-范数和 L_2-范数建立模型约束函数 $\tau_{m12}(\boldsymbol{m})$[式(4-40)]、$\tau_{g12}(\boldsymbol{m})$[式(4-41)]、$\tau_{gm12}(\boldsymbol{m})$[式(4-42)]和 $\tau_{gm21}(\boldsymbol{m})$[式(4-43)]，其实质为 L_1-范数和 L_2-范数的和，因此相应的梯度向量 $\boldsymbol{J}^{m12}(\boldsymbol{m})$、$\boldsymbol{J}^{g12}(\boldsymbol{m})$、$\boldsymbol{J}^{gm12}(\boldsymbol{m})$ 和 $\boldsymbol{J}^{gm21}(\boldsymbol{m})$ 亦可通过单独的 L_1-范数和 L_2-范数意义下的模型约束函数的梯度表达式进行组合得到，即：

$$\boldsymbol{J}^{m12}(\boldsymbol{m})=\mu_1\,\boldsymbol{J}^{m1}(\boldsymbol{m})+\mu_2\,\boldsymbol{J}^{m2}(\boldsymbol{m}) \tag{4-117}$$

$$\boldsymbol{J}^{g12}(\boldsymbol{m})=\mu_1\,J^{g1}(\boldsymbol{m})+\mu_2\,\boldsymbol{J}^{g2}(\boldsymbol{m}) \tag{4-118}$$

$$\boldsymbol{J}^{gm12}(\boldsymbol{m})=\mu_1\,J^{m1}(\boldsymbol{m})+\mu_2\,\boldsymbol{J}^{g2}(\boldsymbol{m}) \tag{4-119}$$

$$\boldsymbol{J}^{gm21}(\boldsymbol{m})=\mu_1 J^{g1}(\boldsymbol{m})+\mu_2 J^{m2}(\boldsymbol{m}) \tag{4-120}$$

式中，μ_1和μ_2分别为 L_1-范数和 L_2-范数约束的权重；$\boldsymbol{J}^{m1}(\boldsymbol{m})$、$\boldsymbol{J}^{m2}(\boldsymbol{m})$、$\boldsymbol{J}^{g1}(\boldsymbol{m})$和$\boldsymbol{J}^{g2}(\boldsymbol{m})$的表达式分别见式(4-99)、式(4-112)、式(4-107)和式(4-116)。

下面分别对密度界面模型 a 和模型 b 分别应用模型约束函数 $\tau_{m12}(\boldsymbol{m})$、$\tau_{g12}(\boldsymbol{m})$、$\tau_{gm12}(\boldsymbol{m})$和 $\tau_{gm21}(\boldsymbol{m})$式进行反演试验。反演时，令正则化参数$\lambda_m=1$，分别取$\mu_1$为 0.9、0.7、0.5、0.3 和 0.1，相应的μ_2取 0.1、0.3、0.5、0.7 和 0.9。首先对密度界面模型 a 的测试，图 4-27～图 4-30 分别是利用模型约束函数 $\tau_{m12}(\boldsymbol{m})$、$\tau_{g12}(\boldsymbol{m})$、$\tau_{gm12}(\boldsymbol{m})$和 $\tau_{gm21}(\boldsymbol{m})$的反演结果。

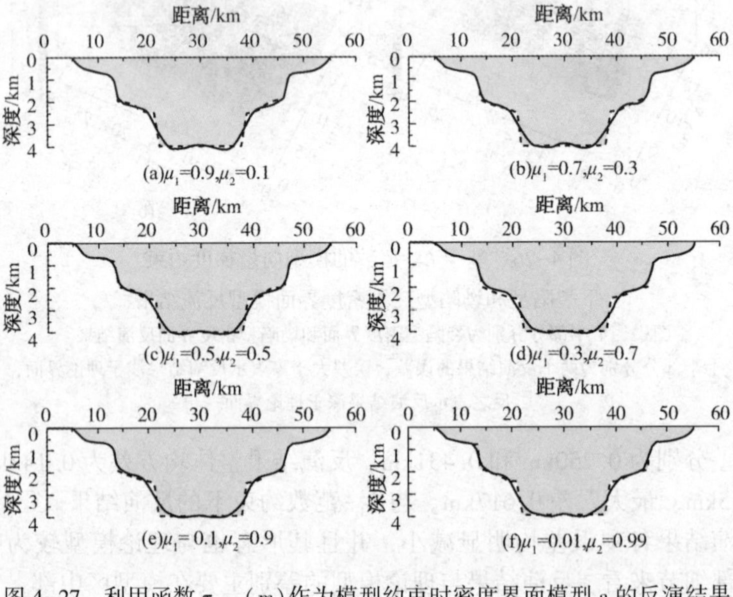

图 4-27　利用函数 $\tau_{gm12}(m)$作为模型约束时密度界面模型 a 的反演结果

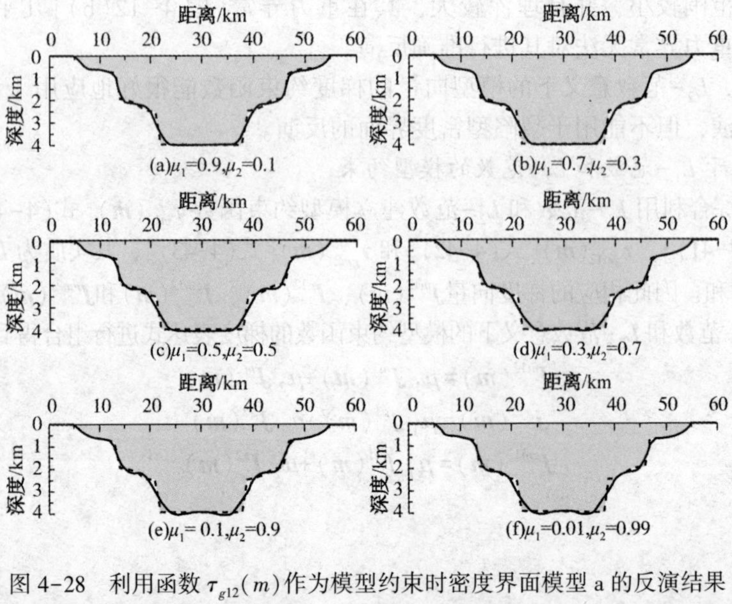

图 4-28　利用函数 $\tau_{g12}(m)$作为模型约束时密度界面模型 a 的反演结果

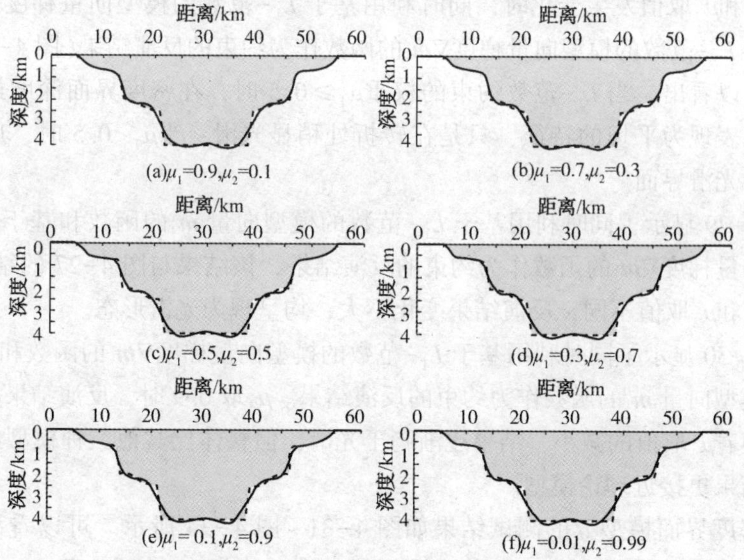

图 4-29　利用函数 $\tau_{gm12}(\boldsymbol{m})$ 作为模型约束时密度界面模型 a 的反演结果

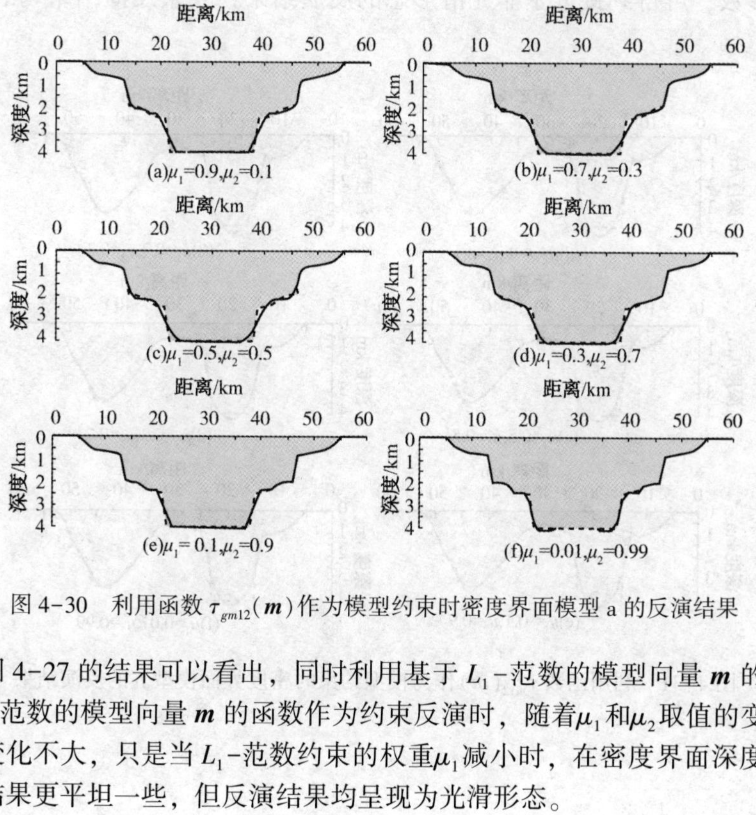

图 4-30　利用函数 $\tau_{gm12}(\boldsymbol{m})$ 作为模型约束时密度界面模型 a 的反演结果

由图 4-27 的结果可以看出，同时利用基于 L_1-范数的模型向量 $\boldsymbol{m}$ 的函数和基于 L_2-范数的模型向量 $\boldsymbol{m}$ 的函数作为约束反演时，随着μ_1和μ_2取值的变化，反演结果变化不大，只是当 L_1-范数约束的权重μ_1减小时，在密度界面深度最大处的反演结果更平坦一些，但反演结果均呈现为光滑形态。

当μ_1和μ_2取值发生变化时，同时利用基于L_1-范数的模型向量梯度$\nabla \boldsymbol{m}$的函数和基于L_2-范数的模型向量梯度$\nabla \boldsymbol{m}$的函数作为约束的反演结果(图 4-28)表现不同。可以看出，当L_1-范数约束的权重$\mu_1 \geqslant 0.5$时，在密度界面深度最大处的反演结果表现为平坦的特征，只是在转折处稍显光滑；当$\mu_1<0.5$时，反演结果为明显的光滑界面。

图 4-29 显示了同时利用基于L_1-范数的模型向量$\boldsymbol{m}$的函数和基于L_2-范数的模型向量梯度$\nabla \boldsymbol{m}$的函数作为约束的反演结果，该结果与图 4-27 的结果类似，即随着μ_1和μ_2取值不同，反演结果变化不大，均呈现为光滑形态。

图 4-30 显示了同时利用基于L_1-范数的模型向量梯度$\nabla \boldsymbol{m}$的函数和基于L_2-范数的模型向量$\boldsymbol{m}$的函数作为约束的反演结果。μ_1取 0.9 时，反演结果为非光滑界面；随着μ_1取值的减小，结果逐渐趋于光滑，但整体比其他三种模型约束函数的反演结果更接近理论模型。

对密度界面模型 b 的测试结果如图 4-31～图 4-34 所示。可以看出，模型 b 的反演结果特征与模型 a 反演结果相似，即只有同时利用基于L_1-范数的模型向量梯度$\nabla \boldsymbol{m}$的函数和基于L_2-范数的模型向量$\boldsymbol{m}$的函数作为约束时，选择合适的参数，可得到接近于非光滑形态的反演结果，其余反演结果均表现为光滑形态。

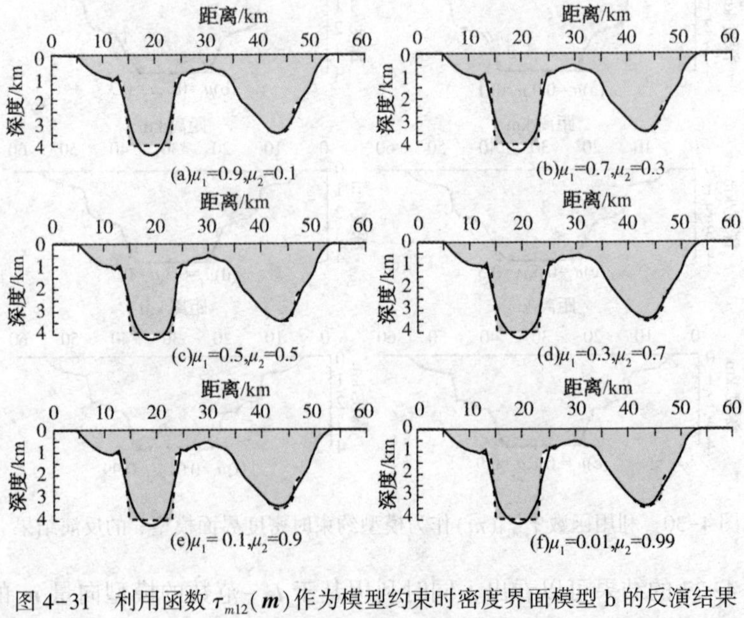

图 4-31　利用函数 $\tau_{m12}(\boldsymbol{m})$ 作为模型约束时密度界面模型 b 的反演结果

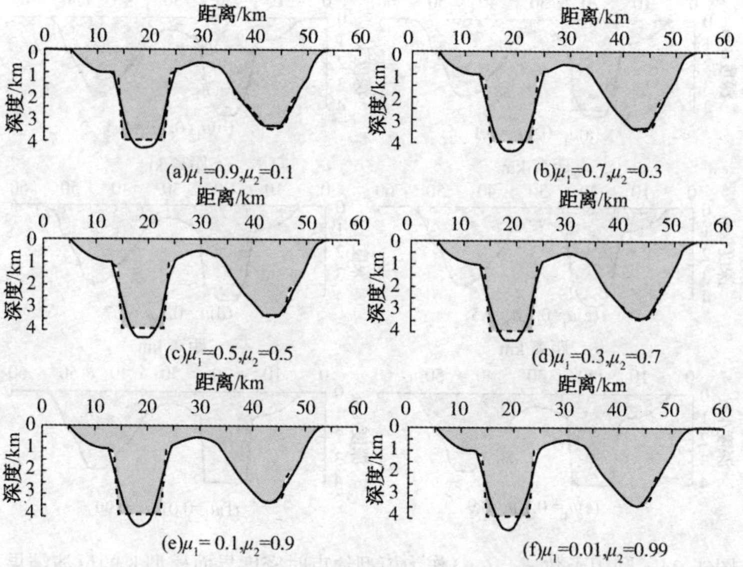

图 4-32　利用函数 $\tau_{g12}(\boldsymbol{m})$ 作为模型约束时密度界面模型 b 的反演结果

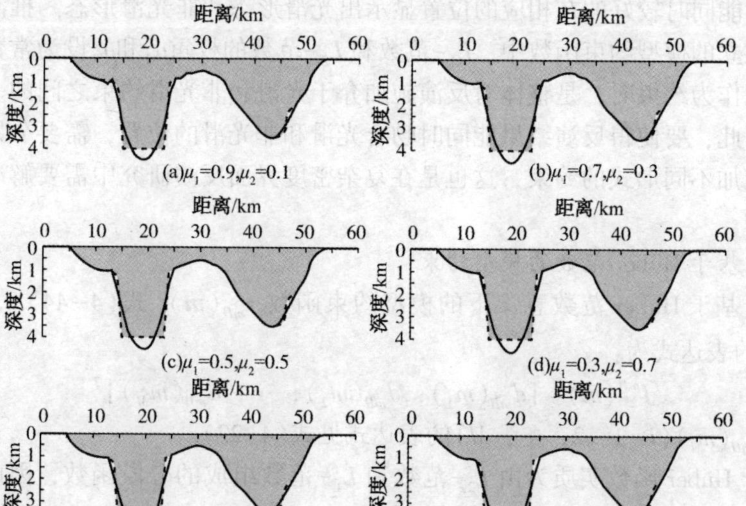

图 4-33　利用函数 $\tau_{g12}(\boldsymbol{m})$ 作为模型约束时密度界面模型 b 的反演结果

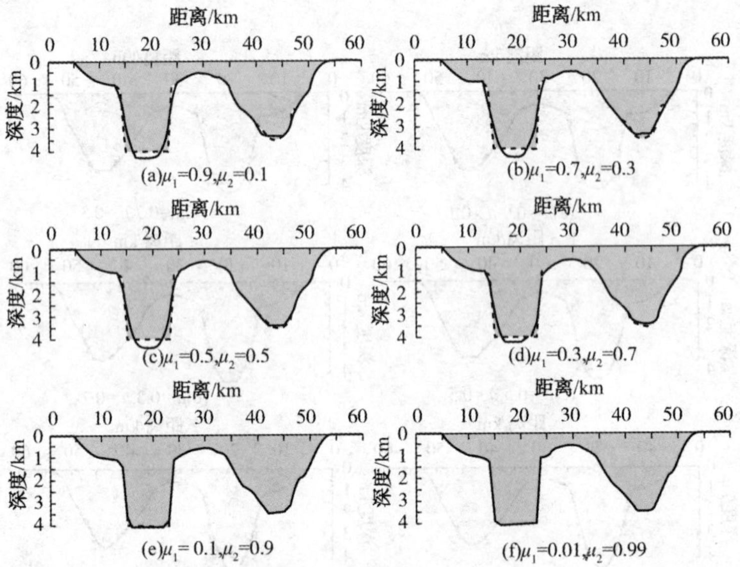

图 4-34　利用函数 $\tau_{gm12}(\boldsymbol{m})$ 作为模型约束时密度界面模型 b 的反演结果

通过以上两个特征不同的密度界面的反演结果可以看出，利用基于 L_1-范数和 L_2-范数同时约束的模型函数的反演结果大多表现为非光滑形态，而并非在反演结果中能同时较好的在相应的位置显示出光滑形态和非光滑形态。推测其原因主要是建立的模型约束函数中，L_1-范数和 L_2-范数的权重 μ_1 和 μ_2 设为常数，故利用该函数作为约束时，是整体对反演施加介于光滑和非光滑约束之间的一种约束形式。因此，要使得反演结果能同时吻合光滑和非光滑的位置，需要分别在这些位置上施加不同形式的约束，这也是在复杂密度界面反演研究中需要解决的一个重要问题。

4.　基于 Huber 范数的模型约束

对于基于 Huber 范数意义下的模型约束函数 $\boldsymbol{\tau}_{mH}(\boldsymbol{m})$[式(4-44)]，其梯度 $\boldsymbol{J}^{mH}(\boldsymbol{m})$ 的表达式为：

$$\boldsymbol{J}^{mH}(\boldsymbol{m}) = [d_{mH}(m_1),\ d_{mH}(m_2),\ \cdots,\ d_{mH}(m_M)]^T \tag{4-121}$$

式中，$d_{mH}(m_i)(i=1,\ 2,\ \cdots,\ M)$ 的表达式见式(4-22)。

由于 Huber 函数实质为由 L_2-范数和 L_1-范数组成的分段函数，因此在推导模型约束函数 $\tau_{gH}(\boldsymbol{m})$[式(4-45)]的梯度 $\boldsymbol{J}^{gH}(\boldsymbol{m})$ 时，可结合 Huber 函数的导数 $\dfrac{\delta\rho_H}{\delta x}$ 式(4-22)的表达式以及 $\boldsymbol{J}^{g1}(\boldsymbol{m})$ 式(4-107)和 $\boldsymbol{J}^{g2}(\boldsymbol{m})$ 式(4-116)的表达式，将 $\boldsymbol{J}^{gH}(\boldsymbol{m})$ 写为以下分段形式

$$
J^{gH}(m)=\begin{cases} R^{T}Rm/\varepsilon & |m_i-m_j|\leqslant\varepsilon \\ Hu_m^{+} & (m_i-m_j)>\varepsilon \\ -Hu_m^{+} & (m_i-m_j)<-\varepsilon \end{cases} \tag{4-122}
$$

式中，Hu_m^{+} 为 M 维向量，可写为 $Hu_m^{+}=[1, 0, \cdots, 0, -1]^{T}$。

首先对模型约束函数 $\tau_{mH}(m)$ 的效果进行分析。反演时给定 $\varepsilon=10^{-3}$，通过前面的几种模型约束函数的实验，可知当正则化参数λ_m 太小时，反演结果几乎不随λ_m的增大而变化，即$\lambda_m=10^{-4}$的反演结果与$\lambda_m=10^{-2}$的反演结果几乎相同，因此下面的反演试验中，λ_m 分别取 10^{-2}、10^{-1}、1 和 2 进行试算，二维密度界面模型 a 和 b 的试验结果分别如图 4-35 和图 4-36 所示。

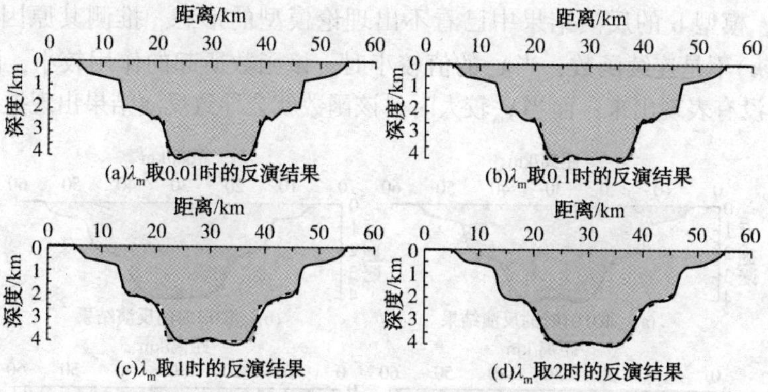

图 4-35　基于 Huber 范数的模型向量约束下不同 λ_m 时

二维密度界面模型 a 的反演结果

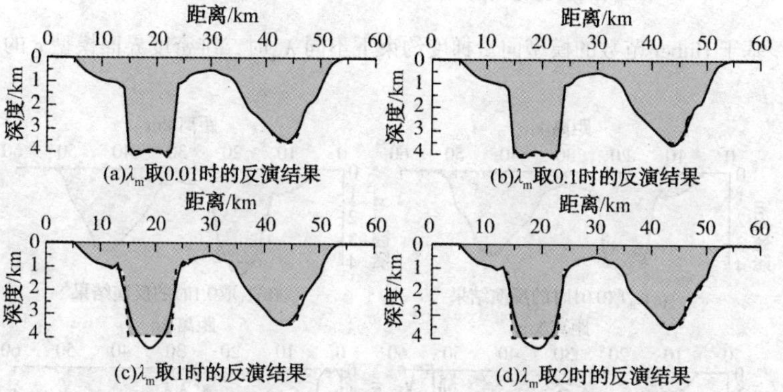

图 4-36　基于 Huber 范数的模型向量约束下不同 λ_m 时

二维密度界面模型 b 的反演结果

以上两个二维模型的反演结果具有相同的特点，即反演结果均表现为坳陷形态，但当$\lambda_m\leqslant 0.1$ 时，反演结果较为相似，并且整体与理论模型稍吻合；而当

$\lambda_m \geqslant 1$时，反演结果也较为接近，并且整体更为光滑，与理论模型差别较大。另外，通过与其他约束函数的反演结果对比可以发现，基于 Huber 范数的模型向量 $\boldsymbol{m}$ 的函数作为约束的反演结果与基于 L_2-范数意义下的模型向量 $\boldsymbol{m}$ 的函数作为约束的反演结果十分接近，说明基于 Huber 范数对模型向量 $\boldsymbol{m}$ 进行约束时，其效果等同于 L_2-范数。

下面对模型约束函数$\tau_{gH}(\boldsymbol{m})$的效果进行分析。与上述相同，反演时令 $\varepsilon=10^{-3}$，λ_m分别取 10^{-2}、10^{-1}、1 和 2 进行试算，得到二维密度界面模型 a 和 b 的试验结果如图 4-37 和图 4-38 所示。这两个模型的反演结果也有一个共同的特点，即当λ_m较小时，反演结果为坳陷型界面，而当$\lambda_m \geqslant 1$ 时，反演结果出现明显的振荡现象，并且随着λ_m取值的增大，这种振荡现象更为明显，与理论模型差别十分大，尤其当$\lambda_m=2$ 时，模型 b 的反演结果中已看不出理论模型的形态。推测其原因是式(4-122)$\boldsymbol{J}^{gH}(\boldsymbol{m})$不是连续函数，当$\lambda_m$的值较小时，该函数所起的作用较小，因此在反演结果中没有表现出来；而当λ_m较大时，该函数就会导致反演结果出现振荡。

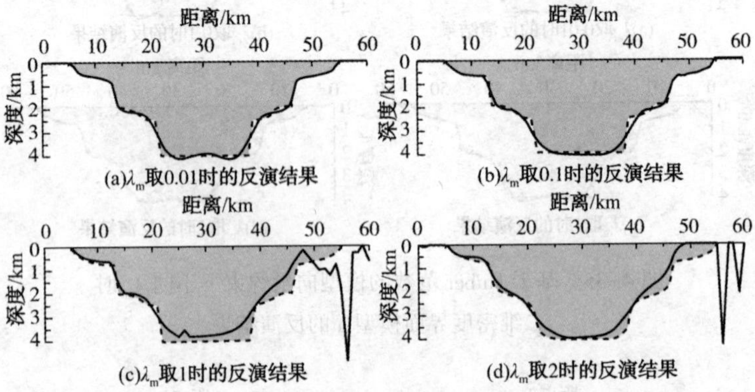

图 4-37　基于 Huber 范数的模型向量梯度约束下不同 λ_m时二维密度界面模型 a 的反演结果

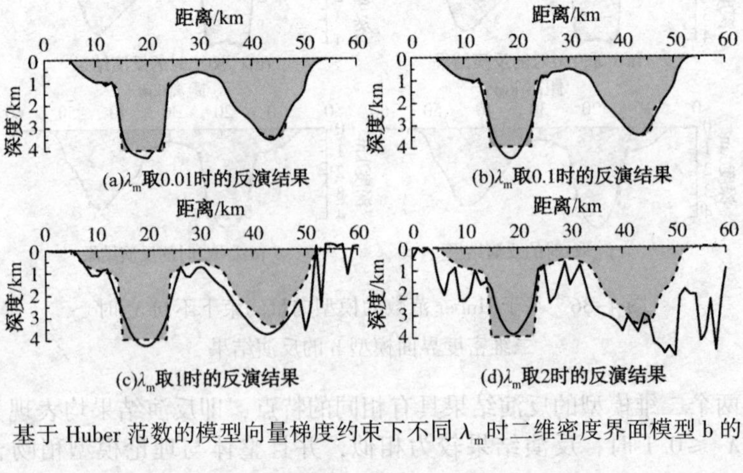

图 4-38　基于 Huber 范数的模型向量梯度约束下不同 λ_m时二维密度界面模型 b 的反演结果

在利用约束函数 $\tau_{gH}(\boldsymbol{m})$ 反演时，增大 ε 的值进行试验，当 $\varepsilon=1$ 时，反演结果稳定，形态与 L_2-范数约束下模型梯度约束的效果相似，其原因是当 ε 较大时，Huber 范数的形式接近 L_2-范数，其为稳定的约束函数。可见 Huber 范数并不适用于密度界面反演，鉴于以上反演效果，这里不再对 Huber 范数应用于三维密度界面的反演效果进行测试。

5. 基于 *Ekblom* 范数的模型约束

在本章第二节中计算基于 L_1-范数的模型约束函数的梯度时，将对应的模型约束函数进行近似，而该近似式实质为 Ekblom 范数模型约束函数的特殊情形。因此，对于基于 Ekblom 范数建立的模型约束函数 $\tau_{mE}(\boldsymbol{m})$［式(4-44)］和 $\tau_{gE}(\boldsymbol{m})$［式(4-45)］。

模型约束函数 $\tau_{mE}(\boldsymbol{m})$ 的梯度 $\boldsymbol{J}^{mE}(\boldsymbol{m})$ 可写为

$$\boldsymbol{J}^{mE}(\boldsymbol{m})=[pm_1(m_1^2+\varepsilon^2)^{p/2-1},\ pm_2(m_2^2+\varepsilon^2)^{p/2-1},\ \cdots,\ pm_M(m_M^2+\varepsilon^2)^{p/2-1}]^T \tag{4-123}$$

模型约束函数 $\tau_{gE}(\boldsymbol{m})$ 的梯度 $\boldsymbol{J}^{gE}(\boldsymbol{m})$ 可写为：

$$\boldsymbol{J}^{gE}(\boldsymbol{m})=\boldsymbol{R}^T\boldsymbol{q}_E \tag{4-124}$$

式中，$\boldsymbol{R}$ 为一阶差分拉普拉斯算子，其表达式可参考式(4-109)得到；$\boldsymbol{q}_E$ 为一个 $L\times1$ 型向量。一般情形下，$\boldsymbol{q}_E(L\times1)$ 的第 l 个元素由下式给出：

$$\boldsymbol{q}_E\equiv\{q_{El}\}=p(m_i-m_j)[(m_i-m_j)^2+\varepsilon^2]^{p/2-1} \tag{4-125}$$

可以看出，令 $p=1$、$\varepsilon^2=\mu$，则式(4-124)与式(4-107)相同；令 $p=2$，则式(4-124)与式(4-116)相同。再次证明上文分别基于 L_1-范数和 L_2-范数建立的模型函数均是 Ekblom 范数模型约束函数的特殊情形。

下面对模型约束函数 $\tau_{mE}(\boldsymbol{m})$ 的效果进行分析。由于 p 取 1 和 2 时相当于 L_1-范数和 L_2-范数，当 p 取值较大时，Ekblom 范数相当于无穷范数，而 L_1-范数和 L_2-范数的应用效果已在上文进行测试，因此在反演时尽量给 p 取较大的值以检验无穷范数约束函数的效果。在取 $p=10$ 进行反演时，迭代不收敛，因此在反演试算时令 $p=5$、$\varepsilon=10^{-3}$ 进行试算，图 4-39 和图 4-40 分别为密度界面模型 a 和 b 的反演结果。

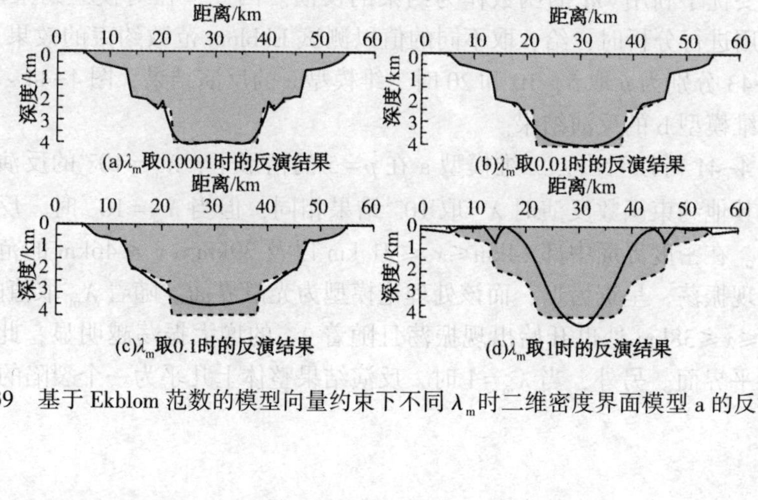

图 4-39　基于 Ekblom 范数的模型向量约束下不同 λ_m 时二维密度界面模型 a 的反演结果

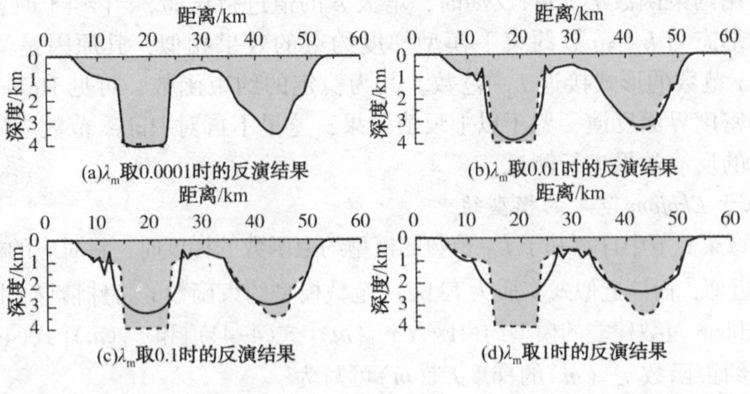

图 4-40　基于 Ekblom 范数的模型向量约束下不同 λ_m 时二维密度界面模型 b 的反演结果

对二维密度界面模型 a 反演时，λ_m 分别取 10^{-4}、10^{-2}、10^{-1} 和 1 进行试算。可以看出，当 λ_m 较小时，反演结果为坳陷形态，整体反映出了理论模型的变化趋势；当 $\lambda_m=10^{-1}$时，反演结果为一个完全光滑的界面，尤其在深度较大的位置上，两侧“断裂”的位置完全没有反映出来；当 $\lambda_m=1$ 时，反演结果为一个非常光滑的坳陷形态，而两侧较浅的位置上出现非光滑的结果。当 λ_m 取值大于 1 时，反演迭代不收敛。

在对二维密度界面模型 b 反演时，λ_m 分别取10^{-4}、10^{-2}、10^{-1}和 0.5 进行试算。当 $\lambda_m=10^{-4}$时，反演结果基本与理论模型十分接近，对于左侧的裂陷和右侧的坳陷都有较好的反映，只是在左侧的反演结果稍显光滑。从 $\lambda_m=10^{-2}$开始，反演结果与理论模型差别较大，并且呈明显的坳陷形态，随着 λ_m 的增大，反演结果越趋于光滑，得到密度界面也越浅，与理论模型的差别越大。当 λ_m 取值大于 0.5 时，反演迭代不收敛。

通过之前的模型测试可以发现，利用$\nabla \boldsymbol{m}$ 的函数作为约束进行反演时，迭代的稳定性要优于利用$\nabla \boldsymbol{m}$ 的函数作为约束的反演。因此，在对模型约束函数 $\tau_{gE}(\boldsymbol{m})$的作用进行分析时，给 p 取不同的值以测试 Ekblom 范数约束的效果。图 4-41～图 4-43 分别为 p 取 5，10 和 20 时二维模型 a 的反演结果，图 4-44～图 4-46 分别为二维模型 b 的反演结果。

由图 4-41 可以看出，二维模型 a 在 $p=5$ 的情形下，$\lambda_m=10^{-4}$的反演结果与上文利用其他约束函数反演时 λ_m 取 10^{-4}结果相同，但当 $\lambda_m=10^{-2}$时，反演结果发生变化。在密度界面中部 14km≤x ≤21 km 以及 39km≤x ≤46km 的范围内反演结果出现振荡，呈锯齿形，而该处理论模型为光滑界面。随着 λ_m 取值的增大，在 22 km≤x≤38km 处也开始出现振荡且随着 λ_m 的增大振荡越明显，此处理论模型为水平界面。另外，当 $\lambda_m=1$ 时，反演结果整体上几乎为一个裂陷的特征。

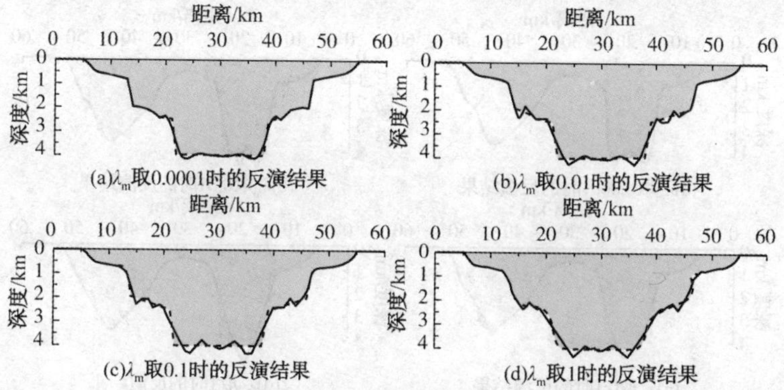

图 4-41　$p=5$ 时基于 Ekblom 范数的模型梯度向量约束下二维密度界面模型 a 的反演结果

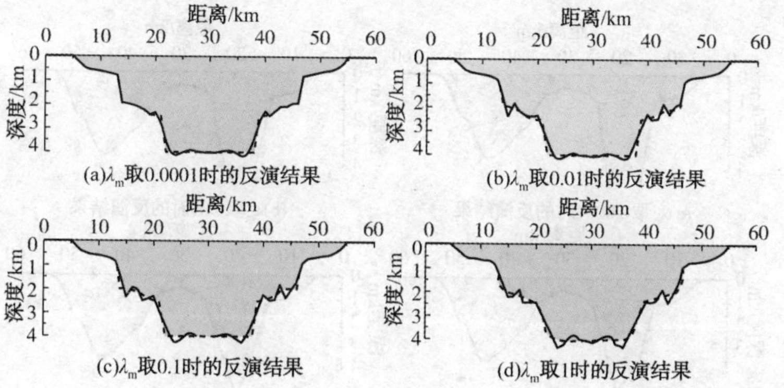

图 4-42　$p=10$ 时基于 Ekblom 范数的模型梯度向量约束下二维密度界面模型 a 的反演结果

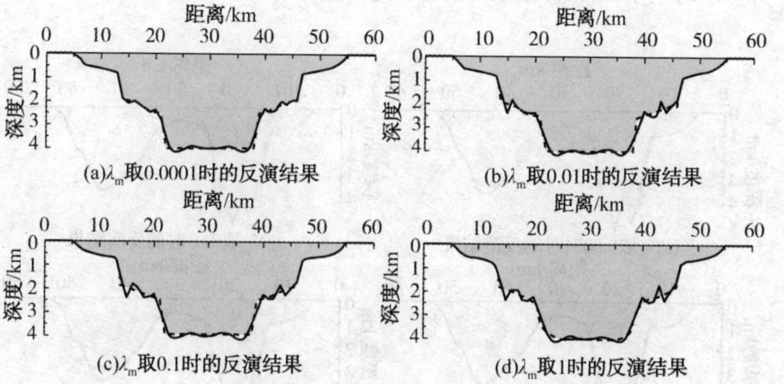

图 4-43　$p=20$ 时基于 Ekblom 范数的模型梯度向量约束下二维密度界面模型 a 的反演结果

当 $p=10$ 时，二维模型 a 的反演结果(图 4-42)与 $p=5$ 时的结果很相似，只是在其振荡的位置处，振荡的幅值略有不同。$p=20$ 时的反演结果(图 4-43)与 p 取 5

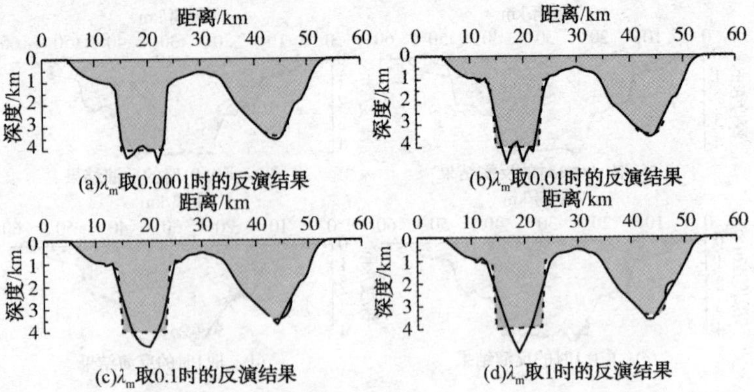

图 4-44　$p=5$ 时基于 Ekblom 范数的模型梯度向量约束下二维密度界面模型 b 的反演结果

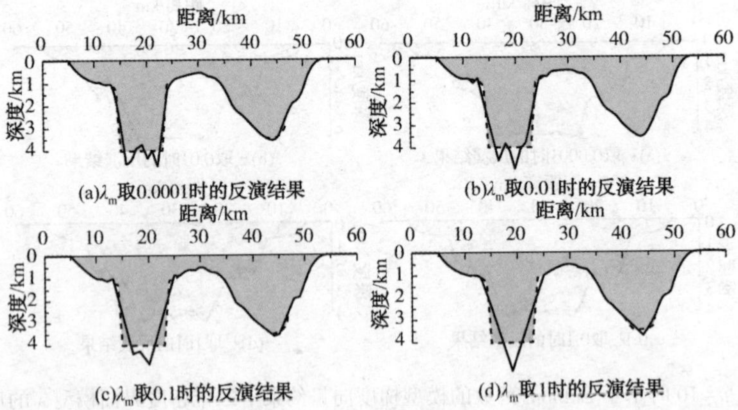

图 4-45　$p=10$ 时基于 Ekblom 范数的模型梯度向量约束下二维密度界面模型 b 的反演结果

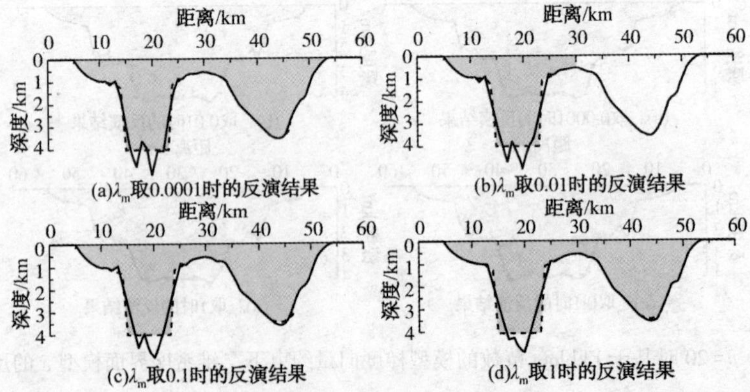

图 4-46　$p=20$ 时基于 Ekblom 范数的模型梯度向量约束下二维密度界面模型 b 的反演结果

和 10 的反演结果特征不同，区别在于模型最深的位置上反演结果呈现坳陷形态。

$p=5$ 时二维模型 b 的反演结果如图 4-44 所示。可以看出，当 $\lambda_m=10^{-4}$ 时，反演结果整体与理论模型较为接近，仅在左侧裂陷的底部出现振荡。当 $\lambda_m=10^{-2}$ 时，左侧裂陷底部的振荡现象更为明显，并且向中部靠拢，右侧坳陷的底部也逐渐呈现非光滑的趋势。$\lambda_m=10^{-1}$ 时，反演结果在裂陷和坳陷的位置上均表现为较窄的锯齿状裂陷。随着 λ_m 进一步增大，这种锯齿状裂陷的特征更加明显。

当 $p=10$ 时，反演结果(图 4-45)与 $p=5$ 时的结果很相似，仅在左侧裂陷底部稍有不同。$p=20$ 时的反演结果(图 4-46)与 p 取 5 和 10 的反演结果特征略有不同，其在模型右侧的坳陷位置吻合较好。另外，当 $p=20$ 时，给定 $\lambda_m=1$ 时反演不能收敛，因此在图 4-46 中显示了 $\lambda_m=0.5$ 的反演结果。

当 p 取值较大时，Ekblom 范数相当于无穷范数。从应用效果来看，基于 Ekblom 范数模型向量梯度 $\nabla \boldsymbol{m}$ 约束函数 $\tau_{gE}(\boldsymbol{m})$ 的效果要优于模型向量 m 约束函数 $\tau_{mE}(\boldsymbol{m})$ 的效果，但反演结果更多的表现为一种呈锯齿状的非光滑形态。然而 Ekblom 范数是一种较为通用的形式，其优点是能方便的选择范数的形式进行计算，另外当实际的密度界面呈较窄的裂陷形式时，可给 p 取值较大，利用函数 $\tau_{gE}(\boldsymbol{m})$ 作为模型约束能得到较好的结果。

为进一步研究 Ekblom 范数在密度界面反演中的适用性和应用效果，将 Ekblom 范数意义下模型向量梯度 $\nabla \boldsymbol{m}$ 的函数 $\tau_{gE}(\boldsymbol{m})$ 作为模型约束函数，令 $\varepsilon=10^{-3}$、$p=10$、$\lambda_m=1$，对图 4-12 所示的两个三维密度界面模型进行试算，迭代收敛条件与上文相同，两个模型的反演结果如图 4-47 所示。

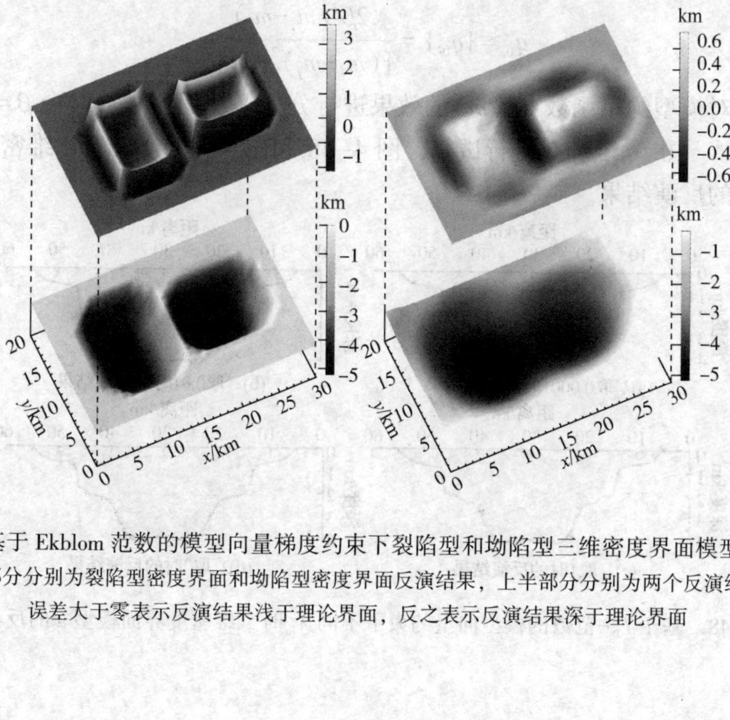

图 4-47　基于 Ekblom 范数的模型向量梯度约束下裂陷型和坳陷型三维密度界面模型反演结果

图中，下半部分分别为裂陷型密度界面和坳陷型密度界面反演结果，上半部分分别为两个反演结果的误差，误差大于零表示反演结果浅于理论界面，反之表示反演结果深于理论界面由图 4-47 可以看出，利用 Ekblom 范数约束的反演结果与二维模型试算结果的特征类似，表现为窄的裂陷形式，与二维反演的区别仅在于裂陷最深的位置处，三维反演结果，略显光滑。因此裂陷密度型密度界面的反演结果在裂陷的边部出现较大的误差，最大可达 3 km。而对于坳陷型密度界面，Ekblom 范数反演结果亦呈窄的裂陷形式，但其误差较小，最大误差出现在左侧坳陷的底部，约为 0.6 km。与裂陷型密度界面相比，反演结果整体与理论模型较为吻合，均方差为 0.214 km，平均误差 0.142 km，最大误差 0.667 km。与该反演结果相比，Ekblom 范数约束的坳陷型密度界面反演结果的误差与 L_1-范数约束下反演结果误差相当。

可见，Ekblom 范数意义下的模型向量的梯度约束函数可应用于窄的裂陷型密度界面的反演，但以上的两个模型的应用效果并不理想，其原因是除模型约束项之外，反演过程更多的是拟合观测数据的过程，而以上两个模型的理论重力异常与窄的裂陷型密度界面引起的重力异常有一定的差别。

6. 基于 L_0-范数的模型约束

对于模型约束函数 $\boldsymbol{\tau}_{m0}(\boldsymbol{m})$［式(4-48)］，其梯度$\boldsymbol{J}^{m0}(\boldsymbol{m})$可写为以下形式：

$$\boldsymbol{J}^{m0}(\boldsymbol{m})=\left[\frac{2\beta^2 m_1}{(m_1^2+\beta^2)^2},\ \frac{2\beta^2 m_2}{(m_2^2+\beta^2)^2},\ \cdots,\ \frac{2\beta^2 m_M}{(m_M^2+\beta^2)^2}\right]^T \tag{4-126}$$

关于模型约束函数 $\boldsymbol{\tau}_{g0}(\boldsymbol{m})$［式(4-49)］的梯度$\boldsymbol{J}^{g0}(\boldsymbol{m})$表达式的推导可参考上文内容进行，这里直接给出计算公式：

$$\boldsymbol{J}^{g0}(\boldsymbol{m})=\boldsymbol{R}^T\boldsymbol{q}_0 \tag{4-127}$$

其中 $\boldsymbol{R}$ 的定义同上，$\boldsymbol{q}_0$ 是 $L\times1$ 型向量，其第 l 个元素由下式给出：

$$\boldsymbol{q}_0\equiv\{q_{0l}\}=\frac{2\beta^2(m_i-m_j)}{[(m_i-m_j)^2+\beta^2]^2} \tag{4-128}$$

下面对模型约束函数 $\boldsymbol{\tau}_{m0}(\boldsymbol{m})$的效果进行分析。在反演试算时令 $\beta=10^{-1}$，$\boldsymbol{\lambda}_{\mathrm{m}}$ 分别取10^{-4}、10^{-2}、1 和 2 进行试算，图 4-48 和图 4-49 分别为二维密度界面模型 a 和 b 的反演结果。

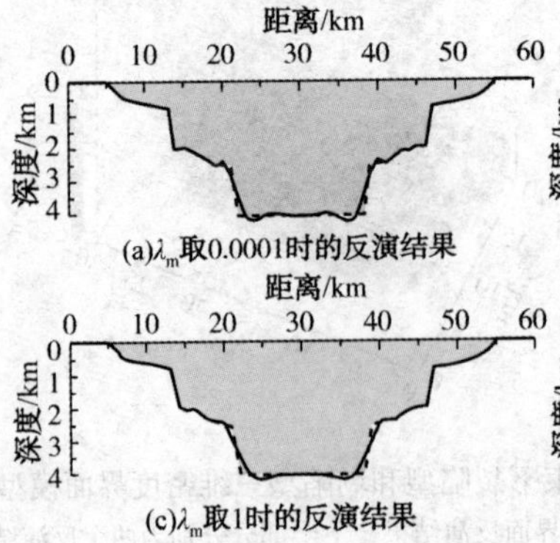

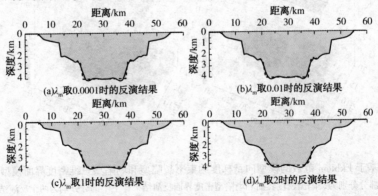

图 4-48　基于 L_0-范数的模型向量约束下不同 λ_{m} 时二维密度界面模型 a 的反演结果

由图 4-48 可以看出，当 λ_m 取 10^{-4}和 10^{-2}时，二维密度界面模型 a 的反演结果几乎一致，整体与理论模型基本一致，但在密度界面深度较大的位置上反演结果总体呈现坳陷形态。当 $\lambda_m=1$ 时，反演结果稍显光滑。$\lambda_m=2$ 时，反演结果呈现更为光滑的形态。

二维密度界面模型 b 的反演结果(图 4-49)的特征与模型 a 的特征相同。与其他范数意义下的模型约束反演结果对比可以看出，基于 L_0-范数的模型向量约束反演效果与 L_2-范数的模型向量约束效果几乎一致，其结果也为坳陷形态，并且较为稳定，但迭代收敛速度较慢。例如对于模型 b，$\lambda_m=1$ 时 L_2-范数仅需 53 次迭代即可收敛，而 L_0-范数的迭代次数为 200 次。

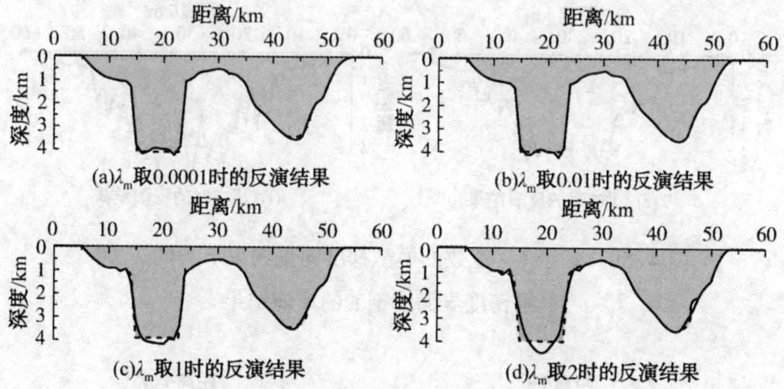

图 4-49　基于 L_0-范数的模型向量约束下不同 λ_m时二维密度界面模型 b 的反演结果

令 $\beta=10^{-1}$，λ_m 取 10^{-4}、10^{-2}、10^{-1}、1、2 和 5，利用函数 $\tau_{g0}(m)$ 作为模型约束函数对模型 a 和模型 b 进行反演，结果如图 4-50 和图 4-51 所示。

当 λ_m 取 10^{-4}时，模型 a 的反演结果(图 4-50)为一个接近理论模型的坳陷界面。λ_m 取10^{-2}时，反演结果为一裂陷界面，形态与理论模型吻合较好，但在密度界面中部 14 km $\leqslant x \leqslant$21 km 和 39 km $\leqslant x \leqslant$ 46 km 的位置，理论模型为坳陷型界面，但反演结果表现为阶梯状下降的裂陷形态。相同条件下，L_1-范数约束的反演结果也为裂陷型界面，但通过对比可以看出，L_0-范数的裂陷特征更明显。当 $\lambda_m=10^{-1}$时，反演结果也为裂陷型界面，但结果出现轻微的振荡。随着 λ_m 取值增大，反演结果的振荡现象更加明显。

模型 b 反演结果(图 4-51)的特征与模型 a 的结果类似。λ_m 取10^{-2}时，反演结果为一非光滑界面，形态与理论模型吻合较好，但在密度界面右侧 35km$\leqslant x \leqslant$ 50km 的位置上，理论模型为光滑界面，但反演结果表现为阶梯状下降的非光滑形态，与理论模型有一定的差别。当 λ_m 为10^{-1}和 1 时，反演结果中右侧坳陷处为更明显的阶梯状，且左侧裂陷处反演结果也有些差别。当 λ_m 为 2 和 5 时，反演结果出现明显的振荡现象。

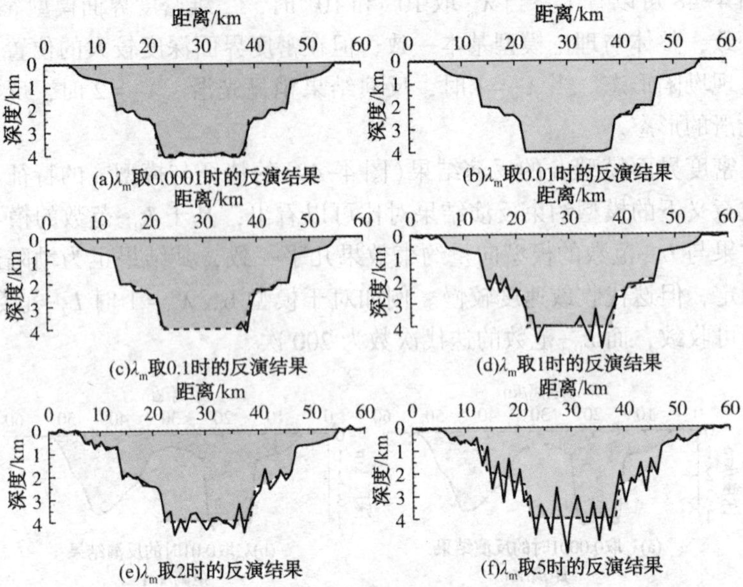

图 4-50　基于 L_0-范数的模型梯度向量约束下不同 λ_m 时

二维密度界面模型 a 的反演结果

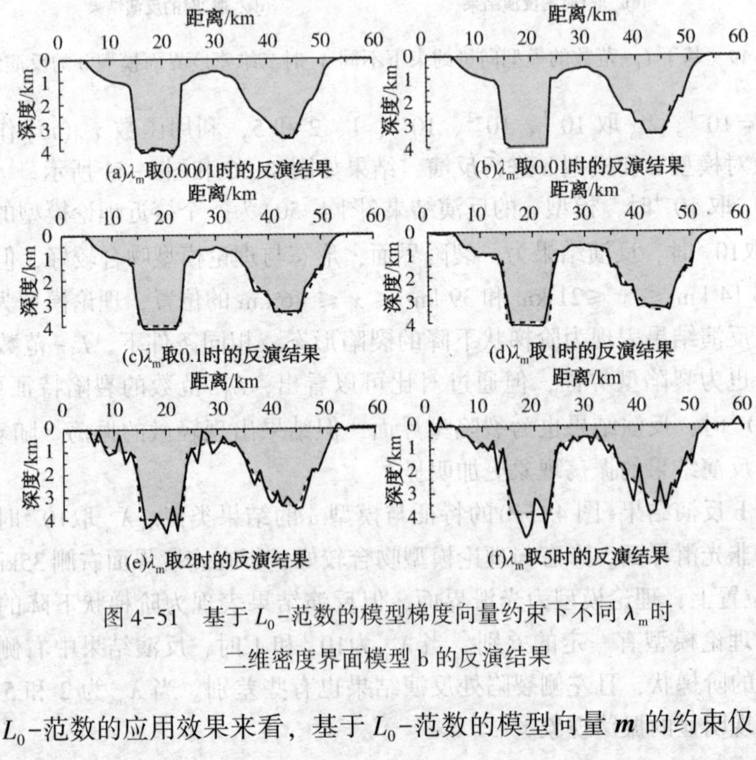

图 4-51　基于 L_0-范数的模型梯度向量约束下不同 λ_m 时

二维密度界面模型 b 的反演结果

从 L_0-范数的应用效果来看，基于 L_0-范数的模型向量 $\boldsymbol{m}$ 的约束仅能反演坳陷型密度界面，而基于 L_0-范数的模型向量梯度 $\nabla \boldsymbol{m}$ 的约束可反演裂陷型密度界面，且其结果比 L_1-范数约束下的结果的裂陷形态更明显，为“完全”非光滑形态。但当 $\lambda_m \geqslant 1$ 时，L_0-范数反演结果不稳定，在实际应用中需要注意。

为研究 L_0-范数在三维密度界面反演中的适用性和应用效果，将 L_0-范数意义下模型向量梯度 $\nabla \boldsymbol{m}$ 的函数 $\tau_{g0}(\boldsymbol{m})$ 作为模型约束函数，令 $\beta = 10^{-1}$、$\lambda_m = 10^{-2}$，对图 4-12 所示的两个三维密度界面模型进行试算，迭代收敛条件与上文相同，两个模型的反演结果如图 4-52 所示。可以看出，对于裂陷型三维密度界面，利用 L_0-范数约束的反演结果呈现更为清晰的窄的裂陷形式(图 4-52 上半部分的误差图明显的反映出了这一特征)，其比 Ekblom 范数得到的裂陷更窄，但反演结果出现轻微的振荡。另外，在二维情形下，应用 L_0-范数意义下的函数作为约束反演时，结果多表现为断阶状裂陷，而三维反演结果为窄裂陷，显然，二维和三维的反演效果相差较大，这是与其他几种约束函数不相同之处。而对于坳陷型密度界面，反演结果为坳陷形式，其与 L_2-范数约束下的反演结果形态相似，但其误差稍大，均方差为 0.193 km，平均误差 0.126 km，最大误差 0.639 km。可见，利用 L_0-范数意义下的模型约束函数亦可反演坳陷型密度界面，但其准确性不如 L_2-范数。

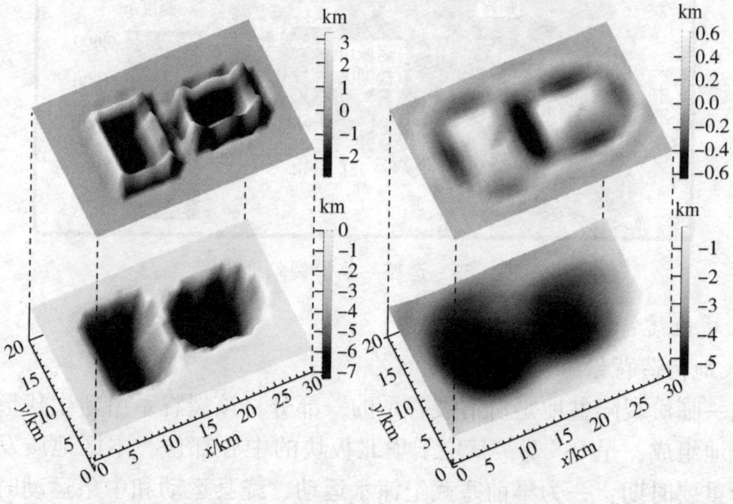

图 4-52　基于 L_0-范数的模型向量梯度约束下裂陷型和坳陷型三维密度界面模型反演结果

图中，下半部分分别为裂陷型密度界面和坳陷型密度界面反演结果，
上半部分分别为两个反演结果的误差，误差大于零表示反演结果浅于理论界面，
反之表示反演结果深于理论界面

第四节　正则化反演方法应用实例

不同的模型约束函数应用于界面反演时，其效果不同。这里以 L_1-范数意义下模型向量梯度的约束函数(即全变差函数)的应用为例，选取山西省运城—临汾裂陷盆地部分重力数据进行研究，以说明正则化反演方法的实际应用效果。

运城—临汾裂陷盆地位于山西省南部，是新生代形成的裂陷盆地，其南东侧为中条山，北西侧为吕梁山南端(图 4-53)。与盆地平原相比，山体高差一般在千米以上。盆地内新生界厚度一般为 1~3km，最厚可达 5km 以上。

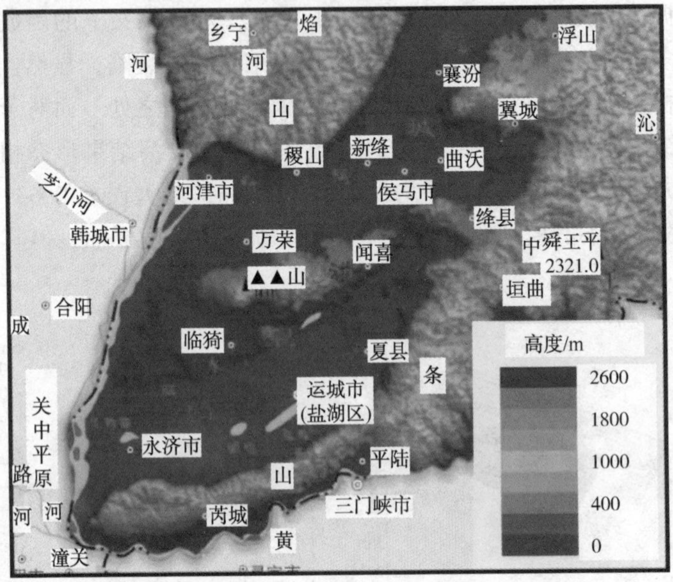

图 4-53　运城—临汾裂陷地貌图

1. 区域地质特征

1) 大地构造背景

运城—临汾裂陷盆地是汾渭裂谷系的一部分，该裂谷系由新生代形成的一系列断陷盆地组成，呈“S”型，其位于华北板块的中心部位。本区地质发展主要经历了三个重要时期：一为早前寒武纪涑水运动、绛县运动和中条运动时期，它们大体可同阜平运动、五台运动和吕梁运动时期相对应，属壳幔分异、克拉通化、并形成地台的时期；二为中生代燕山运动时期，它是中条古裂谷抬升、沁水构造盆地的形成以及吕梁构造带南段的形成时期；三是新生代喜山运动，是形成运城—临汾裂陷的新构造运动时期。这三期构造运动，第一期为板块形成时期，后两期则为板内构造运动时期，它们都受到岩石圈和软流圈结构及其流变性运动的控制。

(1) 前寒武纪构造演化。

根据刑集善等的研究，在前寒武纪，运城—临汾地区演化为两个构造单元，研究区北部为临汾古陆，南部为中条三叉古裂谷。临汾古陆可进一步分为东西两块，东为沁水微地块，其沉积盖层巨厚；西为晋西南微地块，部分出露太古界涑水杂岩，变质程度达角闪岩相(图 4-54)。

中条三叉古裂谷在早元古代绛县一中条期为一裂陷海槽，而在克拉通化后，于中晚元古代又发展成为三叉裂谷，后其北支消亡，东西支开裂，并在此基础上形成大陆边缘构造活动带。其形成机制可解释为地幔热柱长期活动的结果。

(2) 中生代构造演化。

中条运动(大致相当于吕梁运动时期)之后直至侏罗纪中、晚期，运城—临汾地区甚至整个山西省基本上处于构造运动比较宁静的时期，主要表现为大规模区域升降运动，沉积间断，造成上元古界震旦系与寒武系、中奥陶统与中石炭统以及三叠系与中、下侏罗统之间的三次平行不整合接触关系。

中生代初期，中国大陆块拼合形成后，库拉—太平洋板块向中国大陆的俯冲对其东部构造影响最大。库拉—太平洋板块大约形成于印支晚期—燕山早期，其初始俯冲使华北东部抬升，造成三叠系延长统之后的侏罗纪—早白垩世沉积收缩于吕梁以西的鄂尔多斯盆地。至燕山晚期，该大洋板块的俯冲角度变陡、速度减慢，于是出现反向影响，结束了这一挤压过程。对于运城—临汾地区，上述板内挤压过程所形成的中生代构造特征如图 4-55 所示。

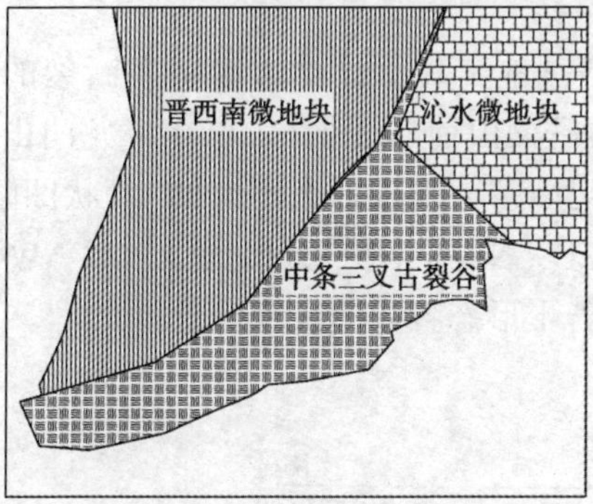

图 4-54　运城—临汾地区前寒武纪古构造示意图(据刑集善等资料改编)

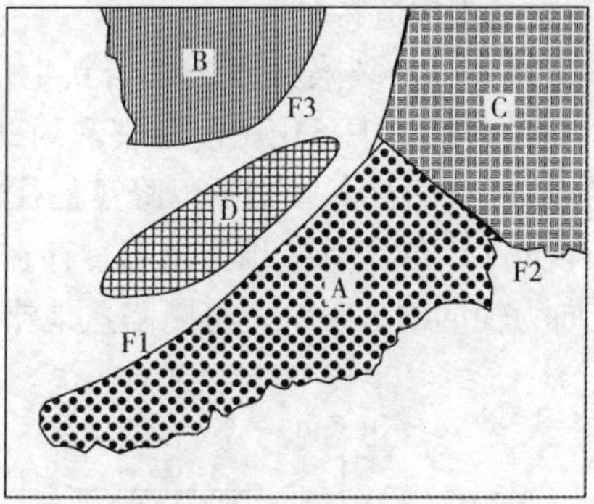

图 4-55　运城—临汾地区中生代古构造示意图(据刑集善等资料改编)

A—中条古裂谷；B—鄂尔多斯构造盆地；
C—沁水构造盆地；D—万荣-侯马构造带；
F1—中条断裂；F2—横河断裂；
F3—罗云山-龙门山断裂

当大洋板块俯冲引起形成挤压应力场，使“沁水”成为平缓的复向斜构造盆地，同时，作为一个较稳定的岩石圈，沁水“硬块”整体缓慢向西移动，当其与鄂尔多斯大“硬块”挤压时，二者交界处隆升成吕梁构造带之南段，并且受洪洞—襄垣东西构造带之左旋剪切活动的影响，该段亦呈向西凸的弧形构造。中生代运城—临汾构造区包括主体部分和西北部分。主体部分包括以垣曲为中心的三角地区，该区为早元古代裂陷槽，中晚元古代发展成三叉裂陷，形成机制可能为地幔热柱活动。推测其中生代地幔残余热柱仍存在，并与中地壳低速层联通，因而当太平洋板块俯冲引起构造活动时，便形成了以垣曲为中心的特殊三叉构造体出露前寒武纪变质岩系，表现为以舜王坪为核心抬升约 4000m。而西北部分(中条山至稷王山一带)，则位于地幔热柱边缘，当此“软块”向西挤压而遇阻于鄂尔多斯“硬块”南缘时，便形成了北东—北东东向的中条和万荣—侯马构造带及其伴生的罗云山—龙门山推覆断裂带。

(3) 新生代构造演化。

燕山晚期—喜山期，由于太平洋板块俯冲回卷和地幔上拱，中国东部形成引张应力场，于是，沁水“硬块”和燕山“硬块”便向东“反弹”，通过岩石圈内的中地壳低速滑脱层作用，使上地壳在燕山和沁水两“硬块”的西侧张裂，开始形成山西裂谷系。刑集善等主张这种被动机制论，即太平洋板块俯冲运动变化而造成的引张应力场是山西裂谷系形成的重要因素，因此裂谷中各断陷盆地皆表现为由边缘铲式大断裂控制的单边箕状凹陷或其组合。这些边缘铲式断裂还往往沿着原中生代推覆断裂带而反向发展，故裂谷中之断陷盆地可在隆起构造顶部形成，也可在向斜盆地内形成。

2) 基本构造特征

运城—临汾裂陷盆地是一个新生代断陷盆地，其明显受边缘铲式断裂的控制，如东南部的中条山山前断裂和西北部的吕梁山前断裂带(罗云山—龙门山断裂带)。这些边缘断裂带的下降盘往往构成“箕底”，形成形态不一的“箕状凹陷”(图 4-56)。在“箕状凹陷”内部，存在以 NEE、NE 及 NNE 方向为主、以 NW 及 EW 向为辅的断裂系统，将断陷盆地错断成若干形态各异的次级构造单元。

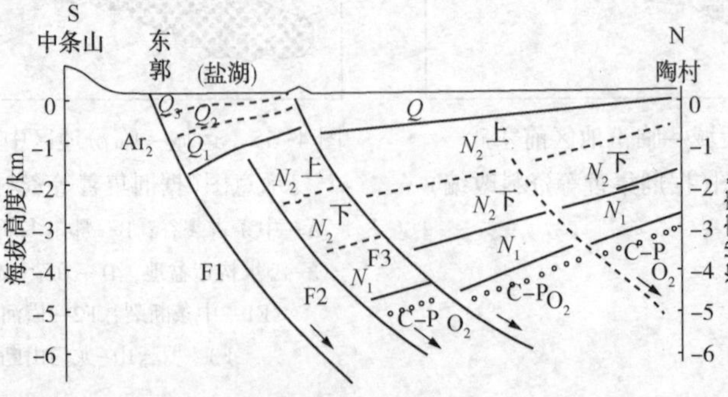

图 4-56 运城盐湖地震剖面图(据邢作云等)

从构造分区来看，运城—临汾地区具有“南北三分”的特征。峨帽台地将研究区分割为运城、稷山—侯马两个次级断陷盆地，以断层为界，形成凹隆相间的构造格局。需要注意的是，本书中提到的运城—临汾地区并没有包括整个运城—临汾裂陷，所以研究区内三个次级构造单元，整个运城—临汾裂陷还应包括塔儿山凸起和临汾断陷盆地。

从新生界和第四系地层的沉陷厚度来看，运城—临汾地区其总规律为运城一带最厚，侯马—稷山较薄。具体特征是：运城盆地沉积中心在南部运城—临猗一带，新生界厚度可达5000m左右，夏县—闻喜一带新生界厚度减小，绛县一带新生界更薄；稷山—侯断陷呈箕状凹陷形态，稷山以北新生界最厚，可达1500m左右，其次为河津及侯马一带，约1000m；峨帽台地中间寒武—奥陶系和古老变质岩系广为出露，仅在边缘地区有200~300m的第四系沉积厚度。

从形成时代来看，南北差异明显。以峨嵋台地为界，南部运城盆地与渭河盆地类似，断陷时代大致由渐新世(E_3)开始至今；而北部的侯马、临汾一带，断陷时代由上新世至今，两者差异显著。

2. 地球物理特征

1）密度特征

运城—临汾地区地层密度来自山西省地球物理化学勘查院，具体特征如表4-3所示。

表4-3 运城—临汾地区地层密度表

界	系、群	标本数量	密度值/($\times10^3$kg/m^3)	
			变化范围	平均值
新生界	第四系	42	1.5~1.91	1.67
	上第三系	34	1.64~2.08	1.87
	下第三系	79	1.88~2.63	2.41
中生界	三叠系	40	2.35~2.7	2.55
古生界	二叠系	62	2.44~2.68	2.6
	石炭系	96	1.9~2.77	2.44
	奥陶系	50	2.53~2.83	2.72
	寒武系	87	2.52~2.83	2.67
上元古界	震旦系	—	—	—
	蓟县系	38	2.7~2.87	2.82
	长城系	200	2.4~2.8	2.66
下元古界	中条超群	570	2.47~2.9	2.68
上太古界	下绛县群	352	2.54~2.96	2.7
中太古界	涑水群	591	2.41~3.01	2.65

需要注意的是，运城—临汾地区缺失中生界，下第三系和古生界很薄且局部地区缺失，故运城—临汾地区的重力异常主要反映了第四系底界面、新生界底界面及莫霍面的起伏变化。

2）重力场特征

运城—临汾地区布格重力异常（图 4-57）总体为东西两边高，中间低，异常整体走向为 NE—NNE 向，反映了新生代山西裂谷系东西开裂的特征。区域中部沿永济市—运城市—绛县—翼城县一带有一条明显的规模巨大的重力异常梯级带，该梯级带是中条山断裂带的反映，对研究区重力场的变化起着决定性的控制作用。研究区西北部，以稷山县以北至襄汾县以西一带为界，两侧重力场特征明显不同。据此，可把研究区划分为东中西三大区。

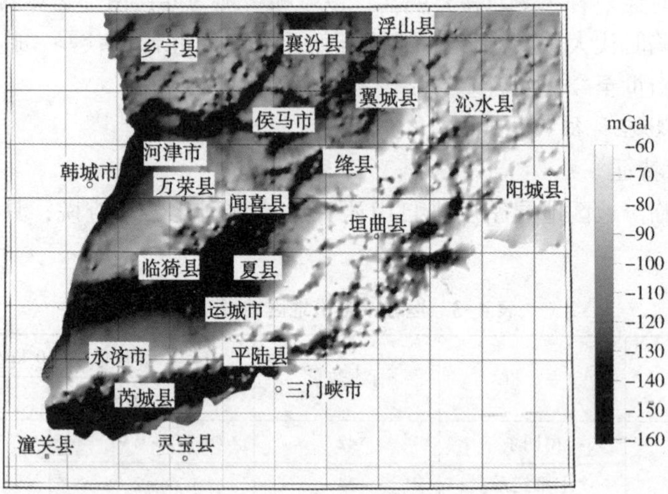

图 4-57　运城—临汾地区布格重力异常图

东部：区域重力异常的走向呈 NE—NNE 向，按照异常的形态又可划分为南、中、北三部分。南部芮城县—平陆县一带主要表现为南北两侧为梯级带、中间异常平缓的特征；中间平陆县—垣曲县—阳城县一带为研究区相对重力值最高区，局部异常形态复杂；北部沁水县一带为平缓的重力异常，显示了沉积盆地的特征。

中部：重力异常整体表现为 NE 向的相对重力低，这种特征是运城—临汾裂陷盆地的反映。裂陷中部临猗县、闻喜县、万荣县以及侯马市一带重力值稍高，是峨帽台地的反映，其为前新生界基底局部隆起。以该隆起为界，研究区内运城—临汾裂陷盆地可分为运城断陷盆地和稷山—侯马断裂盆地，二者都表现为明显的重力低，推断盆地内新生界较厚。

西部：在区内主要为乡宁县、襄汾县一带，为平缓的重力异常，异常西北低、东南高，显示了鄂尔多斯构造盆地边部的特征。

结合地层密度特征分析，低重异常主要是由新生界引起的，高重异常主要是前寒武系变质地层的反映。综合区域构造演化特征来看，局部异常可能是岩浆岩或地层局部起伏的表现，运城—临汾地区布格重力异常主要反映了中生代至新生代的构造特征。

3. 实际资料处理结果

裂陷盆地基底的反演的关键在于两个方面：一是对应的由盆地基底深度和起伏变化引起的重力异常(以下简称基底重力异常)的计算，二是基底深度的起伏变化的反演计算。在裂陷盆地的基底的反演中，基底布格重力异常的计算是很重要的，故对于运城—临汾裂陷盆地签新生界基底的研究从以下两个方面进行。

1）基底重力异常的计算

由于运城—临汾地区的重力异常主要反映了第四系底界面、新生界底界面及莫霍面的起伏变化，因此要利用全变差正则化方法反演得到新生界底界面，需要消除第四系底界面及莫霍面起伏变化的影响，即需要计算基底重力异常。

基底重力异常的计算采用剥离法结合位场分离的方法，即利用地形数据和第四系构造信息为约束，通过正演计算消除第四系覆盖层的影响，再利用多次迭代滑动趋势分析法，分离得到基底重力异常。

运城—临汾地区地形如图 4-58 所示。可以看出，运城—临汾地区地形变化较大，运城—临汾裂陷地形整体较低，与南东侧的中条山高差可达 1000m，与北西的吕梁山高差也可达 1000m。整个裂陷内部，地形也有明显的规律。运城断陷盆地地形几乎无变化，明显表现出盆地的特征。峨帽台地为局部的凸起，局部变化较大，其与运城盆地的最大高差接近 600m，与稷山—侯马断陷盆地的最大高差超过 400m。可见，区域内地形起伏较大，而研究中所用的重力数据为地表测量所得，所以在反演时直接利用起伏观测面的重力数据较为合理。

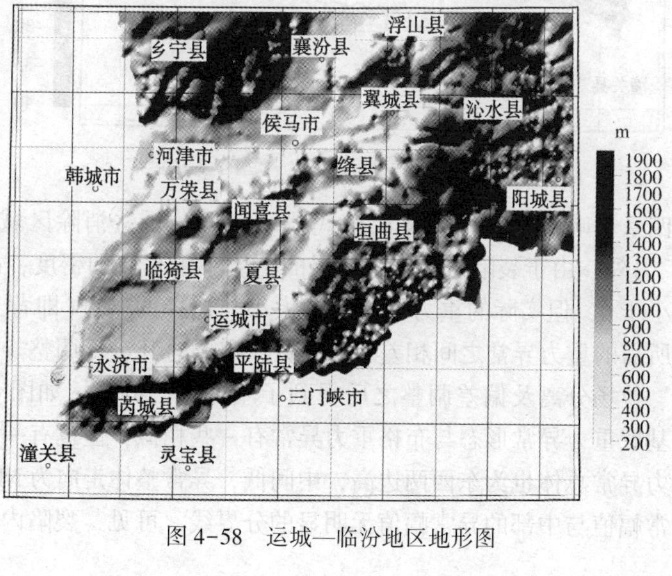

图 4-58　运城—临汾地区地形图

盆地内部第四系厚度变化较大，最厚处超过 800m，最薄的甚至接近 0m。另外，从裂陷内部各个构造单元的第四系厚度来看，运城断陷盆地第四系厚度最大，也是运城—临汾裂陷中第四系最厚之处。峨帽台地第四系厚度很小，局部地区几乎无第四系，最厚处不超过 300m。稷山—侯马断陷盆地的第四系厚度小于运城断陷盆地，厚度为 300～700m 之间，平均厚度不超过 500m。以地形和第四系厚度作为约束，选取第四系与前寒武纪基底的密度差为 $-1\times10^3 kg/m^3$，正演得到第四系引起的局部重力异常如图 4-59 所示。需要说明的是，整个研究区除运城—临汾裂陷外，其他区域也有小范围的第四系分布，但研究中只收集到了裂陷内第四系后厚度变化，所以正演结果中，裂陷外异常几乎为 0，但本次研究的重点是裂陷内的基底结构，所以图 4-59 的结果也是满足要求的。由图 4-59 可以看出，第四系厚度变化引起的重力异常最大可达 40mGal，峨帽台地异常最小，大部分地区小于 10mGal。总体来看，第四系厚度变化会对盆地基底的反演结果造成影响，所以必须消除第四系的影响。

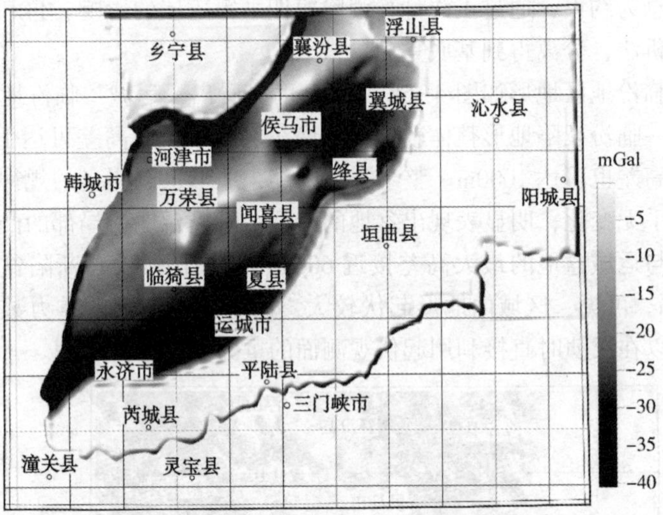

图 4-59　第四系厚度变化引起的重力异常

消除第四系影响之后，采用多次迭代滑动趋势分析法消除区域背景（莫霍面）的影响。另外，由于裂陷盆地中沉积层的密度小于基底的密度，故裂陷盆地基底的值应小于 0，但实际的重力异常值的大小与选择的基点（即背景值）有关，其与反演时所需的重力异常之间相差一个常数，需要对其进行调整。这样，经过第四系剥离、位场分离及偏差调整之后得到了基底重力异常，如图 4-60 所示。可以看出，基底重力异常形态与布格重力异常有一些相似，但也有一些明显的区别。基底重力异常总体也为东西两边高，中间低，异常整体走向为 NE—NNE 向，但西部的异常幅值与中部的异常幅值无明显的分界线。可见，裂陷内的重力低很大程度上是由第四系厚度变化引起的。

2）基底二维重力反演结果

为研究运城—临汾裂陷基底结构，布置了4条反演剖面(剖面位置如图4-60所示)。4条剖面方向均为北西—南东向，且均穿过稷山—侯马断陷盆地、峨帽台地和运城断陷盆地，自西向东依次编号为A_1A_2、B_1B_2、C_1C_2、D_1D_2。

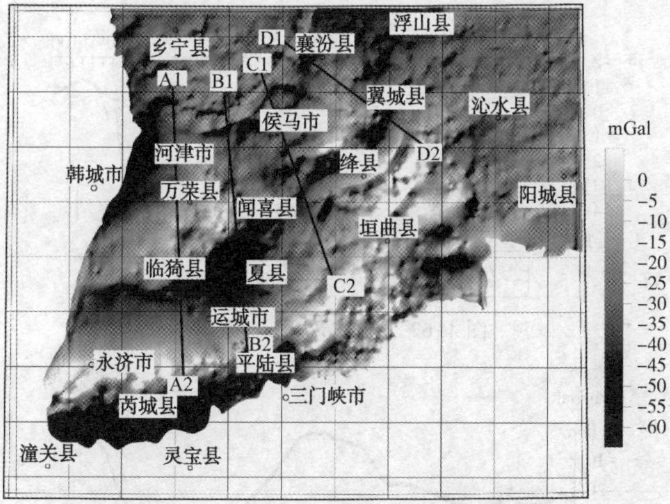

图4-60　运城—临汾地区基底重力异常图

提取了4条剖面的基底重力异常、地形及第四系底界面的数据，剥离第四系之后，裂陷的沉积层为上第三系和部分下第三系，基底为前寒武系。由于4条剖面上均无已知基底深度信息，故在反演中没有用已知深度点进行约束。反演结果如图4-61~图4-64所示(其中黑色虚线为推断断裂)。

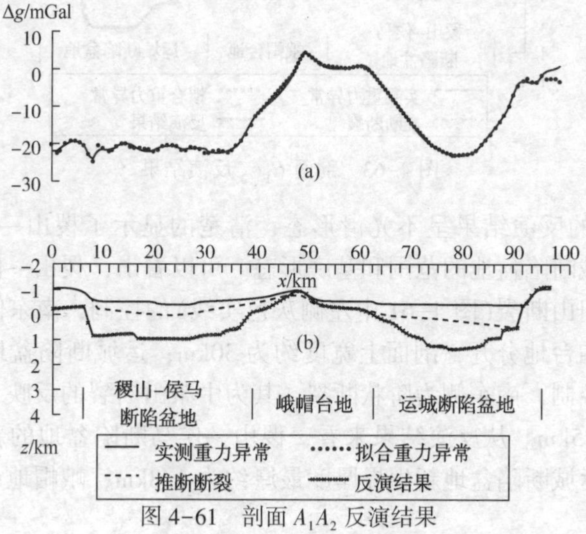

图4-61　剖面A_1A_2反演结果

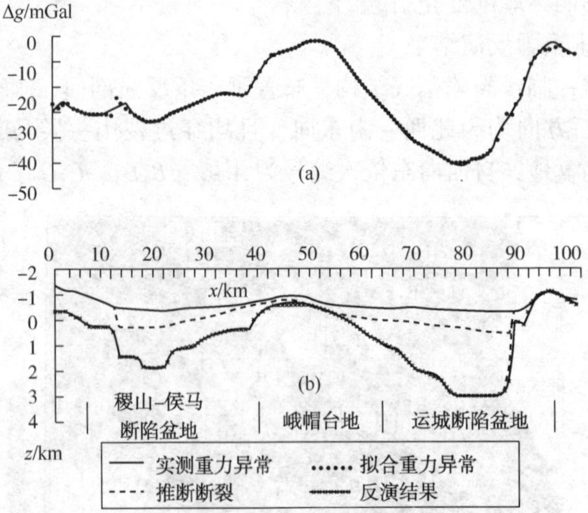

图 4-62 剖面 B_1B_2 反演结果

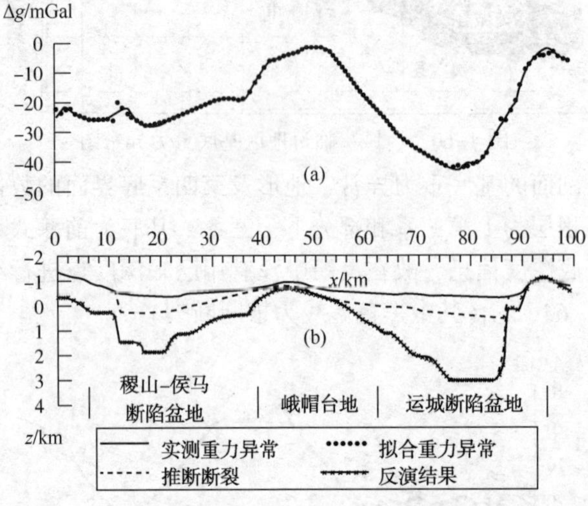

图 4-63 剖面 C_1C_2 反演结果

剖面 A_1A_2 的反演结果呈不光滑形态，清楚的显示了稷山—侯马断陷盆地、峨帽台地和运城断陷盆地的范围和基底形态。可以看出，稷山—侯马断陷北西侧受罗云山—龙门山断裂(图 4-61 中左侧灰色实线)的控制，南东侧以一个规模稍小的断裂与峨帽台地分开，剖面上宽度约为 30km；运城断陷盆地北西侧受一个小规模断裂的控制，南东侧为阶状断裂，其为中条山断裂的反映，盆地在剖面上的宽度不超过 25km。从反演结果来看，稷山—侯马断陷盆地的新生界厚度最厚约为 1.5km，运城断陷盆地新生界厚度最厚约为 1.8km，峨帽地台表现为基底隆

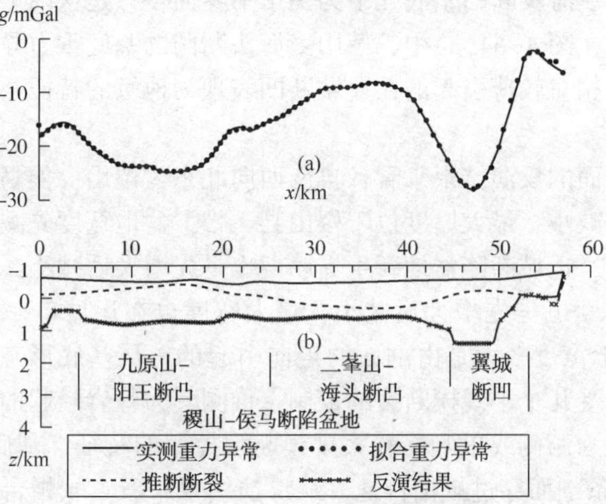

图 4-64　剖面 D_1D_2 反演结果

起，最薄之处新生界厚度接近 0km。

剖面 B_1B_2 的反演结果更加明显地显示了稷山—侯马断陷盆地、峨帽台地和运城断陷盆地的范围和基底形态。B_1B_2 剖面显示的新生界厚度较大，稷山—侯马断陷盆地的新生界厚度最厚约为 2.3km，运城断陷盆地新生界厚度最厚约为 3.5km，峨帽台地表现为基底隆起，最薄之处新生界厚度接近 0km。从盆地基底形态来看，稷山—侯马断陷盆地受阶状断层控制，但呈现出不对称性，剖面上宽度为 24km；运城断陷盆地北西侧以阶状断层与峨帽台地分开，南东侧以大规模铲状断层(中条山断裂)为界，剖面上宽度为 26km。

剖面 C_1C_2 的反演结果与 A_1A_2 剖面、B_1B_2 剖面的结果明显不同，C_1C_2 剖面反演结果中无峨帽台地，只显示了稷山—侯马断陷盆地和运城断陷盆地的范围和形态，另外，从地形图、布格重力异常图和基底重力异常图上来看，反演剖面上也均无峨帽台地的反映。从反演结果来看，稷山—侯马断陷盆地和运城断陷盆地均表现为不对称性，其基底均向南东倾斜。运城断陷盆地南东侧受小规模断裂控制，盆地内部无其他断裂，新生界最大厚度约为 1.1km，剖面上的宽度约为 26km；稷山—侯马断陷盆地南东侧以小规模阶状断层与运城断陷盆地分开，盆地内部基底被几个小规模的断裂错开，形态较为复杂，新生界最大厚度约为 1.3km，剖面上的宽度约为 28km。

剖面 D_1D_2 的主体位于稷山—侯马断陷盆地中，其反演结果显示了稷山—侯马断陷盆地的范围和形态。从反演结果来看，稷山—侯马断陷盆地分为三个构造单元，自西向东依次为九原山—阳王断凸、二峯山—海头断凸和翼城断凹。从新生界厚度来看，九原山—阳王断凸和二峯山—海头断凸的新生界厚度约为 1km，而翼城断凹的新生界厚度较大，最厚处接近 2km。从基底形态来看，九原山—阳王断凸和二峯山—海头断凸基底几乎为一水平界面，只是这两个构造单元的第四系厚度差别较大，图 4-64(a)中二峯山—海头断凸的基底重力异常较高是由于构造单元内第三系相对较薄引起的；翼城断凹表现为地堑的特征，两侧均受断裂的控制。

综合 4 条剖面的反演结果来看，自南西向北东，稷山—侯马断陷盆地的新生界厚度先增大后减小，最大厚度位于稷山县一带，盆地宽度先减小后增大，稷山县一带盆地较窄。运城断陷盆地新生界厚度也是先增大后减小，最大厚度在运城市附近，盆地宽度也是先增大后减小，最大宽度也在运城市一带，需要说明的是，剖面 C_1C_2 上宽度较大是由剖面的走向引起的。从基底形态来看，稷山—侯马断陷盆地基地受几个小规模断裂的控制，推测其为基岩隆起的断裂破碎带；运城断陷盆地表现为两侧或单侧受较大规模断裂控制的特征，基底形态较为简单。A_1A_2 和 B_1B_2 两条剖面穿过峨帽台地，从反演结果来看，峨帽台地表现为基底隆起的形态，局部区域新生界厚度接近 0km，向北东延伸至闻喜县一带。

第五章　其他空间域密度界面反演方法

除直接迭代法和正则化反演方法外，空间域密度界面反演方法中，比较典型的方法还有有经验公式法、脊回归法、压缩质面法、级数法、样条函数法等。本章简要介绍前三种方法的原理及应用实例。

第一节　经验公式法

1. *方法原理*

经验公式法是计算密度界面深度的近似方法，该方法是利用其他资料获得的已知的界面深度与重力异常的关系进行分析，从而建立密度界面深度与重力异常的经验公式。常见的经验公式有

线性经验公式：

$$h=a+b\cdot\Delta g \tag{5-1}$$

双曲正切经验公式：

$$h=a\,[1-th(b\cdot\Delta g)] \tag{5-2}$$

以上两式中，a 和 b 均为待定系数，可利用已知资料拟合得出。

经验公式法的优点是该方法十分简便，二度与三度界面均可使用，而且在界面起伏很平缓且埋深较大时，误差不大，如莫霍面的反演；缺点是反演结果受约束条件及经验公式的形式的影响较大。

事实上，经验公式法不局限于以上两种，可以在研究中采用这种思想，根据具体问题选用其他公式构造经验公式，例如多项式公式、抛物线公式等。亦可对经验公式法改进，在反演时采用迭代思想以提高反演的精度。

2. *应用实例*

1) 南海东北部莫霍面深度反演

该实例来自王平等。利用 OBS 实测资料的计算结果作为约束条件，对实测的从汕头至巴士海峡的地球物理长剖面进行地球物理反演。根据实测的重力资料进行各种校正，获得布格重力异常。根据前人利用南海海盆地震声纳浮标和双船折射资料获得的莫霍面深度数据与布格异常的关系分析，得出这种关系与式(5-2)的双曲线经验公式较为相似。

在进行反演计算时，方法是影响反演结果的重要因素之一，而约束条件也起着非常重要的作用。按以上经验公式，对布格重力异常，利用在研究区内的 OBS

资料和天然地震资料所获得的地壳厚度数据做约束条件反演莫霍界面的深度起伏(或地壳厚度变化)。根据天然地震反演，在广东沿海(大亚湾地区)获得平均地壳深度为28km，对应的Δg为-3mGal，南海海盆北部南缘的地壳深度为10.4km，对应的Δg为310mGal。将这两组数据代入式(5-2)后，采用牛顿迭代法解出：$a=27.8$km，$b=0.00237$。则式(5-2)可写为：

$$h=27.8[1-th(0.00237\cdot\Delta g)] \tag{5-3}$$

式(5-3)适用于由陆地到海盆逐渐过渡的情况，而研究区包括了陆架、陆坡、海盆、恒春海脊、北吕宋海槽、吕宋火山弧等存在显著差异的地质构造单元，它们间的地壳过渡关系并不单一。在利用台湾学者提供的研究区最新OBS资料做约束条件的基础上，结合大剖面所获得的布格重力异常和前人的资料，提出如下4组数据，分别求取由沿海、陆架至陆坡坡脚和由陆坡坡脚至深海盆的地壳深度和布格异常的关系函数。

由沿海、陆架至陆坡坡脚的两组数据为：在广东沿海(大亚湾地区)获得平均地壳深度为28km，对应的Δg为-3mGal；在陆坡坡脚由OBS所获得的地壳深度为12.2km，对应的Δg为190mGal。将这两组数据代入式(5-2)后，采用牛顿迭代法解出：$a=27.7$km，$b=0.003330$。则式(5-2)可写为：

$$h=27.7[1-th(0.00333\cdot\Delta g)] \tag{5-4}$$

由陆坡坡脚至深海盆的两组数据为：在陆坡坡脚由OBS所获得的地壳深度为12.2km，对应的Δg为190mGal；由OBS在菲律宾海盆西部、兰屿以东的海域获得的地壳深度为10.5km(去除海水深度4.5km后，地壳厚度为6km)，对应的Δg为310mGal。将这两组数据代入式(5-2)后，采用牛顿迭代法解出：$a=15.0$km，$b=0.001003$。则式(5-2)可写为：

$$h=15.0[1-th(0.001003\cdot\Delta g)] \tag{5-5}$$

以上3个双曲正切函数曲线如图5-1所示。

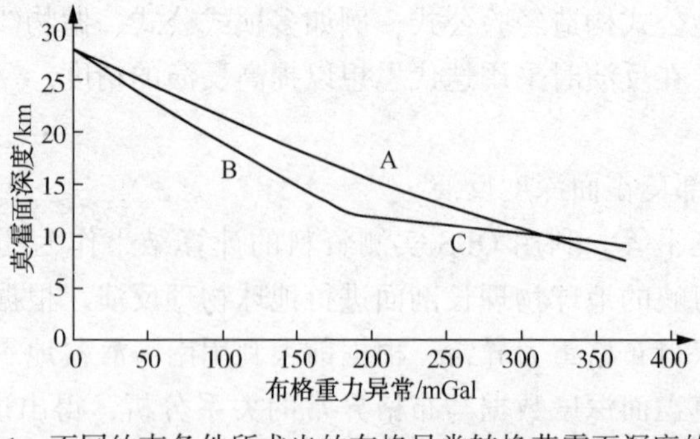

图5-1　不同约束条件所求出的布格异常转换莫霍面深度的曲线

A—陆架至海盆；B—陆架至陆坡坡脚；C—陆坡坡脚至海盆

从曲线A与B、C所代表的计算模型可见，尽管从陆架至深海盆布格异常与地壳深度的关系曲线趋势相似，但它们是有所差别的。曲线 A 的趋势为一单调减函数，而 B、C 所组合形成的反演曲线则存在拐点(在陆坡坡脚发生转折)，从陆架至坡脚的递减速度比曲线 A 所表现的要大些，而它从坡脚至深海盆的减势明显比曲线 A 所表现的要平缓。这种趋势较适合于由陆坡坡脚至深海盆的地壳变化，因为深海盆地壳厚度随布格异常的增加而减少的趋势也弱。

图 5-2(a)是用曲线 A 和用曲线 B、C 组合计算剖面(从陆架至陆坡坡脚)的莫霍面深度的结果，两者非常接近。而图 5-2(b)是用曲线 A 和用曲线 B、C 组合计算剖面(海盆)的莫霍面深度的结果，用曲线 A 计算的莫霍面深度最浅处只有 4.4km，且露出海底，这是很不合理的，而曲线 B、C 组合计算的莫霍面深度最浅处约为 10km，这种结果更接近西菲律宾海盆的地壳厚度情况。由此可见曲线 B、C 组合的反演模式既能正确计算从陆架至陆坡坡脚的莫霍面深度，又能在海盆区获得合理的计算结果，显示了它的合理性。

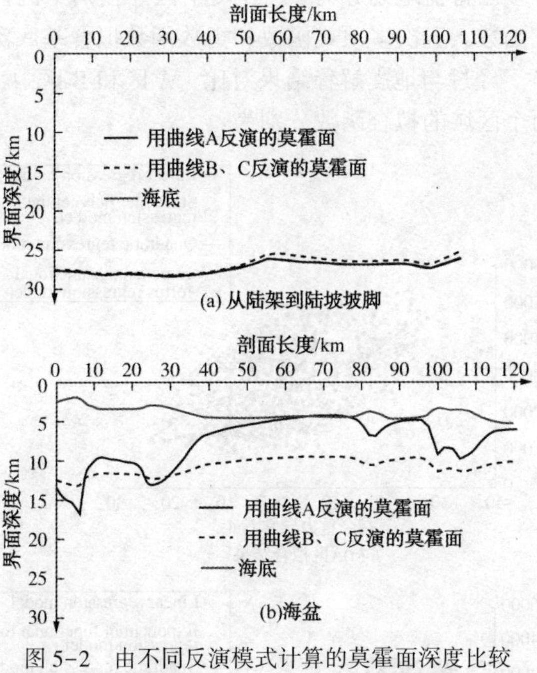

图 5-2　由不同反演模式计算的莫霍面深度比较

2) 多巴哥盆地基底深度反演

该实例来自 Yuan 等。多巴哥盆地位于委内瑞拉近海，靠近特立尼达和多巴哥，是一个由南美板块向加勒比海板块之下俯冲而形成的弧前盆地。利用少量地震剖面揭示的基底深度与重力异常建立关系，据此反演多巴哥盆地基底深度。其中地震剖面位置如图 5-3 中深色实线所示。

在基底深度反演之前，需先从布格重力异常中分离出基底起伏变化所引起的重力异常。采用正则化滤波方法分离基底重力异常，经过多次试算并与已知地

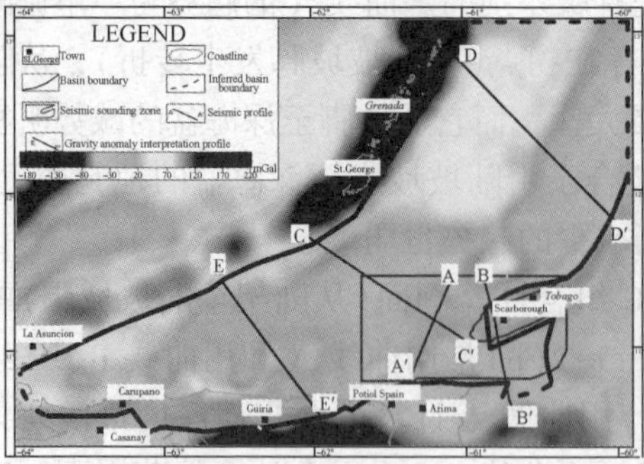

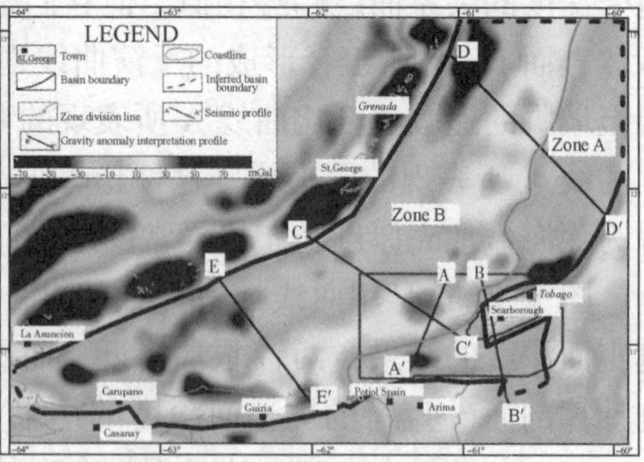

(a)布格重力异常　　(b)剩余布格重力异常

图 5-3　多巴哥盆地重力异常

质—地球物理资料对比，确定水平几何尺度为 60 倍点距的滤波结果最佳。因此利用该异常进行反演。为提高反演的精度，根据多巴哥盆地的重磁场特征及少量地震解释结果，将多巴哥盆地划分为 A、B 两个区。在两个区内，分别采用线性函数、二次多项式函数、五次多项式函数和指数函数拟合基底深度和剩余重力异常的关系(图 5-4)。经过与地震解释结果对比，A 区和 B 区中，五次多项式的拟合结果均较好，两个区域的拟合函数分别为：

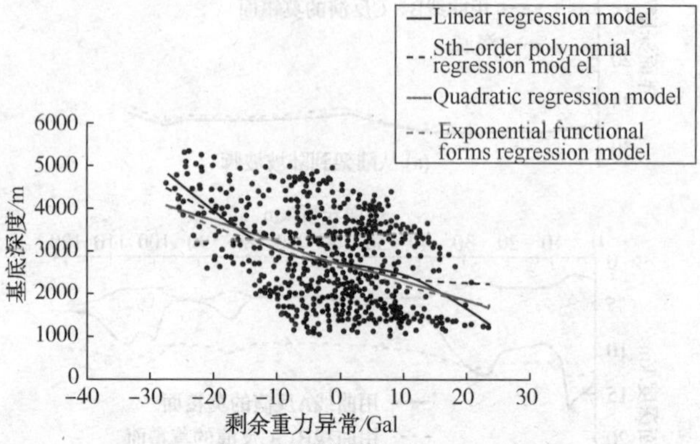

(a)A区拟合结果

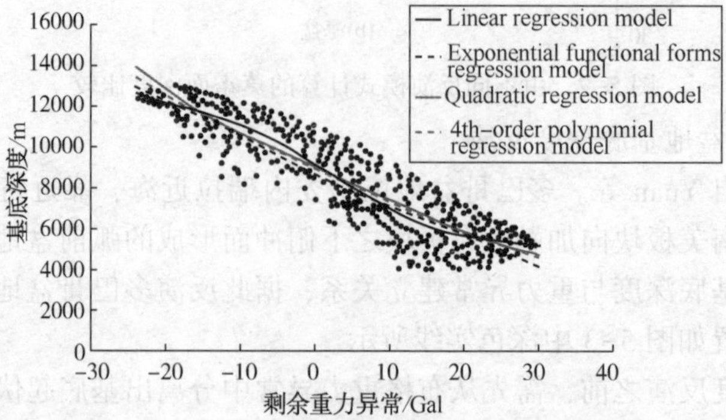

(b)B区拟合结果

图 5-4　多巴哥盆地剩余重力异常与基底深度的相关关系

A 区：

$$H=0.000081\Delta g^5+0.000054\Delta g^4-0.1329\Delta g^3+0.1638\Delta g^2-16.051\Delta g+2725.3 \tag{5-6}$$

B 区：

$$H=-0.002\Delta g^5+0.0025\Delta g^4+0.2297\Delta g^3-1.6749\Delta g^2-227.62\Delta g+9169.9 \tag{5-7}$$

根据以上拟合公式，在 A 区和 B 区分别进行深度反演，得到多巴哥盆地基底深度如图 5-5 所示。多巴哥盆地基底深度为 0～12000m，呈现了盆地隆坳特征。通过与多口钻井资料进行对比，最大绝对误差为 450m，最小绝对误差为 80m，最大相对误差为 11.4%，而最小相对误差仅为 0.8%。这一数据说明在已知资料约束下，利用经验公式法进行分区拟合和反演，可较准确地得到盆地基底深度。

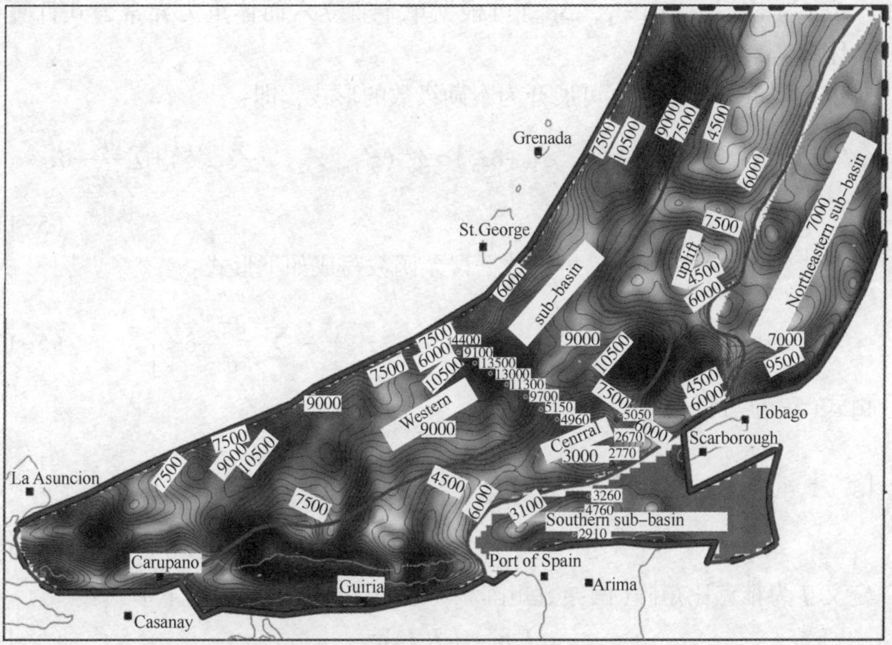

图 5-5　多巴哥盆地基底深度反演结果

第二节　脊回归法

1. *方法原理*

该方法利用最小二乘原理，通过使模型正演重力异常与实测重力异常之差的 L_2-范数最小从而建立目标函数。对于该目标函数的求解，脊回归法是一类常用的方法，其原理如下。

密度界面反演计算时，实测重力异常与正演重力异常之差由下式计算：

$$\varphi = \sum_{k=1}^{N} (g_k^{obs} - g_k^{cal})^2 \tag{5-8}$$

式中，$g_k^{obs}(k=1,\ 2,\ \cdots,\ M)$为实测重力异常；$g_k^{cal}(k=1,\ 2,\ \cdots,\ M)$为正演重力异常；$M$为观测点数。上式极小化的充要条件为$\varphi$对各个参数的偏导数为零，即：

$$\frac{\partial \varphi}{\partial z_j}=0, \qquad j=1,\ 2,\ \cdots,\ N \tag{5-9}$$

式中，z_j为密度界面的深度。假设$z'_{\hat{k}}$为最优解，则正演重力异常可由下式得到：

$$g_{cal}(k) = \sum_{\hat{k}=1}^{N} f_k(z'_{\hat{k}},\ \Delta\rho_0),\ k = 1,\ 2,\ \cdots,\ M \tag{5-10}$$

式中，$\Delta\rho_0$为密度差，$f_k(z'_{\hat{k}},\ \Delta\rho_0)$可根据单个直立六面体重力异常公式计算而得，具体参考第二章。

对于正演重力异常，亦可展开为泰勒级数的形式，即：

$$g^{cal}(z'_1+\delta z_1,\ z'_2+\delta z_2,\ \cdots,\ z'_N+\delta z_N)=g^{cal}(z'_1,\ z'_2,\ \cdots,\ z'_N)+\sum_{\hat{k}=1}^{N}\frac{\partial g^{cal}}{\partial z_{\hat{k}}}\delta z_{\hat{k}} \tag{5-11}$$

将上式代入式(5-8)中，可将数据误差函数写成如下形式：

$$\varphi = \sum_{k=1}^{M}\left[g_k^{obs} - g_k^{cal}(z'_1,\ z'_2,\ \cdots,\ z'_N) - \sum_{\hat{k}=1}^{N}\frac{\partial g^{cal}}{\partial z_{\hat{k}}}\delta z_{\hat{k}}\right] \tag{5-12}$$

由式(5-9)可得：

$$\sum_{k=1}^{M}[g_k^{obs} - g_k^{cal}(z'_1,\ z'_2,\ \cdots,\ z'_N)]\frac{\partial g^{cal}}{\partial z_j} = \sum_{k=1}^{M}\sum_{\hat{k}=1}^{N}\frac{\partial g^{cal}}{\partial z_j}\frac{\partial g^{cal}}{\partial z_{\hat{k}}}\delta z_{\hat{k}} \quad (j=1,\ \cdots,\ N) \tag{5-13}$$

定义J为雅克比矩阵(偏导数矩阵)，则式(5-13)可写为以下形式：

$$\boldsymbol{J}^T\boldsymbol{\delta g}=(\boldsymbol{J}^T\boldsymbol{J})\boldsymbol{\delta z} \tag{5-14}$$

上式实际上是根据M个实测重力值计算$\boldsymbol{\delta z}$。然而当$\boldsymbol{J}^T\boldsymbol{J}$的逆不存在(即$\boldsymbol{J}^T\boldsymbol{J}$为奇异矩阵)，上式无法计算。另外，当$\boldsymbol{J}^T\boldsymbol{J}$接近奇异矩阵时，解向量$\boldsymbol{\delta z}$的元素无限制的增大。为解决该问题，可引入阻尼因子，这样式(5-13)可写为：

$$\begin{aligned}&\sum_{k=1}^{M}[g_k^{obs} - g_k^{cal}(z'_1,\ z'_2,\ \cdots,\ z'_N)]\frac{\partial g^{cal}}{\partial z_j}\\ &= \sum_{k=1}^{M}\sum_{\hat{k}=1}^{N}\frac{\partial g^{cal}}{\partial z_j}\frac{\partial g^{cal}}{\partial z_{\hat{k}}}(1+\delta_{j\hat{k}}\lambda)\delta z_{\hat{k}} \quad (j=1,\ \cdots,\ N)\end{aligned} \tag{5-15}$$

式中

$$\delta_{j\hat{k}}=\begin{cases}1 & j=\hat{k}\\0 & j\neq\hat{k}\end{cases} \tag{5-16}$$

将式(5-15)写为矩阵形式，可得：

$$\boldsymbol{J}^T\delta\boldsymbol{g}=(\boldsymbol{J}^T\boldsymbol{J}+\lambda\boldsymbol{I})\boldsymbol{\delta z} \tag{5-17}$$

计算上式即可得到 $\boldsymbol{\delta z}$，即得到每次迭代时模型向量的修改量。

2. 应用实例

脊回归法可应用于沉积盆地基底反演，先介绍其在印度辛塔拉普蒂盆地(Chintalpudi basin)的应用，该实例来自于 Chakravarthi 等。辛塔拉普蒂盆地是布兰希达—戈达瓦里河谷(Pranhita-Godavari valley)的科塔古德姆次盆(Kothagudem subbasin)往东南方向的延伸。该盆地中，太古代片麻岩构成了瓦纳大陆序列的基底。印度石油与天然气公司(ONGC)在盆地中打了一口深钻，在 2.935km 深度处钻遇了基底(太古界片麻岩)。

辛塔拉普蒂盆地的实测重力异常如图 5-6(a)所示。在利用脊回归法反演时，将重力异常离散为 117 个网格节点，东西方向为 13 个节点，南北方向为 9 个节点，网格间距为 5km。经过 32 次迭代，得到了盆地基底深度，并在迭代过程中得到了重力区域背景，其为二次曲面形式[图 5-6(c)]。利用二阶多项式和双线性方程得到的盆地反深度结构基本相同，两种反演得到的盆地最大厚度均为 2.83km 左右，与 2.935km 的钻孔资料较为吻合。

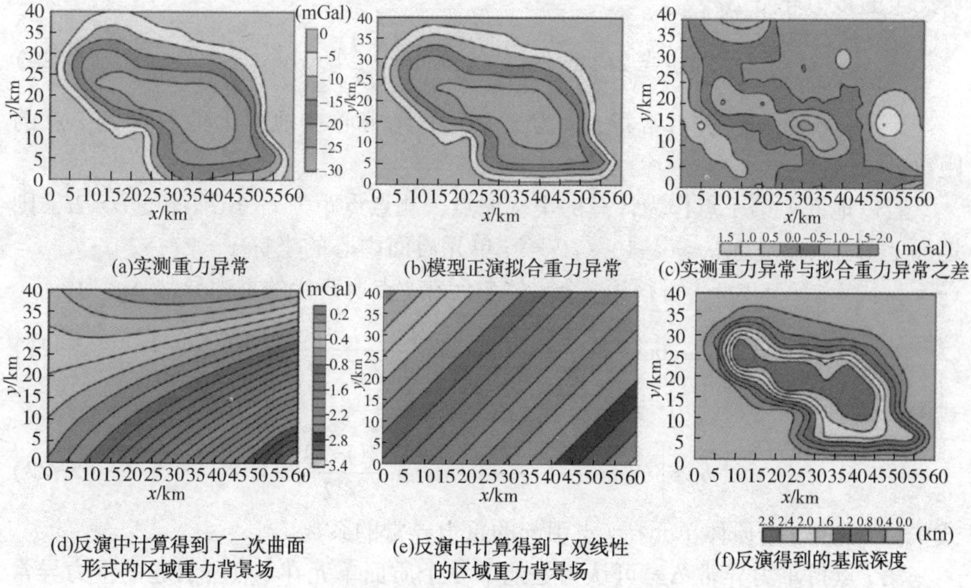

图 5-6 辛塔拉普蒂盆地重力异常及基底深度反演结果

第三节　压缩质面法

1. *方法原理*

压缩质面法是出现较早的密度界面反演方法。1967 年，Tanner 提出了压缩质面法，但该方法求解方程组的计算是不稳定的，所以要求剖分模型的宽度大于界面的深度；刘元龙和王谦身改进了压缩质面法，使得剖分的质体单元宽度为两倍的点距，提高了其稳定性，并且利用迭代计算提高了反演的精度。该方法基本原理如下：

假设二度体(y 轴方向无限延伸)可保持其质量不变而被压缩到深度为 D 的平面上，则此压缩质面的面密度 σ 为：

$$\mathrm{d}m=\Delta\rho\cdot\Delta H\cdot \mathrm{d}S=\sigma\cdot \mathrm{d}S \tag{5-18}$$

$$\sigma=\Delta\rho\cdot\Delta H \tag{5-19}$$

式中，$\mathrm{d}m$ 是高为 ΔH、面积为 $\mathrm{d}S$ 的一个质体的质量；$\Delta\rho$ 是该质体与围岩的密度差。

计算表明，当压缩面位于质体的顶面时，则其与质体在地面产生的重力异常接近；当压缩面位于质体的中部平面时，则二者产生的重力异常几乎相等。故可将一个二度质体近似地转化为具有面密度为 σ 的压缩质面来计算。

对于二度体模型，沿 x 方向将压缩质面剖分为 n 个单元，每个单元的宽度为 $2l$，假定各单元的面密度 $\sigma_j(j=1，2，\cdots，n)$是均匀的，则第 j 个质面单元在 i 点所产生的重力异常 Δg_{ij}为：

$$\Delta g_{ij}=2G\left(\arctan\frac{x+l}{D}-\arctan\frac{x-l}{D}\right)\cdot\sigma_j \tag{5-20}$$

式中，G 为万有引力常量；x 为第 j 个单元中心在地面上的投影到 i 点的距离。

若以地面上第 1 点作为计算的坐标原点，测点点距为 l，压缩深度 $D=2l$，则地面上第 i 点的坐标 $x_i=(i-1)\cdot l$，第 j 单元质面中心的坐标 $x_j=2(j-2)\cdot l$，$x=x_j-x_i$，代入式(5-19)，可得第 j 个质体单元在 i 点所产生的重力异常 Δg_{ij}为：

$$\Delta g_{ij}=2G\left[\arctan\frac{2(j-1)-i}{2}-\arctan\frac{2(j-2)-i}{2}\right]\cdot\sigma_j=b_{ij}\cdot\sigma_j \tag{5-21}$$

式中，

$$b_{ij}=\left[\arctan\frac{2(j-1)-i}{2}-\arctan\frac{2(j-2)-i}{2}\right] \tag{5-22}$$

式中，b_{ij}是第 j 个质体单元在 i 点引起的重力异常的系数。

第 i 点得重力异常 Δg_i 可认为是地下 n 个质面单元在 i 点所引起的重力异常之和，即：

$$\Delta g_i = \sum_{j=1}^{n} \Delta g_{ij} \tag{5-23}$$

将式(5-21)代入上式，得：

$$\Delta g_i = \sum_{j=1}^{n} b_{ij} \cdot \sigma_j \tag{5-24}$$

若剖面上有 m 个测点且其重力值已知，则由式(5-24)可得 m 个方程，即：

$$\begin{aligned}
\Delta g_1 &= b_{11} \cdot \sigma_1 + b_{12} \cdot \sigma_2 + \cdots + b_{1n} \cdot \sigma_n \\
\Delta g_2 &= b_{21} \cdot \sigma_1 + b_{22} \cdot \sigma_2 + \cdots + b_{2n} \cdot \sigma_n \\
&\cdots \\
\Delta g_m &= b_{m1} \cdot \sigma_1 + b_{m2} \cdot \sigma_2 + \cdots + b_{mn} \cdot \sigma_n
\end{aligned} \tag{5-25}$$

上式可写成矩阵形式：

$$\boldsymbol{G} = \boldsymbol{B} \cdot \boldsymbol{P} \tag{5-26}$$

式中，

$$G = \begin{bmatrix} \Delta g_1 \\ \Delta g_2 \\ \vdots \\ \Delta g_m \end{bmatrix} \quad B = \begin{bmatrix} b_{11} & b_{12} & \cdots & b_{1n} \\ b_{21} & b_{22} & \cdots & b_{2n} \\ & \vdots & & \\ b_{m1} & b_{m2} & \cdots & b_{mn} \end{bmatrix} \quad P = \begin{bmatrix} \sigma_1 \\ \sigma_2 \\ \vdots \\ \sigma_n \end{bmatrix}$$

矩阵 $\boldsymbol{G}$ 为实测重力异常值，其为已知的；矩阵 $\boldsymbol{B}$ 的各系数可由式(5-22)计算得出；矩阵 $\boldsymbol{P}$ 的 n 个元素是地下各质体单元的面密度，其为所计算的 n 个未知数。若重力测点数 $m=n$，则可由式(5-26)直接计算出面密度矩阵 $\boldsymbol{P}$；若 $m>n$ 时，则可在最小二乘条件下求解，这时可得出如下正则方程：

$$\boldsymbol{B}^T \cdot \boldsymbol{G} = \boldsymbol{B}^T \cdot \boldsymbol{B} \cdot \boldsymbol{P} \tag{5-27}$$

进而得到解：

$$\boldsymbol{P} = (\boldsymbol{B}^T \cdot \boldsymbol{B})^{-1} \cdot \boldsymbol{B}^T \cdot \boldsymbol{G} \tag{5-28}$$

计算出各质面单元面密度 σ_j 后，可由式(5-19)得到相应的各质体单元的厚度 ΔH_j，因而第 j 点的界面深度为：

$$H_j = D + \Delta H_j \tag{5-29}$$

由前述反演方法得到的密度界面深度还存在一定的误差，需要进行正演校验，加以调整，方法如下：

用二度直立六面体正演计算述反演的近似密度界面的引起的重力异常，第 j 个二度方柱体在 i 点产生的重力异常 Δg_{ij} 为：

$$\Delta g_{ij} = G \cdot \Delta\rho \left[(x+l)\ln\frac{(x+l)^2+H_j^2}{(x+l)^2+D^2} - (x-l)\ln\frac{(x-l)^2+H_j^2}{(x-l)^2+D^2} + 2H_j\left(\arctan\frac{x+l}{H_j} - \arctan\frac{x-l}{H_j}\right) - 2D\left(\arctan\frac{x+l}{D} - \arctan\frac{x-l}{D}\right) \right] \tag{5-30}$$

第 i 点的正演重力异常为：

$$\Delta g_i^C = \sum_{j=1}^{n} \Delta g_{ij} \tag{5-31}$$

此时第 i 点的重力异常残差为：

$$\Delta g_{Ri} = \Delta g_i - \Delta g_i^C \tag{5-32}$$

将压缩质面放到二维质体的中部（即放到 $D-\Delta H_j/2$）平面上计算 b_{ij}，然后将式(5-32)的残差作为式(5-26)中 $\boldsymbol{G}$ 矩阵的各元素，再用式(5-27)计算各质体单元面密度修正量 $\delta\sigma_j^1$ 以及相应的深度修改量 $\delta H_j^{(1)}$，从而求得修改后的 $\Delta H_j^{(2)} = \delta H_j^{(1)} + \Delta H_j$，因此密度界面的深度为：

$$H_j^{(2)} = D + \Delta H_j^{(2)} \tag{5-33}$$

反复迭代几次（一般二、三次即可），便可获得满足精度要求的结果。

计算结果表明，由式(5-27)计算出的面密度值，在计算剖面的中间部分误差较小，在剖面两端最外的一个单元的面密度值（σ_1、σ_n）误差较大，所以在计算时，可以其相邻单元的 σ 值近似地代替，即：

$$\left.\begin{aligned} \sigma_1 &= \sigma_2 \\ \sigma_n &= \sigma_{n-1} \end{aligned}\right\} \tag{5-34}$$

另外，由式(5-30)计算正演重力异常时，对于重力剖面两端重力值较平稳的地区，为了使计算的重力异常更符合实际情况，在其两端向外延 4 个单元，并假定外延部分的地壳厚度分别与 H_2 及 H_{n-1} 相同，即：

$$H_0 = H_{-1} = H_{-2} = H_{-3} = H_2$$
$$H_{n+1} = H_{n+2} = H_{n+3} = H_{n+4} = H_{n-1}$$

这时第 i 点得正演重力异常为：

$$\Delta g_i^C = \sum_{j=-3}^{n+4} \Delta g_{ij} \tag{5-35}$$

1987 年，刘元龙等详细的推导了三维密度界面反演的质面系数法。该方法的基本原理与二度体压缩质面法相同，这里不再赘述。2014 年，胡立天和郝天珧对压缩质面法进行了改进，在压缩质面法逐步迭代中使用已知控制点计算出合适的密度基准面深度和界面密度差，使反演结果和控制点拟合最好，具体流程如下。

假定已知反演区域内 m 行 n 列的布格重力异常值 $G(i, j)$，$(i=1, 2, \cdots, m; j=1, 2, \cdots, n)$，以及计算范围内 e 个控制点深度 $h(i)$，$(i=1, 2, \cdots, e)$，对应的重力异常为 $Gn(i)$，$(i=1, 2, \cdots, e)$，将地下网格也剖分为 m 行 n 列，坐标与重力异常值对应。

(1) 初始基准面及界面密度差的建立。

设初始基准面的深度为 m_0，初始密度差为 p_0，由无限平板公式：

$$2\pi F p_0(h(i)-m_0)=Gn(i) \qquad (i=1,\ 2,\ 3,\ \cdots,\ e) \tag{5-36}$$

式中，F 为万有引力常量，根据此 e 个方程，利用最小二乘方法计算 m_0 和 p_0。

(2) 求取初始面密度矩阵 $\boldsymbol{\sigma}_1$。

将 m_0 作为压缩面进行第一次反演，将剖分的直立六面体压缩到 m_0 上，使其成为面密度不均匀的物质面。压缩后的直立六面体$(i,\ j)$在观测点$(k,\ l)$所产生的重力异常值$(i,\ j)$为：

$$\Delta g=\sigma_1(i,\ j)\cdot A(i,\ j,\ k,\ l) \tag{5-37}$$

式中，

$$A(i,\ j,\ k,\ l)=F\cdot\int_{x_1}^{x_2}\int_{y_1}^{y_2}\frac{1}{(x^2+y^2+z^2)^{3/2}}\mathrm{d}x\mathrm{d}y \tag{5-38}$$

式中，x_1、x_2、y_1、y_2 分别为单个压缩面在 x 和 y 方面的坐标范围，z 为 $\sigma_1(i,\ j)$ 处的压缩面深度。

对于观测面的每一个重力异常值 $G(k,\ l)$，可得：

$$G(k,\ l)=\sum_{i=1}^{m}\sum_{j=1}^{n}A(i,\ j,\ k,\ l)\cdot\sigma_1(i,\ j) \tag{5-39}$$

对于所有的重力异常值而言，可写成矩阵方程 $\boldsymbol{G}=\boldsymbol{A}\cdot\boldsymbol{\sigma}_1$，式中 $\boldsymbol{G}$ 为已知重力异常值，$\boldsymbol{A}$ 可通过式(5-38)计算得到，因此可计算出面密度矩阵 $\boldsymbol{\sigma}_1$。

(3) 求取初始模型 $\boldsymbol{depth}_1$。

由于初始的基准面和密度差是由控制点使用无限水平板公式求得的，当界面起伏较大时会有较大误差，因此，需要对基准面和界面密度差进行改进。设改进后的基准面的深度为 m_1，面密度差为 p_1，使用 e 个控制点所对应的面密度 $\Omega_1(1)$，$\Omega_1(2)$，…，$\Omega_1(e)$ 和控制点深度建立方程组：

$$\begin{aligned}\Omega_1(1)/p_1+m_1&=h(1)\\ \Omega_1(2)/p_1+m_1&=h(2)\\ &\vdots\\ \Omega_1(e)/p_1+m_1&=h(e)\end{aligned} \tag{5-40}$$

由最小二乘法求出 m_1 和 p_1，则起伏界面深度 $depth_1(i,\ j)$ 可由各个直立六面体的高度和基准面深度求得：

$$depth_1(i,\ j)=m_1+\sigma_1(i,\ j)/p_1 \tag{5-41}$$

(4) 迭代。

使用界面深度 $\boldsymbol{depth}_1$ 正演计算重力异常 $\boldsymbol{g}_1$，并用实测重力异常 $\boldsymbol{G}$ 减去 $\boldsymbol{g}_1$ 作为重力异常值 $\boldsymbol{G}_2$。由于此时反演是在 $\boldsymbol{depth}_1$ 上的改进，因此以 $\boldsymbol{depth}_1$ 为压缩界面，$\boldsymbol{m}_1$ 为基准面，$\boldsymbol{p}_1$ 为密度差，重复上述计算得到面密度 $\boldsymbol{\sigma}_2$。

e 个控制点所对应的面密度为 $\Omega_2(1)$，$\Omega_2(2)$，…，$\Omega_2(e)$，此时计算新的基

准面时所用的面密度 Ω 是第一次的面密度 Ω_1 加上改进的面密度 Ω_2，即 $\Omega(i)=\Omega_1(i)+\Omega_2(i)$，$(i=1, 2, \cdots, e)$，设改进后的基准面深度为 m_2，界面密度差为 p_2，则有：

$$\begin{aligned} \Omega(1)/p_2+m_2&=h(1) \\ \Omega(2)/p_2+m_2&=h(2) \\ &\vdots \\ \Omega(e)/p_2+m_2&=h(e) \end{aligned} \tag{5-42}$$

通过最小二乘法，得到 m_2 和 p_2，以 m_2 为新的基准面深度，p_2 为新的界面密度差，$\boldsymbol{\sigma}=\boldsymbol{\sigma}_1+\boldsymbol{\sigma}_2$ 为面密度，求得第二次的界面深度模型 $\boldsymbol{depth}_2$。

(5) 继续迭代，直到迭代次数或反演结果符合指定的标准。

刘元龙等研究认为，正演计算重力时将厚度为 ΔH 的方柱体压缩到深度为 h 的平面上，当 $\Delta H/h<0.2$ 时，压缩质面计算的重力异常与理论重力异常几乎相等，最大相对误差<1%；当 $\Delta H/h$ 为 0.2~0.4 时，二者最大相对误差为 1-3%。因此当 $\Delta H/h<0.4$ 时，可用矩形质面重力异常近似三维长方体的重力异常。当 $\Delta H=5\text{km}$ 时，由 $\Delta H/h<0.4$ 可估算 $h>12.5\text{km}$，可见压缩质面法适合反演埋深较大的密度界面的深度(如莫霍面)。

2. 应用实例

这里给出两个应用实例。第一个实例为渡口—西昌地区莫霍面反演，来自刘元龙等。计算时取点距为 40km，布格重力异常经过二维 9 点滑动平均后，得出深部重力异常。根据熊绍柏等对深部地震测深资料的解释成果，可得各层密度和地壳与地幔的密度差。结果表明，深部重力异常负值大的区域地壳密度偏小，地壳与地幔的密度差较大；而深部重力异常负值小的区域地壳密度偏大，地壳与地幔密度较小。根据深部重力异常及地壳与地幔的密度差资料，可得出以下经验关系：

$$\Delta\rho_i=0.083715-0.00150995\Delta g_i-0.000001548\Delta g_i^2 \tag{5-43}$$

式中，$\Delta\rho_i$ 的单位为 g/cm^3；Δg_i 的单位为 mGal。

利用质面系数法进行反演，结果与深部地震剖面解释结果基本上是一致的。

第二个实例为南海莫霍面深度反演，该实例来自于胡立天和郝天珧。将地震结果作为控制点，控制点点距 20km，共 594 个，位置如图 5-7(a)所示。反演结果如图 5-7(b)所示，得出的莫霍基准面深度为 23.625km，密度差为 0.5402g/cm^3，控制点反演结果与地震结果的平均偏差为 $-21\times10^{-14}\text{km}$，标准差为 1.56km，对反演结果使用小立方体正演得到的重力值与原始重力异常值的平均偏差为 -0.0123mGal，标准差为 0.0284mGal。同时使用 Parker 法对不同平均深度和密度差进行多次实验，选出最好的反演结果，其平均偏差为 2.23km，标准偏差为 2.56km。

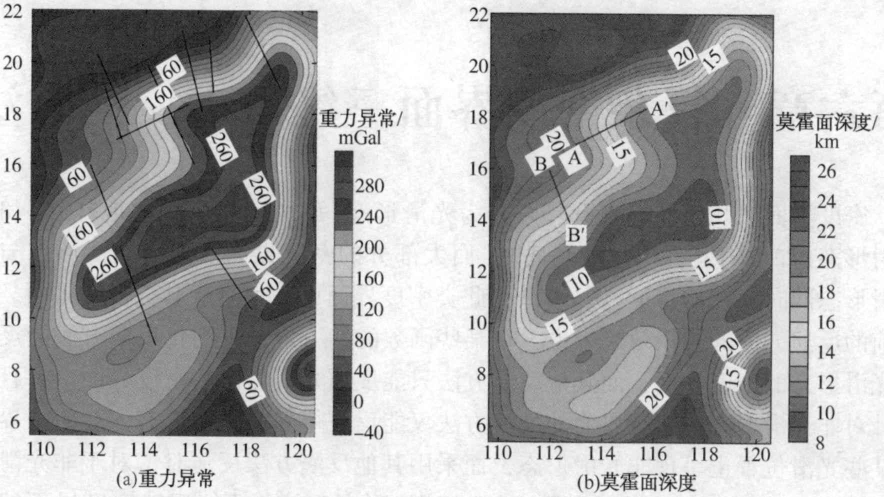

图 5-7　南海重力异常及莫霍面深度反演结果(胡立天等，2014)

第六章　复杂密度界面三维重力反演方法

密度界面从几何形态来看，可分为光滑形态(如坳陷型沉积盆地基底)和非光滑形态(如裂陷型沉积盆地基底)，而大部分的密度界面表现为光滑形态与非光滑形态同时存在的特征(图 6-1)，此类密度界面可称为复杂形态密度界面。从目前的反演方法的应用效果来说，在某些函数的约束下，正则化反演方法能反演非光滑形态的密度界面，而其他反演方法只能反演光滑形态的密度界面。并且目前针对非光滑形态的密度界面的反演方法仅能反演得到非光滑形态，会使得界面中某些光滑位置也呈现非光滑形态，而采用其他反演方法反演时，对于非光滑密度界面得到的是一个近似密度界面的“模糊”形态，其并不能反映密度界面的真实特征。可见，复杂形态密度界面反演时比较难的，尤其三维反演方面，目前几乎没有学者进行研究。本章选取光滑界面和非光滑界面同时存在的复杂密度界面作为研究对象，首先介绍已有的复杂界面反演的方法原理及存在问题，之后根据前几章的研究结果以及复杂密度界面的特点，提出复杂密度界面非线性三维反演的策略，最后建立模型进行试算以测试反演方法的准确性和稳定性。

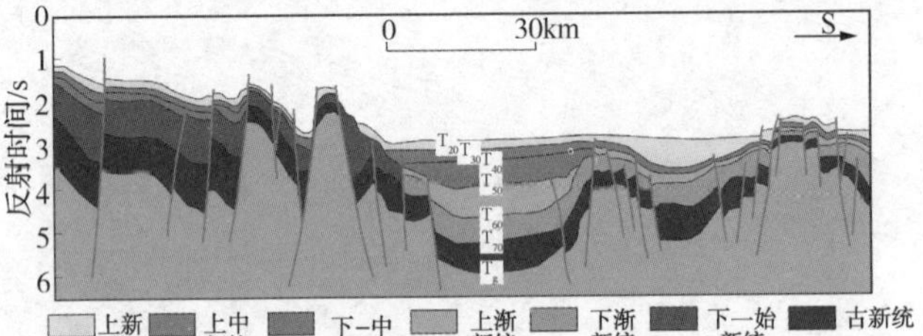

图 6-1　南薇西盆地区域地质剖面图(据张功成等)

第一节　复杂密度界面反演的研究概况

由于复杂密度界面同时存在光滑形态与非光滑形态的界面，因此其反演是较难实现的。近年来也有学者进行了二维复杂密度界面的反演研究，其方法原理与应用效果不同。

1. 基于 L_p-范数调整的反演方法

2014 年，Sun 和 Li 提出了基于 L_p-范数调整的复杂密度界面的二维重力反演方法，目标函数为：

$$\Phi(\boldsymbol{m})=\Phi_{\mathrm{d}}+\beta\Phi_{\mathrm{m}} \tag{6-1}$$

式中，Φ_{d} 为数据误差项；Φ_{m} 为模型约束函数；β 为正则化参数。

应用范数的定义，上式可写为：

$$\Phi(\boldsymbol{m})=\Phi_{\mathrm{d}}^{\mathrm{g}}\{W_{\mathrm{d}}[\boldsymbol{d}^{obs}-G(\boldsymbol{m})]\}+\beta\sum_{i=s,\ x,\ y,\ z}\alpha_i\Phi_i^g[\boldsymbol{W}_i(\boldsymbol{m}-\boldsymbol{m}^{ref})] \tag{6-2}$$

式中，$\Phi_{\mathrm{d}}^{\mathrm{g}}$ 为数据误差函数；$\boldsymbol{d}^{obs}$ 为观测数据；$\boldsymbol{W}_{\mathrm{d}}$ 为对角加权矩阵，假设数据误差独立，则 $\boldsymbol{W}_{\mathrm{d}}$ 的元素为观测数据标准差的倒数，若有必要，则非对角元素表示了观测数据误差的相关度；$\boldsymbol{G}(\boldsymbol{m})$ 为模型 $\boldsymbol{m}$ 的正演问题的数学表达式；$\boldsymbol{m}^{ref}$ 为根据地质信息或先验信息建立的参考模型；$\boldsymbol{W}_i$ 分别衡量了 $i=s$、x、y、z 时反演模型与参考模型的之差的不同元素的空间粗糙度；$i=s$、x、y、z 分别表示了最小模型以及模型在 x、y、z 方向的导数分量；常数 α_i（$i=s$、x、y、z）为每个分量的权重。

采用高斯-牛顿法求解上式的非线性函数的极小化问题。假定在第 $n-1$ 次迭代中得到目标函数的解为 $\boldsymbol{m}^{(n-1)}$，相应的正演异常为 $\boldsymbol{d}^{(n-1)}$，则第 n 次迭代时可使下式极小化以得到模型更新的扰动量 $\Delta\boldsymbol{m}$ 以进行模型更新 $\boldsymbol{m}^{(n)}=\boldsymbol{m}^{(n-1)}+\Delta\boldsymbol{m}$：

$$\begin{aligned}\Phi(\Delta\boldsymbol{m})&=\Phi_{\mathrm{d}}^{\mathrm{g}}\{\boldsymbol{W}_{\mathrm{d}}[\boldsymbol{d}^{obs}-\boldsymbol{G}(\boldsymbol{m}^{(n-1)}+\Delta\boldsymbol{m}]\}\\&+\beta\sum_{i=s,\ x,\ y,\ z}\alpha_i\Phi_i^g[\boldsymbol{W}_i(\boldsymbol{m}^{(n-1)}+\Delta\boldsymbol{m}-\boldsymbol{m}^{ref})]\end{aligned} \tag{6-3}$$

通过上式可得到以下式子，求解可得到模型扰动量 $\Delta\boldsymbol{m}$：

$$\begin{aligned}&\left[\boldsymbol{J}^T\boldsymbol{W}_{\mathrm{d}}^T\boldsymbol{R}_{\mathrm{d}}\boldsymbol{W}_{\mathrm{d}}\boldsymbol{J}+\beta\sum_{i=s,\ x,\ y,\ z}(\alpha_i\boldsymbol{W}_i^{\mathrm{T}}\boldsymbol{R}_i\boldsymbol{W}_i)\right]\Delta\boldsymbol{m}\\&=\boldsymbol{J}^T\boldsymbol{W}_{\mathrm{d}}^T\boldsymbol{R}_{\mathrm{d}}\boldsymbol{W}_{\mathrm{d}}(\boldsymbol{d}^{\mathrm{obs}}-\boldsymbol{d}^{(n-1)})-\beta\sum_{i=s,\ x,\ y,\ z}[\alpha_i\boldsymbol{W}_i^T\boldsymbol{R}_i\boldsymbol{W}_i(\boldsymbol{m}^{n-1}-\boldsymbol{m}^{ref})]\end{aligned} \tag{6-4}$$

式中，$\boldsymbol{J}$ 为敏感度矩阵；$\boldsymbol{R}_i$ 是一个对角阵，其对角线元素由选择的测度决定，这里选为 Ekblom 范数。

上式与一般测度的唯一区别在于 $\boldsymbol{R}_d$，$\boldsymbol{R}_s$，$\boldsymbol{R}_x$，$\boldsymbol{R}_y$ 和 $\boldsymbol{R}_z$ 的形式。在 Ekblom 范数中，$p=2$ 且 ε 小到可忽略，则 Ekblom 范数的效果与 L_2-范数相同；$p=1$ 且 ε 与 x 相比较小时，可反演得到与 L_1-范数相同的结果。一般测度往往仅选择 L_1-范数或 L_2-范数作为约束，而使用 Ekblom 范数则较为灵活，在反演中可对于模型的不同部分给定不同的 Φ_i^g（$i=s$，x，y，z），因此可根据所期望得到的模型的形态针对模型的不同区域而给定不同的 p 和 ε，p 和 ε 的值可根据先验信息得到。通过给不同的区域选择不同的范数，给待反演的模型施加局部独立的构造特征从而避免了假定模型为简单的统一特征。或者在缺少先验信息的情况下，通过一系列的反演，可从数据中得到模型局部光滑或非光滑的位置，即利用 L_p-范数的调整进行反演从而进行判断的策略。

对于局部光滑位置和非光滑位置的判断方面，可采用以下方法。这里先用一个简单盆地基底模型进行说明，模型及不同参数反演结果如图 6-2 所示。

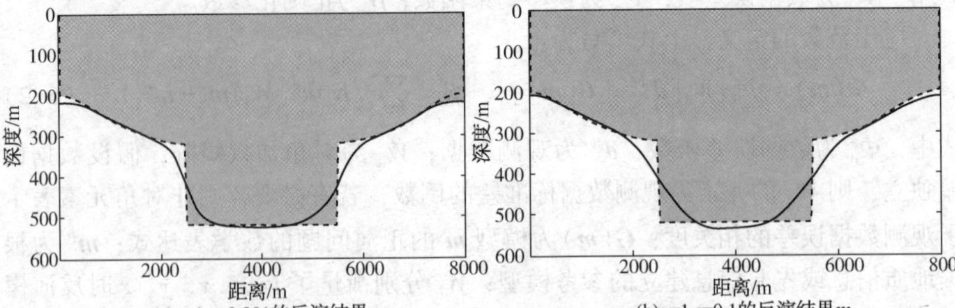

(a)p=1,ε=0.001的反演结果$\boldsymbol{m}_1$　　(b)p=1,ε=0.1的反演结果$\boldsymbol{m}_2$

图 6-2　密度界面模型及不同参数的反演结果（据 Sun 和 Li）

灰色区域为理论模型，黑色实线为反演结果

从图 6-2 可以看出，增大 ε 的值时，反演结果更加光滑。对于二维反演结果 $\boldsymbol{m}_1$ 和 $\boldsymbol{m}_2$，可通过计算 $\partial^2 m_1/\partial x^2$ 和 $\partial^2 m_2/\partial x^2$ 而得到这两个结果的空间光滑度，结果如图 6-3 中黑色虚线和灰色虚线所示。为显示反演结果的光滑度随 ε 取值的变化的大小，计算 $|\partial^2 m_1/\partial x^2-\partial^2 m_2/\partial x^2|$，结果如图 6-3 中黑色实线所示。通过检测模型的光滑度随 ε 取值而变化的最大位置，可得到模型的非光滑区域，其他区域为光滑区域。从图 6-3 中可看出，实验模型有两个峰值，即有两个光滑度变化最大的位置，据此可得到模型的两个断裂的近似位置。之后可在检测出的断裂位置上给定 $p=1$，而在其他位置上给定 $p=2$ 进行反演（ε 非常小），从而得到盆地基底模型的非光滑特征和光滑特征。

以上方法可推广到三维反演之中。对于不同 ε 得到的两个反演结果 $\boldsymbol{m}_1$ 和 $\boldsymbol{m}_2$，可分别计算 x 方向的光滑度 $|\partial^2 m_1/\partial x^2|$、$|\partial^2 m_1/\partial x^2|$ 以及 y 方向的光滑度 $|\partial^2 m_1/\partial y^2|$、$|\partial^2 m_1/\partial y^2|$，然后通过 $|(\partial^2 m_1/\partial x^2+\partial^2 m_1/\partial y^2)-(\partial^2 m_2/\partial x^2+\partial^2 m_2/\partial y^2)|$ 以得到模型光滑度变化的位置，并据此确定模型光滑和非光滑的位置以选择相应的参数进行反演。

以上方法可以解决二维复杂密度界面反演问题，并且该思路也可用于三维密度界面反演，但是该方法应用时也存在一定的问题。在确定非光滑位置时，需要利用两次反演结果光滑度差值的峰值确定，从图 6-3 可以看出，对于一个简单的模型，其峰值大于两个；对于更复杂的模型，其峰值更多，图 6-4 所示的模型中，图 6-4(a)除理论的 6 个非光滑位置外，还有超过 10 个的“次峰值”，另外，识别峰值的位置时，作者没有提出自动识别方法，对于二维反演可采用手动识别的方法，但对于复杂或埋深稍大的模型识别的非光滑位置与理论位置有一定的偏移，甚至不能识别部分非光滑位置。而三维反演时若采用手动识别方法，工作量非常大，这对于反演问题是不利的。以上问题的实质在于利用光滑度（实质为总水平导数）识别非光滑位置（实际为地质体的边缘位置）时分辨力不够，并且容易出现其他干扰。

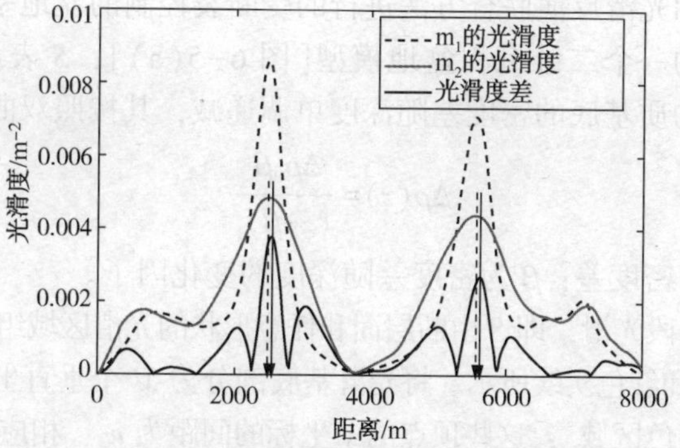

图 6-3　计算模型的二阶导数得到的两次反演结果的光滑度（据 Sun 和 Li）

黑色虚线为 m_1 光滑度的绝对值；灰色虚线为 m_2 光滑度的绝对值；黑色实线为两个光滑度绝对值的差值；黑色实线箭头表示了黑色实线的峰值，虚线箭头表示了理论模型的断裂位置

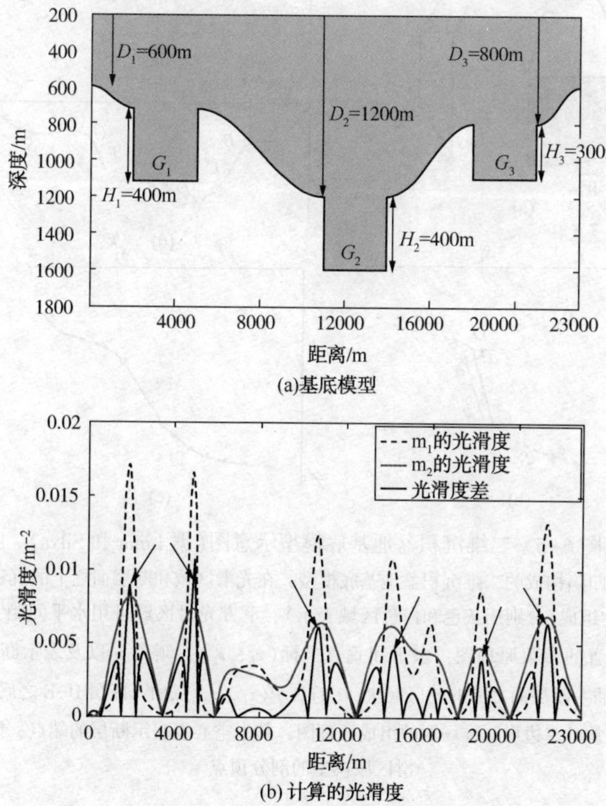

图 6-4　三个地堑组成的理论基底模型及其光滑度（据 Sun 和 Li）

2. 基于模型解释和光滑反演的联合方法

另外一个解决复杂密度界面反演问题的方法是 Lima 和 Silva 于 2014 年提出的基于模型解释和光滑反演联合方法进行的受断裂控制的盆地基底二维反演。考虑右手坐标系下的一个二维沉积盆地模型[图 6-5(a)]，S 表示沉积盆地基底，假设沉积单元与均质基底的密度差随深度单调递减，其按照双曲线规律变化：

$$\Delta\rho(z)=\frac{\Delta\rho_0\beta^2}{(z+\beta)^2} \tag{6-5}$$

式中，$\Delta\rho_0$ 为地表密度差；β 为密度差随深度的变化因子。

假设基底 S 分段光滑，即 S 由断层面和任意形状的光滑区域组成，分别如图 6-5(b)中的蓝色实线和红色实线所示。将光滑基底剖分为 M 个垂直坐标非零的顶点[图 6-5(a)中下部的灰色区域]，这些顶点的 x 坐标的间距为 w_i，相应的 z 坐标为待反演的参数。断层面之上的沉积单元由二维梯形表示[图 6-5(a)中白色区域]。

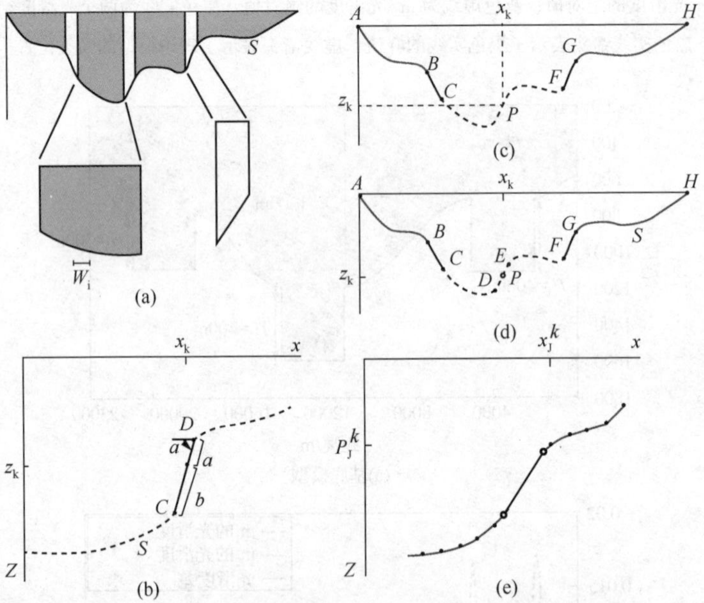

图 6-5 二维沉积盆地基底模型示意图(据 Lima 和 Silva)

(a)由断层面和光滑凹陷构成的二维沉积盆地基底模型，在光滑区域和断层面之上的沉积单元由垂直并置的二维多边形场源体组成(分别用灰色和白色区域表示)，下方光滑区域可用水平间距为 w_i 的顶点表示；(b)基底中断层面位置的参数原理图：水平和垂直坐标(x_k，z_k)，倾角 α 以及表示断距的参数 a 和 b；(c)在 $P(x_k, z_k)$点插入断层面之前的基底起伏；(d)在 $P(x_k, z_k)$点插入断层 D-E 之后估算的基底起伏；(e)计算理论重力异常时多边形二维场源的组成原理图，其中空心点表示断层的端点，黑色实心点表示光滑区域模型的剖分顶点

Lima 和 Silva 的方法的基本原理包括每个断裂位置的确定以及断裂倾角的准确估算、模型剖分顶点的组成、加入断裂进行基底起伏反演、从反演过程中去掉

断裂并应用全局光滑反演方法反演界面的光滑部分，如图 6-5(a) 灰色区域所示。

受断裂控制的盆地基底二维反演的方法步骤如下：

第一步：利用全局光滑反演图 6-5(a) 中剖分的顶点的 z 坐标，正则化参数为 μ_I。由于 Lima 和 Silva 的方法为交互方法，因此要求计算的效率高，因此使用 Bott 的方法进行反演，结果为 M 维向量 $\hat{\boldsymbol{p}}^0$。

第二步：定义 $(M-1)$ 维向量 $\boldsymbol{q}$，其任一元素由 $q_i=(\hat{p}_{i+1}^0-\hat{p}_i^0)/w_i$，$i=1$，…，$M-1$ 给出，其中 $\hat{\boldsymbol{p}}_i^0$ 向量 $\hat{\boldsymbol{p}}^0$ 的第 i 个元素，w_i 是第 i 个和第 $i+1$ 个顶点的水平距离，向量 $\boldsymbol{q}$ 是光滑反演结果 $\hat{\boldsymbol{p}}^0$ 在 x 方向梯度的离散近似。可令 L 个断层面的中点的 x 坐标 x_j 和 z 坐标 $z_j(j=1$，…，$L)$ 与向量 q 中同时满足 $|q_i|>|q_{i-1}|$ 和 $|q_i|>|q_{i+1}|(i=2$，…，$M-1)$ 的元素的 x 坐标和 z 坐标相一致。

第三步：令 $k=0$，k 为界面 S 上已经加入的断层面的个数。

第四步：继续确定下一个确定断层面，其位置可由第二步中自动确定或由解释着直接给定，若所有的断层面都已确定，转第六步，否则转下一步。

第五步：确定以下参数：①加入的断层面的的坐标 x_k 和 z_k(或由第二步自动确定)；②在水平方向确定的断裂的最小倾角[逆时针为正，如图 6-5(b) 中 α]；③位于点 (x_k, z_k) 和顶点 D 的断距参数 a 和点 (x_k, z_k) 和底点 C 的参数 b 的试验值[图 6-5(b)]，将断层面加入到基底起伏中并选用正则化参数 μ_F 进行反演基底的光滑部分，得到临时解 $\hat{\boldsymbol{p}}_t$(前一次的解 $\hat{\boldsymbol{p}}_t$ 被替换)。之后可判断接受该解作为最终结果或重新修改断层参数。若接受，则令 $k=k+1$，令 $\hat{\boldsymbol{p}}^k=\hat{\boldsymbol{p}}_t$，返回第四步；若决定修改断层参数，则重新开始第五步。

第六步：保存反演结果 $\hat{\boldsymbol{p}}^k$，停止计算。

以上反演步骤中很重要的一点是确定断层面的参数并加入到反演之中。图 6-5(c) 中断层 B-C 和 F-G 已经加入到基底之中，令点 $P(x_k, z_k)$ 的断层为欲加入到界面 S 上的断层，在估算了断层的断距 D 和 E[图 6-5(d)]可将其加入到界面 S 中。加入后的区域顶点见图 6-5(e) 中空心点所示，图中黑色实心点表示 $(x_j^k, \hat{p}_j^k)$，其中 x_j^k 为界面的第 j 个顶点的 x 坐标，用于加入第 k 个断层后的光滑反演，非线性光滑反演仅用于断层之间的顶点 z 坐标连续的区域的反演[如图 6-5(d) 中 C-D 和 E-F]和/或断层与区域左右端点之间区域的反演[如图 6-5(d) 中 A-B 和 G-H]。综上所述，断层位置不参与反演，但加入到正演计算拟合重力异常之中。

若想估计图 6-6 中浅灰色区域所示的正断层的参数，假设 P 点的位置已自动检测得到(或人为确定)，倾角 α 通过先验地质信息已确定，为确定断层断距，则必须估计 P 点距离 F 和 E 点的距离，即断距参数 a 和 b(图 6-6)。注意到点 E 和 F 不仅属于断层面，而且分别属于近水平的部分 D-E 和 F-G，因此，当断距参数 a 和 b 正确估计时[图 6-6(a)]，沿 D-E 和 F-G 段的基底起伏反演结果(黑色虚线)近于水平线；而当断距参数 a 和 b 过度估计时，沿 D-E 和 F-G 段反演结果整体为光滑形态，但在接近断层顶端的位置出现旁瓣。因此，比较保险的估计断层断距的方法是先有意地给 a 和 b 取较大的值以在反演时得到明显的旁瓣现象，然后逐渐减小 a 和 b 的值直到旁瓣消失。

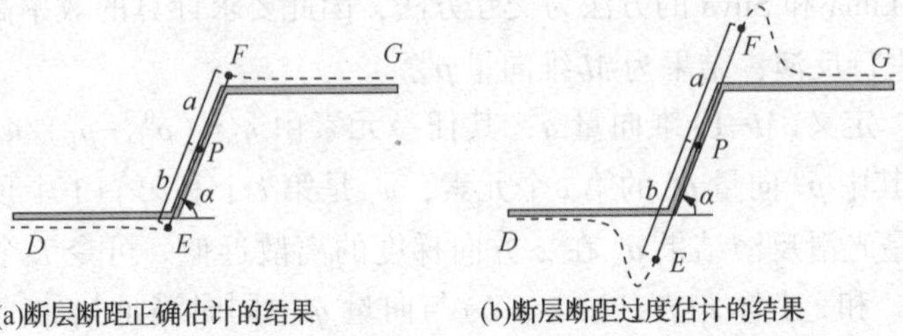

图 6-6　在 P 点断层附近理论和估计的基底起伏示意图(据 Lima 和 Silva)

灰色实线为理论模型，黑色实线为估计模型

上述过程如图 6-7(a)~(c)所示。图中下半部分为理论模型(黑色实线)，其理论重力异常用上半部分的黑色点表示。密度差参数为 $\Delta\rho_0=-0.3\mathrm{g/cm^3}$、$\beta=3\mathrm{km}$。在 $x=35\mathrm{km}$ 插入断层后的反演得到的基底见图下半部分的灰色实线所示，图 6-7(a)~(c)为分别假设 a 和 b 为 0.8、0.4 和 0.2km 的结果。可见，当断距过度估计时[图 6-7(a)]，断层顶端右侧和底端左侧会出现明显的旁瓣，当 a 和 b 为 0.4km 时，旁瓣现象完全消失。

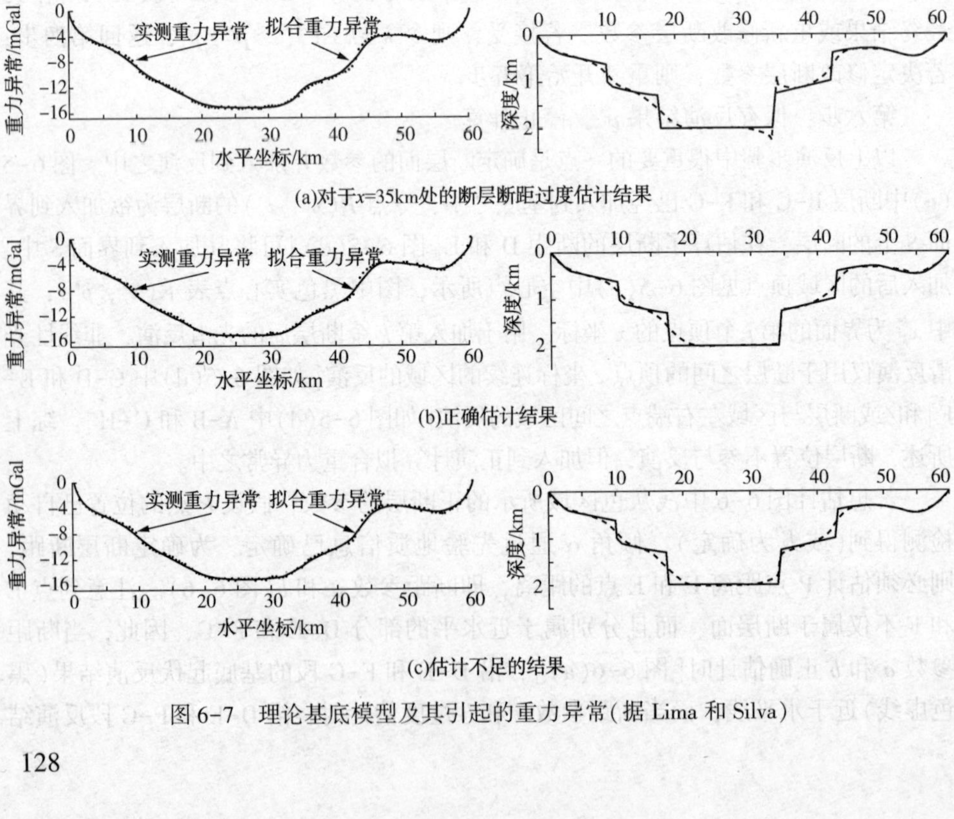

图 6-7　理论基底模型及其引起的重力异常(据 Lima 和 Silva)

通过以上反演步骤可以看出，Lima 和 Silva 的交互反演方法能反演复杂形态的密度界面，其重点在于断层参数的正确估计，而其估计是比较难的，需要断层倾角和中点的坐标。二维反演较为简单，可能只有几个断层，相应的先验信息可以获取，但对于三维反演，断层较多，并且每个断层在不同位置的走向和倾角会发生变化，并且先验信息的量远远达不到反演的要求。另外，在利用先验信息进行反演时，需要选择多组断距参数进行试算并进行评价，工作量较大。

3. 存在的问题

复杂界面的反演是近年来逐渐开始研究的，目前研究较少，并且只进行了二维反演，几乎没有三维反演研究。就二维反演方法来看，主要困难在于非光滑位置甚至形态较难识别，其需要较好的位场边缘识别方法或需要大量准确的先验信息，此外，以上的二维反演措施工作量较大，也不利于三维反演。

第二节　复杂密度界面反演策略

通过上一节的总结可知，对于非光滑位置(通常表现为断层的形式)甚至其形态如何准确识别和确定是复杂密度界面反演的一个主要的问题，只要确定了非光滑位置甚至形态，则可在这些位置采用非光滑反演方法，而在其余的光滑位置用比较稳定的光滑反演方法，即可实现复杂密度界面反演。

与二维反演不同，三维复杂密度界面反演的难点在于：①先验约束信息较少，因此需要充分利用位场信息识别非光滑位置甚至其形态；②计算量较大，因此需要尽可能地减小不必要的迭代计算，尽量在较简单的步骤下得到反演结果。因此，在三维反演时，主要从非光滑位置的识别、模型约束函数的选择和目标函数的建立以及迭代初值的选择三个方面，确定复杂界面三维的反演策略。

1. 非光滑位置的自动识别

密度界面的非光滑位置通常表现为断裂的形式，实质为具有一定密度差异的地质体的边界线，其明显的特征为非光滑位置附近重力异常变化率较大，针对这一特征，可利用位场边缘识别方法确定非光滑位置。利用位场数据识别地质体边缘的方法分数理统计、数值计算和其他方法三大类，而数值计算类边缘识别方法是研究最多、应用最广的识别方法，基本方法有垂向导数、总水平导数、解析信号振幅三种基本方法和倾斜角和 θ 图两种基本比值方法，其他方法均是在这 5 种方法的基础上发展起来的，文献中对数值计算类边缘识别方法进行了详细的对比分析。

针对反演工作的需求，在选用边缘识别方法时，要保证两点：一是选用的边缘识别方法能较清晰的识别非光滑的位置，而在界面光滑位置无其他干扰信息或干扰信息较少；二是能较好地加入到反演之中，尽可能地使反演流程简单、工作量小。基于以上两点，选择基于总水平导数发展起来的归一化总水平导数垂向导数技术(NVDR_THDR)作为识别非光滑位置的方法，其计算步骤如下：

(1) 计算位场数据的总水平导数THDR：

$$\mathrm{THDR}(x, y)=\sqrt{\left(\frac{\partial f(x, y)}{\partial x}\right)^2+\left(\frac{\partial f(x, y)}{\partial y}\right)^2} \tag{6-6}$$

式中，$f(x, y)$为重力异常、假重力异常或化极磁力异常。

(2) 计算总水平导数THDR的n阶垂向导数VDRn：

$$\mathrm{VDR}_n(x, y)=\frac{\partial^n \mathrm{THDR}(x, y)}{\partial z^n} \tag{6-7}$$

式中，n为垂向导数的次数，$n=1, 2, 3\cdots n$值越大，其横向分辨能力越强，但n值过大会使得计算结果不稳定，通过试验，一般地，n取1或2即可。

(3) 计算总水平导数THDR峰值PTHDR：

$$\mathrm{PTHDR}(x, y)=\begin{cases}=0 & \mathrm{VDR}_n(x, y)<0\\ =\mathrm{VDR}_n(x, y) & \mathrm{VDR}_n(x, y)\geqslant 0\end{cases} \tag{6-8}$$

(4) 计算总水平导数峰值PTHDR与总水平导数THDR的比值：

$$\mathrm{VDR\_THDR}(x, y)=\begin{cases}=0 & \mathrm{PTHDR}(x, y)\leqslant 0\\ =\dfrac{\mathrm{PTHDR}(x, y)}{\mathrm{THDR}(x, y)} & \mathrm{PTHDR}(x, y)>0\end{cases} \tag{6-9}$$

(5) 计算总水平导数垂向导数最大值$\mathrm{VDR_THDR}_{max}$，通过最大值得到归一化总水平导数垂向导数NVDR_THDR：

$$\mathrm{NVDR\_THDR}(x, y)=\frac{\mathrm{VDR\_THDR}(x, y)}{\mathrm{VDR\_THDR}_{max}} \tag{6-10}$$

选用4个模型测试归一化总水平导数垂向导数的应用效果，结果分别如图6-8~图6-11所示。图6-8为单个直立六面体模型(埋深10~50m)的位场边缘识别结果。可以看出，总水平导数的极大值幅值较宽[图6-8(b)]；n阶导数解析信号振幅[图6-8(c)]的幅值稍窄一些；倾斜角总水平导数识别的边缘位置[图6-8(d)]比理论模型的位置稍宽一些；θ图[图6-9(e)]幅值太宽并且变化较平缓，不利用边缘位置的识别；归一化总水平导数垂向导数幅值最窄。

从图6-9可以看出，对于组合模型，归一化总水平导数垂向导数的具有明显的优势，其既能较好的识别模型外侧边界位置，并且对于两个模型相邻的边界也能较好的分辨和识别，与总水平导数相比，NVDR_THDR的幅值更为明显。可见，对于地质体边缘识别时，NVDR_THDR的效果较好。

从不同埋深的模型(3个模型从左向右埋深分别为10~50m、25~65m、40~80m)边缘识别结果(图6-10)来看，对于这个3个模型，归一化总水平导数垂向导数均能识别其边缘位置，只是对于埋深较大的模型，识别的边缘位置更靠近模型的外侧。而总水平导数峰值无法识别埋深较大的模型的边缘位置，此即为 Sun 和 Li 利用总水平导数对于埋深较大的非光滑界面位置无法识别的原因。

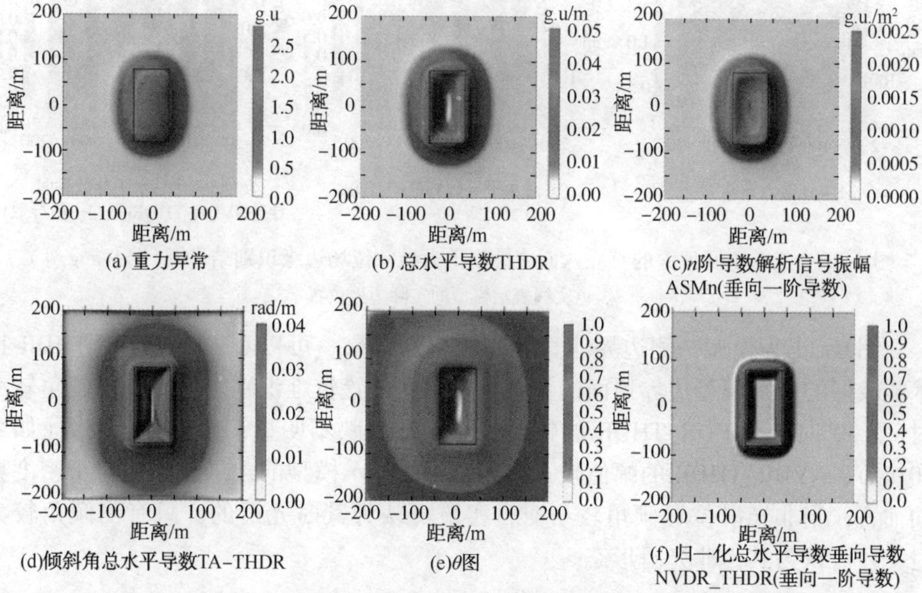

图 6-8　单个直立六面体模型重力异常位场边缘识别结果图(据 Wang 等)

黑色实线表示模型的实际边界位置

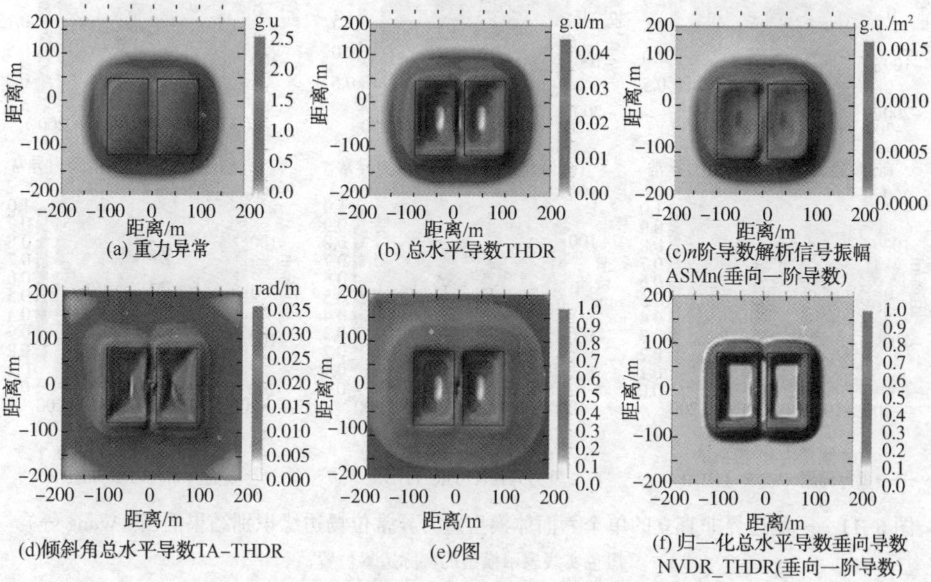

图 6-9　两个直立六面体组合模型重力异常位场边缘识别结果图(据 Wang 等)

黑色实线表示模型的实际边界位置

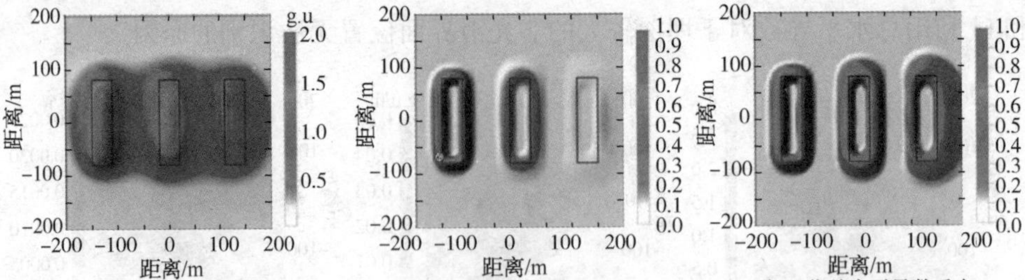

(a) 重力异常　(b) 总水平导数峰值PTHDR　(c) 归一化总水平导数垂向导数NVDR_THDR(垂向一阶导数)

图 6-10　三个不同埋深的直立六面体模型重力异常位场边缘识别结果图(据 Wang 等)

黑色实线表示模型的实际边界位置

图 6-11 为模型一侧边界非直立时的识别结果。可以看出，NVDR_THDR 技术能较好的识别模型边界顶面的位置，底面的位置较难识别。另外，当倾角较小时(如 30°时)，NVDR_THDR 的幅值很小，即反映不明显；而当倾角较大(如≥60°时)，NVDR_THDR 的幅值较大，能较好的显示模型的边缘位置。对于密度界面而言，当非光滑位置倾角较小时，实质可认为其时光滑的，只有当倾角较大时，才可认为其为非光滑形态。

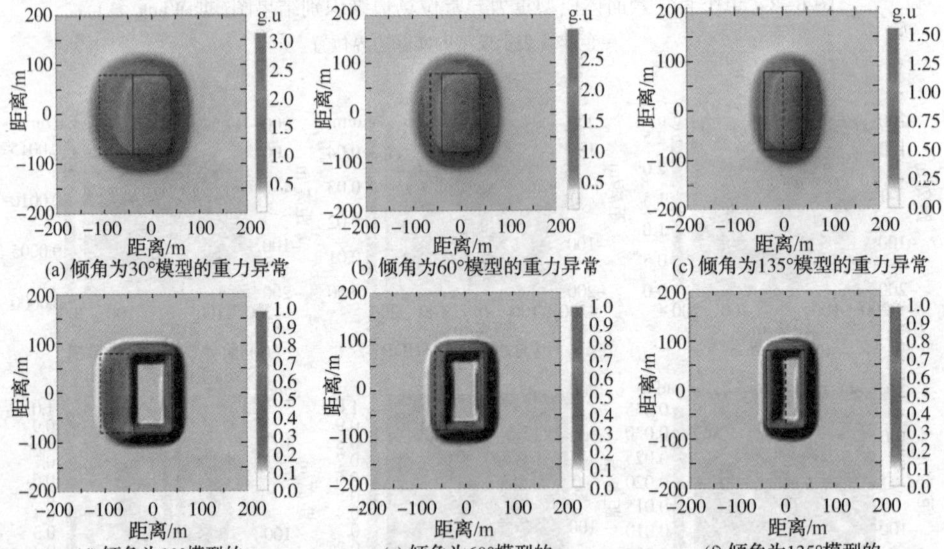

(a) 倾角为30°模型的重力异常　(b) 倾角为60°模型的重力异常　(c) 倾角为135°模型的重力异常

(d) 倾角为30°模型的重力异常NVDR_THDR　(e) 倾角为60°模型的重力异常NVDR_THDR　(f) 倾角为135°模型的重力异常NVDR_THDR

图 6-11　一侧边界非直立的单个六面体模型重力异常位场边缘识别结果图(据 Wang 等)

黑色实线表示模型的实际边界位置

从以上模型试验结果可以看出，归一化总水平导数垂向导数优点在于结果简单、清晰，无旁侧“次极值”的干扰。另外 NVDR_THDR 的值介于 0~1 之间，其有利于加入到密度界面的特征识别和反演之中。对于待反演的密度界面上任一点(x_k, y_k)，若该点的 $NVDR\_THDR(x_k, y_k)=1$，可认为该点处密度界面为非光滑形态，在该处可用非光滑约束进行反演；反之若该点的 $NVDR\_THDR(x_k, y_k)=0$，则该点处界面为光滑形态，可用光滑约束进行反演；若 $0<NVDR\_THDR(x_k, y_k)<1$，可认为是过渡形态，反演时可综合利用光滑约束和非光滑约束进行。

2. 目标函数的建立

对于复杂密度界面的反演，需要保证能准确的识别非光滑与光滑界面的位置并将此信息加入到反演之中，另外，要选用合适的约束函数分别能够较好的反演密度界面非光滑和光滑特征。关于第一点，通过上一小节的研究，可采用 NVDR_THDR 方法。就第二点来说，通过第四章的研究，反演非光滑界面时选用基于 L_1-范数的模型向量梯度$\nabla \boldsymbol{m}$ 的函数 $\tau_{g1}(\boldsymbol{m})$作为约束效果较好，而反演光滑界面时选用基于 L_2-范数的模型向量 $\boldsymbol{m}$ 的函数 $\tau_{m2}(\boldsymbol{m})$作为约束效果较好。另外，若在反演时有密度界面深度的先验信息，则应在反演中利用已知信息作为约束。基于此，建立如下目标函数：

$$\varphi(\boldsymbol{m}) = \| g^{obs} - g(\boldsymbol{m}) \|^2 + \lambda_h h(\boldsymbol{m}) + \lambda_m [\mu_1(\boldsymbol{m})\tau_1(\boldsymbol{m}) + \mu_2(\boldsymbol{m})\tau_2(\boldsymbol{m})] \tag{6-11}$$

式中，$\boldsymbol{g}^{obs}$为实测重力异常；$\boldsymbol{g}(\boldsymbol{m})$为模型正演拟合重力异常；$\lambda_h$ 和 λ_m 为正则化参数；$h(\boldsymbol{m})$为已知信息约束函数，其表达式见式(4-15)。$\tau_1(\boldsymbol{m})$和 $\tau_2(\boldsymbol{m})$分别为 L_1-范数和 L_2-范数形式的模型约束函数，其表达式分别见式(4-36)和式(4-38)；$\mu_1(\boldsymbol{m})$和$\mu_2(\boldsymbol{m})$分别为 L_1-范数和 L_2-范数模型约束函数的权重，其中 $\mu_1(\boldsymbol{m})$值为 NVDR_THDR 异常值，而$\mu_2(\boldsymbol{m})=1-\mu_1(\boldsymbol{m})$；若任一模型 m_k 表现为非光滑形态，则 $NVDR\_THDR(m_k)>0$，此时$\mu_1(m_k)=1$，$\mu_2(m_k)=0$，即此时只对模型施加非光滑约束；反之，m_k 表现为光滑形态，则 $NVDR\_THDR(m_k)=0$，此时$\mu_1(m_k)=0$、$\mu_2(m_k)=1$，仅对模型施加光滑约束；而对于密度界面形态的判断，完全依靠 *NVDR_THDR* 技术。因此通过以上目标函数，可实现复杂密度界面的自动判断和反演。

3. 反演初值的选择

密度界面的反演是一个迭代计算的过程，因此，若能选择迭代的初值为一个接近真实界面的一个近似界面，则可极大的减少迭代次数，提高反演计算的效率。为研究反演初值的选择，先从非线性反演方法的迭代过程入手进行研究。

首先以第四章的密度界面模型 a 为例，研究反演结果随迭代次数的变化特征。反演时 ε 取 0.01，λ_m 取 0.1，利用基于 L_1-范数的模型向量梯度$\nabla \boldsymbol{m}$ 的函数 $\tau_{g1}(\boldsymbol{m})$作为约束函数，不同迭代次数时的反演结果如图 6-12 所示。

图 6-12(a)~(f)分别是迭代次数为 1、20、80、120、160 和 200 次的反演结果，可以看出，迭代 1 次时，反演结果为一个中部深、两侧浅的完全光滑的密度

界面，其只能反映密度界面的整体趋势；当迭代次数为 20 次时，反演结果也为光滑形态，但与理论模型的形态稍微接近一些；当迭代次数为 80 次时，反演结果呈现非光滑形态，但与理论模型仍有一定的差别；随着迭代次数的进一步增大，这种非光滑特征越来越明显，并且与理论模型吻合度进一步提高；当迭代次数为 160 次时，反演结果几乎与理论模型重合；当反演结束时(此时迭代次数为 200 次)，反演结果与理论模型几乎完全重合。

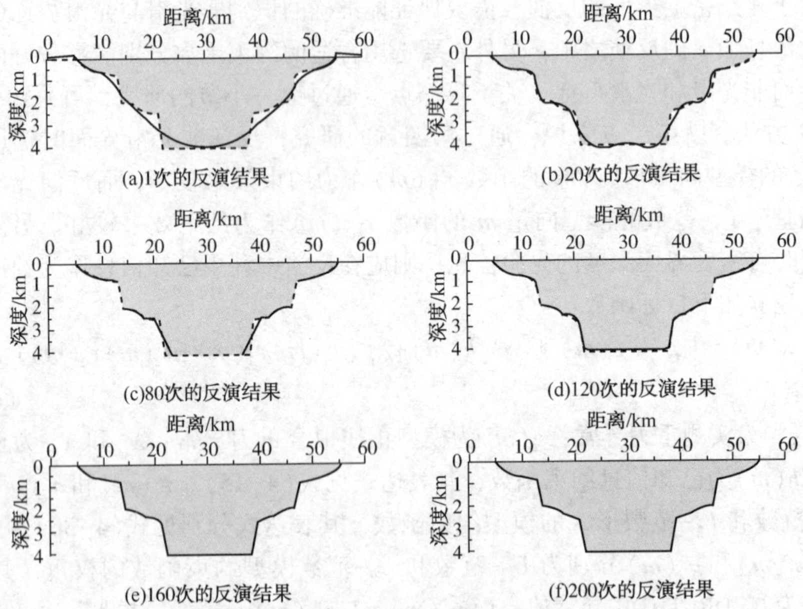

图 6-12　基于 L_1-范数模型梯度约束下不同迭代次数时模型 a 的反演结果

这里对于第四章的密度界面模型 b 也进行研究。反演时 ε 取 0.01、λ_m 取 0.1，利用基于 L_1-范数的模型向量梯度 $\nabla \boldsymbol{m}$ 的函数 $\tau_{g1}(\boldsymbol{m})$ 作为约束函数，不同迭代次数时的反演结果如图 6-13 所示。可以看出，模型 b 的反演结果随迭代次数的变化规律与模型 a 的变化规律一致。

从以上两个模型的试算过程可以看出，反演初始为一个只能大体反映密度界面变化趋势的十分光滑的界面，随着迭代次数的增加，反演结果仍为光滑形态，但形态逐渐接近理论模型；当迭代次数到一定值时，反演结果逐步呈现非光滑形态，并随着迭代次数的进一步增大，反演结果逐渐接近理论模型。可见，非线性反演实际是一个先得到模型的近似形态，然后再逐步调整反演结果的迭代过程。而得到近似形态的过程实质是拟合观测重力数据的过程，该过程中模型约束函数几乎不起作用；当反演结果能够很好的拟合观测数据时，模型约束函数开始发挥作用，控制了反演结果形态的调整。因此，若在反演开始时可得到能够拟合观测数据的模型向量，则之后的反演中只需对模型向量进行调整即可，这样在很大程度上减小反演迭代次数，提高反演效率。通过第三章的研究可知，在仅利用观测数据反演密度界面时，直接迭代法是一种较好的方法，其与非线性反演方法相比，反演计算为线性计算，速度较快，尤其对于三维反演，这种速度优势更加明显。因此，在反演复杂密度界面时，可先利用直接迭代法得到密度界面的近似形态(迭代终止条件的给定可参考第三章的相关措施)，然后利用非线性反演方法进一步调整反演结果。

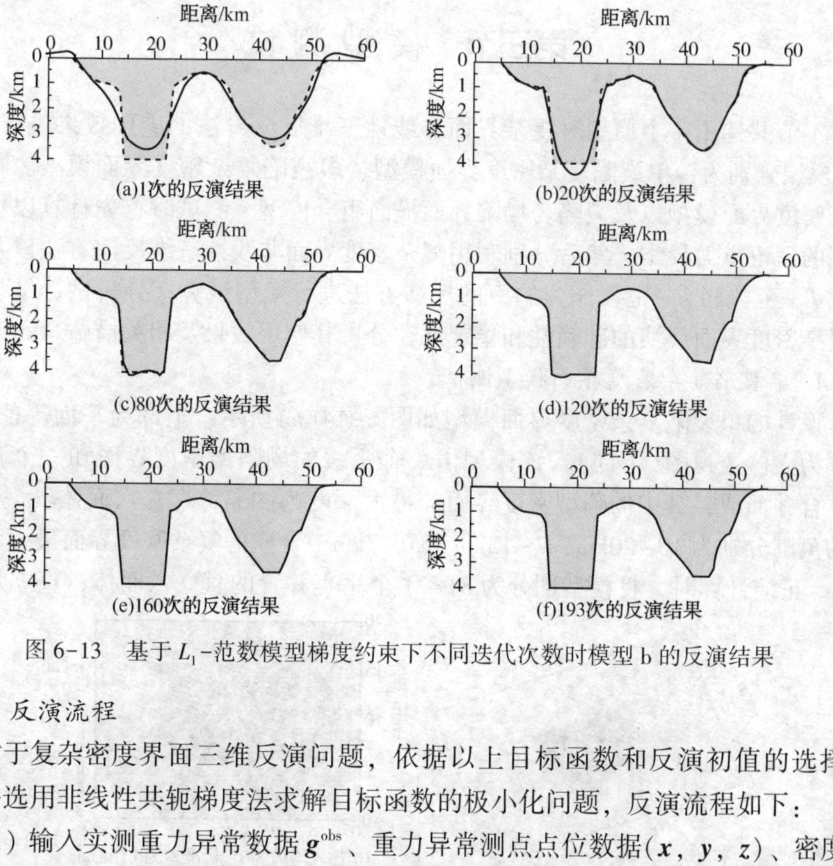

图 6-13　基于 L_1-范数模型梯度约束下不同迭代次数时模型 b 的反演结果

4. 反演流程

对于复杂密度界面三维反演问题，依据以上目标函数和反演初值的选择方法，并选用非线性共轭梯度法求解目标函数的极小化问题，反演流程如下：

(1) 输入实测重力异常数据 $\boldsymbol{g}^{obs}$、重力异常测点点位数据($\boldsymbol{x}$, $\boldsymbol{y}$, $\boldsymbol{z}$)、密度界面最浅限制数据 m^{obs}(保证反演的密度界面的深度须大于该值，或可利用该数据作为上界面，实现双界面模式界面反演)、界面已知深度数据 $\boldsymbol{H}$、正则化参数 λ_h 和 λ_m、密度界面上下的密度差 $\Delta\rho$，给定直接迭代法(见第三章)的收敛误差 $epsd$ 和最大迭代次数 kd_{max} 以及非线性反演方法的收敛误差 $epsr$ 和最大迭代次数 k_{max}，并分别设置直接迭代法和非线性反演方法的迭代次数 $kd=0$、$kr=0$。

(2) 利用收敛误差 $epsd$ 和最大迭代次数 kd_{max} 作为收敛条件，采用 Bott 提出的直接迭代法计算得到密度界面的近似形态 $\boldsymbol{m}_{(0)}$。

(3) 计算实测重力异常 $\boldsymbol{g}^{obs}$ 的归一化总水平导数垂向导数值(NVDR_THDR)，

据此得到非光滑约束的权重 $\mu_1(\boldsymbol{m})$ 和光滑约束的权重 $\mu_2(\boldsymbol{m})$。

(4) 建立由重力数据拟合、已知深度拟合和模型约束函数组成的非线性反演方法的目标函数 $\varphi(\boldsymbol{m})$;

(5) 利用收敛误差 *epsr* 和最大迭代次数 k_{max} 作为迭代终止条件，采用非线性共轭梯度法求解目标函数 $\varphi(\boldsymbol{m})$ 的极小化问题;

(6) 输出反演得到的密度界面深度 $\boldsymbol{m}_k$ 反演结果。

第三节 模型测试

本节共选用4个模型对复杂界面非线性三维反演方法的应用效果进行测试，4个模型分别为：单裂陷复杂密度界面模型、多裂陷复杂密度界面模型、断阶状裂陷密度界面模型以及裂陷与坳陷界面横向组合模型。测试时首先计算以上4个模型的理论重力异常，然后分别利用复杂密度界面非线性三维反演方法以及单独利用 L_1-范数和 L_2-范数作为约束的反演方法进行模型试算。分析试算结果，研究复杂密度界面反演的准确性和稳定性，分析其使用效果及相关措施。

1. 单裂陷复杂密度界面模型测试

设计的单裂陷复杂密度界面模型如图6-14(a)所示，上部为平面等值线图，下部为立体透视图(下同)。该模型由一个平缓的坳陷型密度界面和一个直立六面体合并而成，其中坳陷型密度界面的最大深度为2km，直立六面体 *x*、*y*、*z* 方向的范围分别为10~20km、7~13km 和0~3km，合成的复杂密度界面最大深度为5km。正演计算时，将模型剖分为31×21个垂直并置的直立六面体，直立六面体

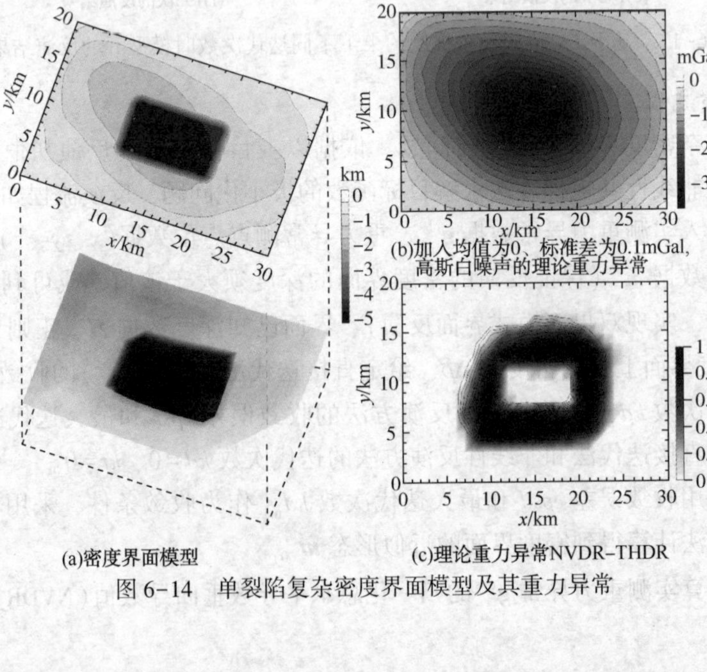

图6-14 单裂陷复杂密度界面模型及其重力异常

的尺寸为 1km×1km，选用剩余密度为-0.3×10^3kg/m^{3}计算模型理论重力异常，并加入均值为 0，标准差为 0.1mGal 的高斯白噪声，如图 6-14(b)所示，相应的重力异常归一化总水平导数垂向导数见图 6-14(c)所示。

为提高反演效率，在反演时先利用直接迭代法得到非线性反演的初值，图 6-15 为迭代 10 次的结果。直接迭代法的反演结果为一个光滑界面，最大深度为 5.4km，比理论模型的深度大。从形态来看，反演结果整体变化规律与理论模型接近，因此可作为复杂密度界面反演的初值。

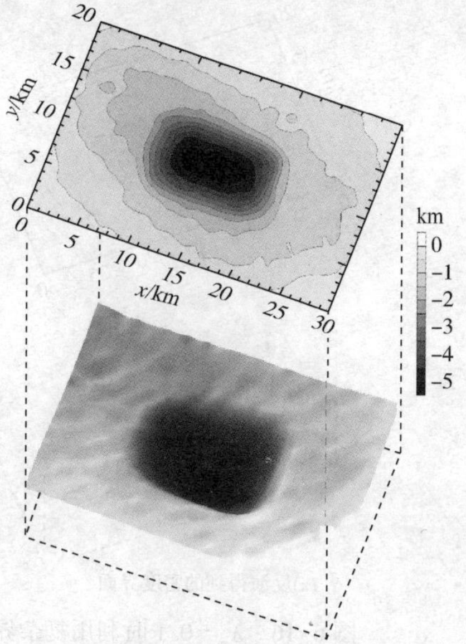

图 6-15 直接迭代法反演得到的单裂陷复杂密度界面

利用非线性反演方法反演时，采用 4 个已知深度点(图 6-16 中白色五角星)作为约束，给定迭代终止条件为 $espr<0.1$、最大迭代次数 $k_{r\max}=200$，分别取 λ_m 为 0.1、1、2 和 5 进行试算，结果如图 6-16~图 6-19 所示，图中五角星为已知深度点。

从图 6-16(a)可以看出，$\lambda_m=0.1$ 时反演结果整体与理论模型较为接近，基本表现出了模型裂陷形态与坳陷形态的特征。但结果出现了轻微的振荡，并且反演得到的最大深度为 5.536km，比理论模型深度 0.536km。图 6-16(b)和图 6-16(c)分别为 $x=15$km 和 $y=10$km 处的断面图，可以看出，在裂陷范围之外界面深度较小的区域，反演结果与理论模型吻合度较好，但出现了轻微的振荡现象，这一点在图 6-16(c)中表现的更为明显。在断裂处中上部反演结果与理论模型接近，但下部表现为光滑形态，与理论模型有一定的差别，反演断裂的倾角整体稍小于理论模型。在裂陷内部，反演结果比理论模型更为光滑，且深度较大。以上结果说明，三维反演时，若 λ_m 取值过小，则模型约束函数不能充分发挥作用，使得反演结果不太稳定，且正则化参数取值较小时，反演结果主要拟合观测数据，因此结果较光滑。

由图 6-17 可以看出，当 $\lambda_m=1$ 时，反演结果较稳定，并且对于模型裂陷位置和坳陷位置均有较好的反映，除 λ_m 最大深度 5.147km 稍大于理论模型之外，反演结果整体与理论模型吻合较好。从断面图也可以看出，反演结果仅在裂陷内部稍比理论模型光滑一些，其他位置结果十分吻合，说明复杂界面的反演方法是准确的。

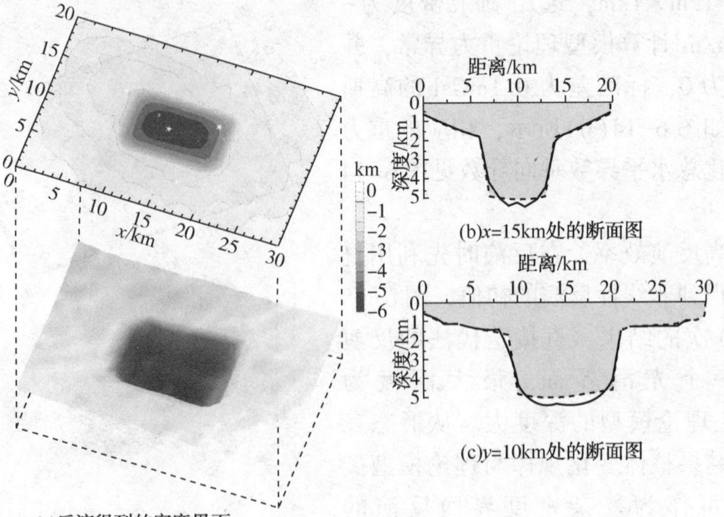

图 6-16　$\lambda_m=0.1$ 时利用复杂界面反演方法反演得到的单裂陷复杂界面

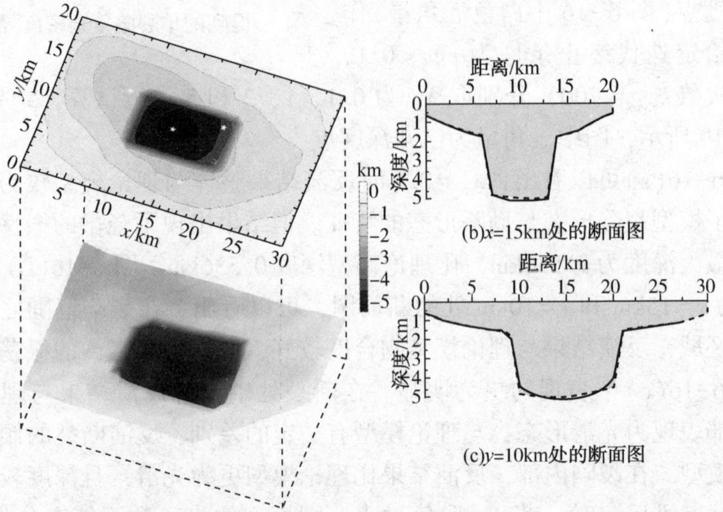

图 6-17　$\lambda_m=1$ 时利用复杂界面反演方法反演得到的单裂陷复杂界面

从图 6-18 和图 6-19 可以看出，当λ_m取值较大时，反演结果依然能反映出裂陷位置和坳陷位置，但整体结果更趋于光滑，尤其在裂陷内部表现的更为明显。说明当正则化参数较大时，L_2-范数的作用更加突出。从以上 4 个反演结果的对比可以看出，对于复杂界面的反演，正则化参数λ_m的取值不能太大也不能太小，λ_m太小时，模型约束函数不能完全发挥作用，反演结果不稳定，并且主要拟合观测数据，得到的模型稍显光滑；当λ_m过大时，L_2-范数的作用较为突出，反演结果更加稳定，但结果较光滑，与理论模型有一些差别。从以上结果可以看出，在反演复杂密度界面时正则化参数λ_m取 1 反演效果较好。

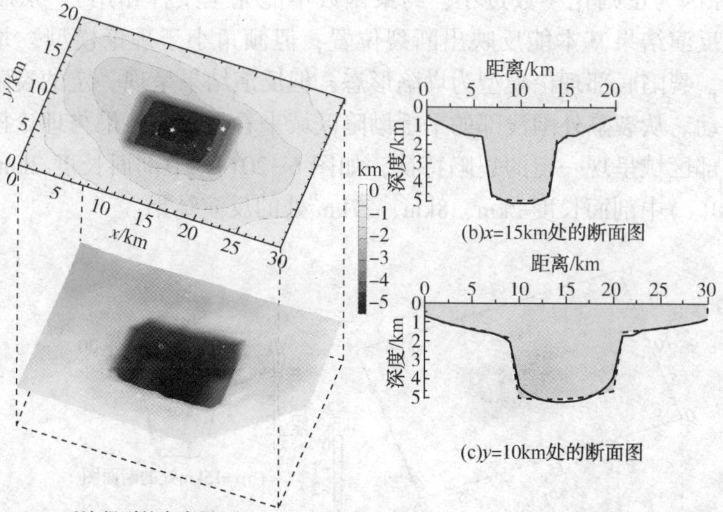

(a)反演得到的密度界面

(b)x=15km处的断面图

(c)y=10km处的断面图

图 6-18　λ_m = 2 时利用复杂界面反演方法反演得到的单裂陷复杂界面

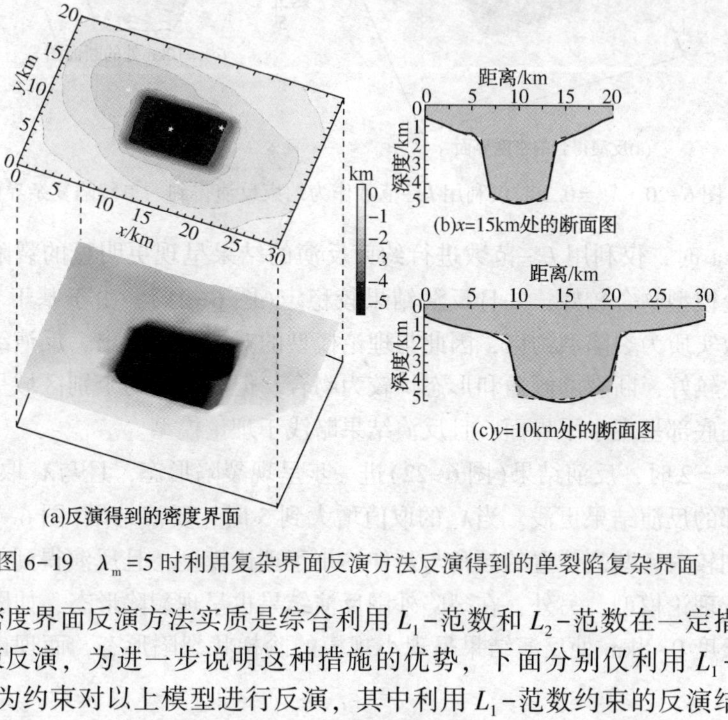

(a)反演得到的密度界面

(b)x=15km处的断面图

(c)y=10km处的断面图

图 6-19　λ_m = 5 时利用复杂界面反演方法反演得到的单裂陷复杂界面

复杂密度界面反演方法实质是综合利用 L_1-范数和 L_2-范数在一定措施下进行组合约束反演，为进一步说明这种措施的优势，下面分别仅利用 L_1-范数和 L_2-范数作为约束对以上模型进行反演，其中利用 L_1-范数约束的反演结果如图 6-20～图 6-23 所示，利用 L_2-范数约束的反演结果如图 6-24～图 6-27 所示。

图 6-20 为$\lambda_m=0.1$时仅利用L_1-范数进行约束反演得到的单裂陷复杂密度界面。可以看出，反演结果整体基本呈现裂陷形态，但稳定性略差，结果出现轻微的振荡(原因为正则化参数过小，约束函数不能完全发挥作用)。从断面形态可以看出，反演结果基本能反映出断裂位置，但倾角小于理论模型，并且略显光滑。另外，裂陷底部理论模型为坳陷形态，但反演结果呈现一定的裂陷形态，并且出现波动。从裂陷外围浅部的平缓坳陷区域来看，反演结果与理论模型基本吻合，但局部区域呈现一定的裂陷特征，如图 6-20(b)中剖面长度 2km、15km 以及图 6-20(c)中剖面长度 2km、8km、27km 处的反演结果。

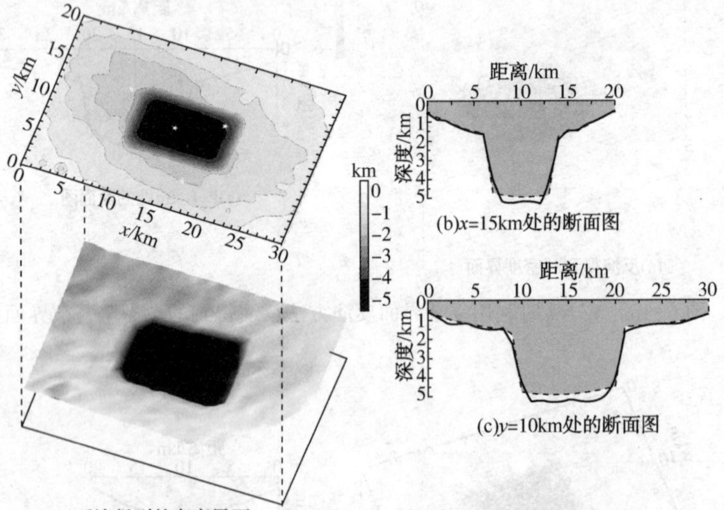

(a)反演得到的密度界面

图 6-20　$\lambda_m=0.1$时仅利用L_1-范数作为约束反演得到的单裂陷复杂界面

$\lambda_m=1$时，仅利用L_1-范数进行约束反演的结果呈现更明显的裂陷形态，整体与理论模型吻合较好，并且反演结果较稳定(图 6-21)。由于基于L_1-范数的约束函数实质为裂陷型约束，因此与理论模型的对比可以看出，反演结果对于断裂的反映较好，断裂的倾角和形态均较为吻合。但在浅部的个别区域呈现裂陷形态，裂陷底部呈现水平界面，且反演结果略浅于理论模型。

当$\lambda_m=2$时，反演结果(图 6-22)进一步呈现裂陷形态，且与λ_m取 1 时相比，裂陷底部的反演结果更浅。当λ_m的取值增大到 5 时，反演结果(图 6-23)与理论模型差别较大，断裂位置的倾角与延伸均小于理论模型，且反演得到的裂陷底部明显浅于理论模型，另外，在裂陷外围反演结果也呈现裂陷形态，如图 6-23(c)中剖面长度 0~8km 处反演结果呈现小规模的阶梯状裂陷形态，而理论模型为坳陷形态。

图 6-24 为$\lambda_m=0.1$时仅利用L_2-范数进行约束反演得到的单裂陷复杂密度界

面。可以看出，反演结果整体呈现坳陷形态，结果出现轻微的振荡。从断面形态可以看出，反演结果不能显示裂陷的位置，并且反演得到的密度界面最大深度明显大于理论模型。

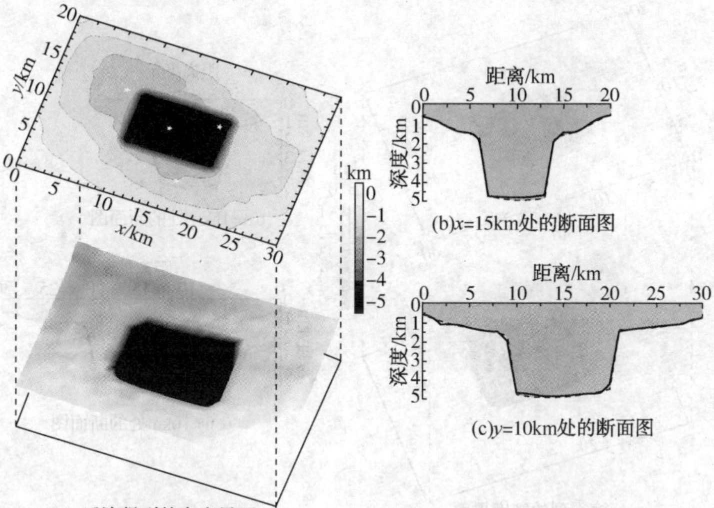

(a)反演得到的密度界面

图 6-21　$\lambda_m=1$ 时仅利用 L_1-范数作为约束反演得到的单裂陷复杂界面

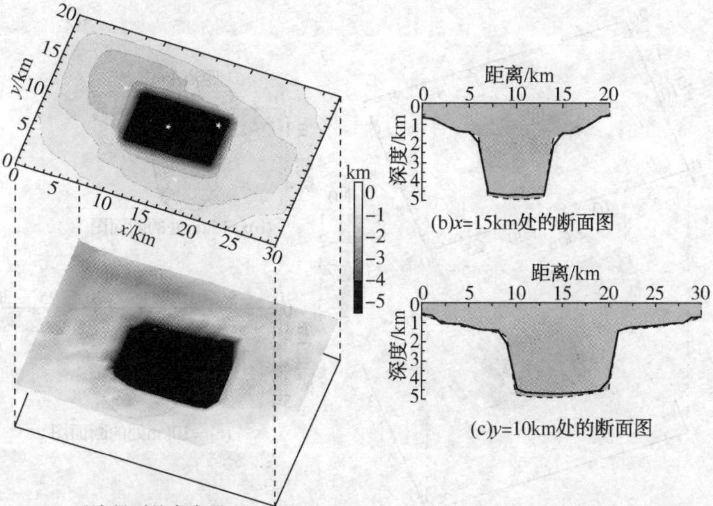

(a)反演得到的密度界面

图 6-22　$\lambda_m=2$ 时仅利用 L_1-范数作为约束反演得到的单裂陷复杂界面

$\lambda_m=1$ 时，可得到较为稳定的反演结果(图 6-25)，反演结果的光滑度进一步增大。从断面形态可以看出，在裂陷外围界面深度较小的区域，反演结果与理论模型十分吻合，但在裂陷内部，反演结果不能反映出断裂位置。另外，从图 6-25(b)可以看出，在剖面长度 10km 附近，反演结果出现局部隆起，这是由于该点附近有一个已知深度约束点，在反演的过程中该约束点对周围的界面形态进行了约束调整。

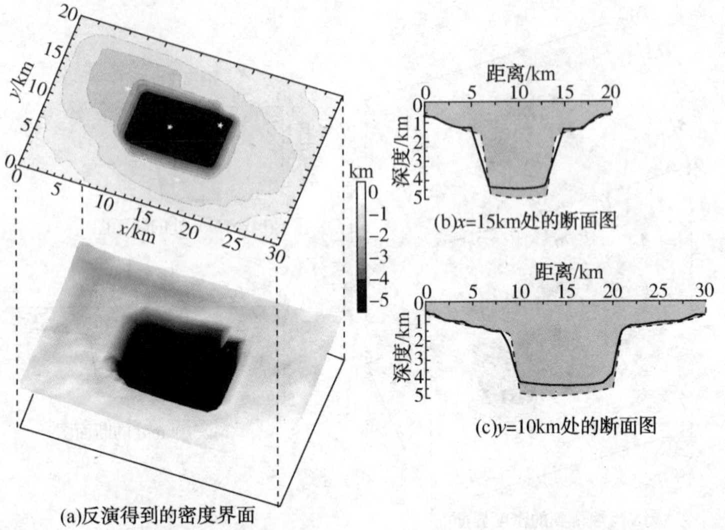

图 6-23　$\lambda_m=5$ 时仅利用 L_1-范数作为约束反演得到的单裂陷复杂界面

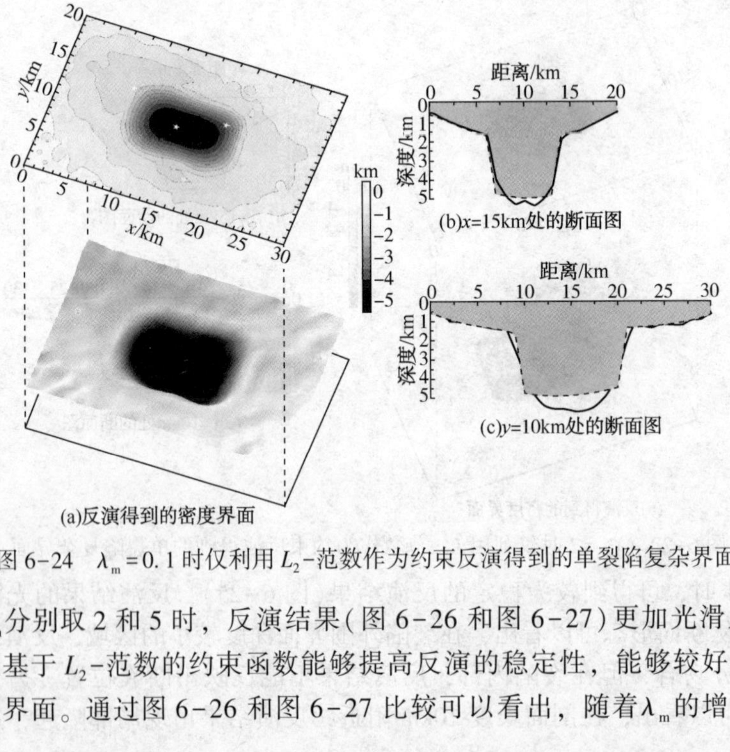

图 6-24　$\lambda_m=0.1$ 时仅利用 L_2-范数作为约束反演得到的单裂陷复杂界面

当 λ_m 分别取 2 和 5 时，反演结果(图 6-26 和图 6-27)更加光滑且更加稳定，说明基于 L_2-范数的约束函数能够提高反演的稳定性，能够较好的反演得到坳陷型界面。通过图 6-26 和图 6-27 比较可以看出，随着 λ_m 的增大，反演结果越来越平缓。可见，对于坳陷型密度界面的反演，利用 L_2-范数能取的较好的结果。

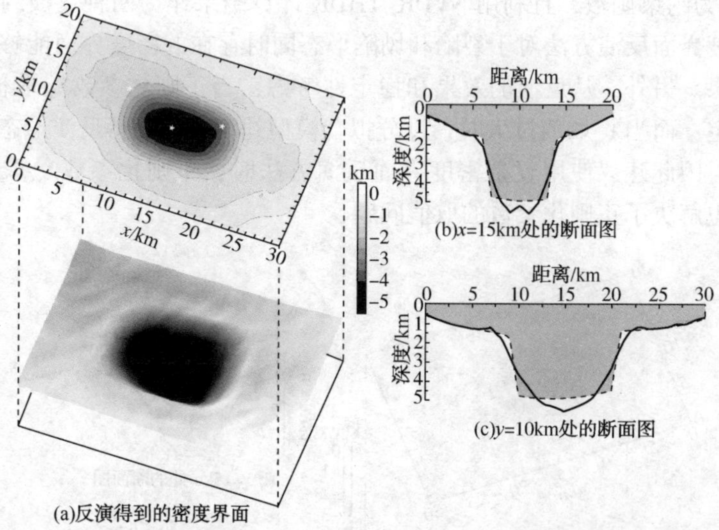

图 6-25　$\lambda_m = 1$ 时仅利用 L_2-范数作为约束反演得到的单裂陷复杂界面

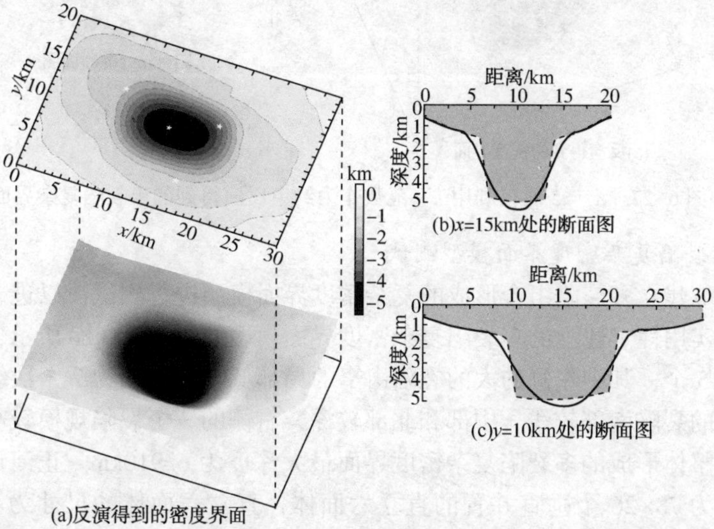

图 6-26　$\lambda_m = 2$ 时仅利用 L_2-范数作为约束反演得到的单裂陷复杂界面

通过利用复杂界面反演方法以及单独利用 L_1-范数和 L_2-范数作为约束的反演方法对单裂陷复杂模型的试算结果可知，仅利用 L_1-范数作为约束函数反演的结果呈现裂陷形态，对于裂陷特征特别明显且光滑度较小的一类界面是适用的；仅利用 L_2-范数作为约束函数进行反演得到的结果呈现明显的坳陷形态，且随着正则化参数的增大，反演结果越来越平缓，该方法适用于明显呈坳陷形态的密度界面的反演。以上两种反演方法都有一定的局限性，而利用同时基于 L_1-范数和 L_2-范数作为约束函数，且利用 NVDR_THDR 计算结果作为两种反演约束的权重的复杂密度界面反演方法对于裂陷和坳陷形态同时存在的密度界面能够取得较好的反演效果。另外，从反演的效果和稳定性考虑，当正则化参数λ_m取值较小时，反演不稳定；而当λ_m取值过大时，过分拟合模型约束，而使得反演形态与理论模型不吻合。因此建议使用复杂密度界面反演方法时，正则化参数λ_m取 1 较为合适，这样也解决了正则化参数的取值问题。

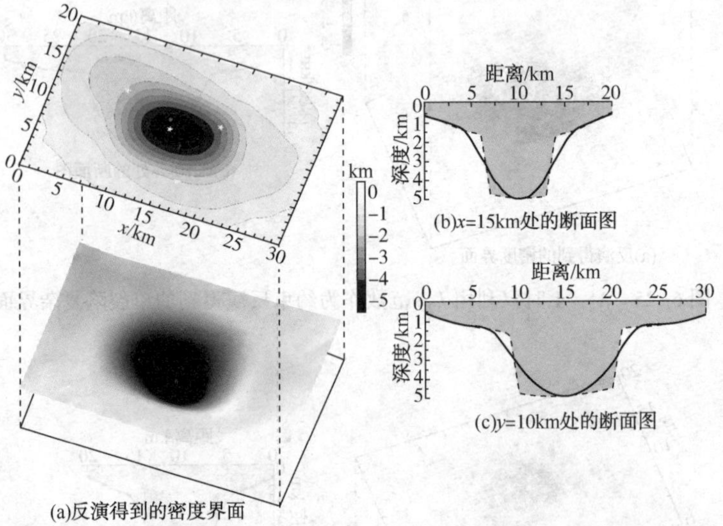

图 6-27　$\lambda_m=5$ 时仅利用 L_2-范数作为约束反演得到的单裂陷复杂界面

2. 多裂陷复杂密度界面模型测试

本小节建立多裂陷组合形成的复杂密度界面模型进行测试，以进一步检验反演方法的实用性。建立的多裂陷复杂密度界面模型如图 6-28(a)所示，模型的裂陷部分有 5 个，其中左侧的大的裂陷由窄的局部低隆起分割为 2 个次级裂陷，中间条带状的裂陷南部较浅、中部和北部较深，右侧的 3 个裂陷规模较小，并且深度较浅。整体形成的多裂陷复杂密度界面最大深度为 6.910km。正演计算时，将模型剖分为 78×26 个垂直并置的直立六面体，直立六面体的尺寸为 1km×1km，选用剩余密度为$-0.3\times10^3\text{kg/m}^3$计算模型理论重力异常，并加入均值为 0、标准差为 0.1mGal 的高斯白噪声[图 6-28(b)]，相应的重力异常归一化总水平导数垂向导数如图 6-28(c)所示。

利用迭代法得到非线性反演的初值如图 6-29 所示。可以看出，直接迭代法反演结果较为清晰的反映了模型的整体变化形态，对于 5 个裂陷的位置也有较好的显示，但反演结果为一个坳陷界面，且在某些区域，反演深度比理论模型的深度大，最大误差接近 0.5km。为更清晰的显示反演效果，从反演结果中提取了 4 条剖面(图 6-29 中 A_1A_2、B_1B_2、C_1C_2 和 D_1D_2)，结果如图 6-30 所示。

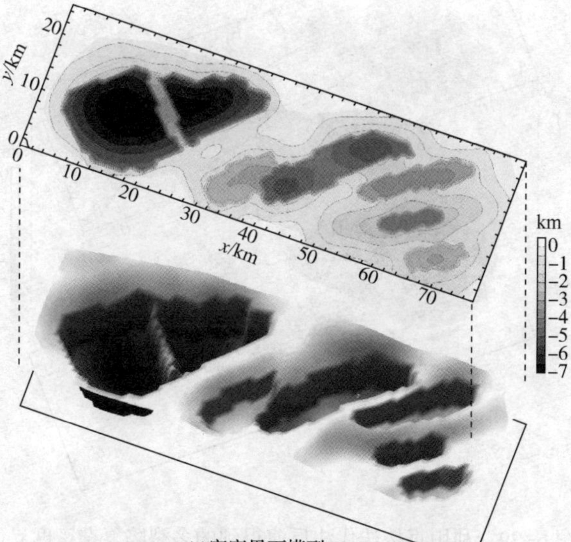

(a)密度界面模型

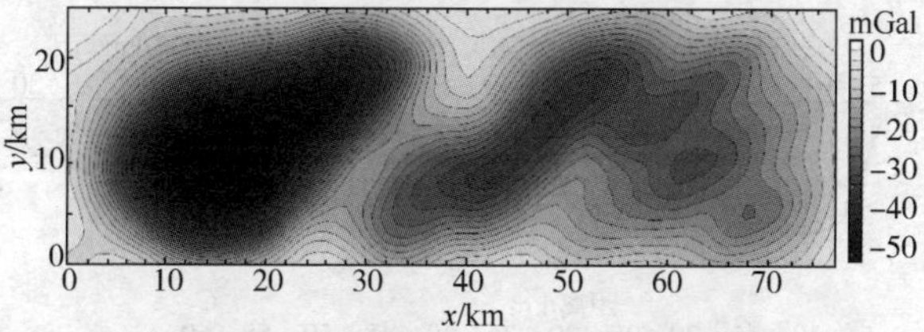

(b)加入均值为0、标准差为0.1mGal高斯白噪声的理论重力异常

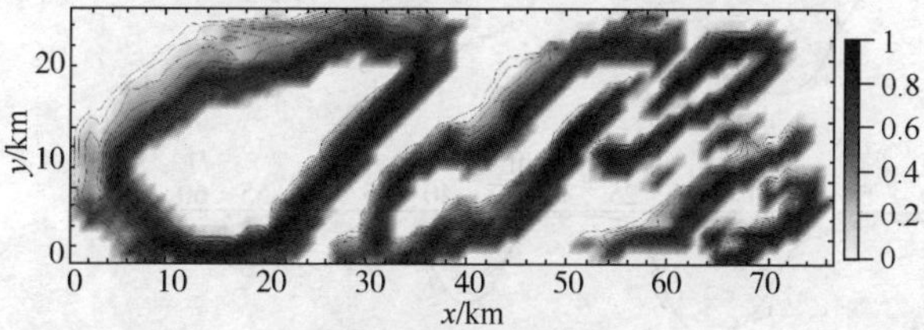

(c)理论重力异常NVDR_THDR

图 6-28　多裂陷复杂密度界面模型及其重力异常

从图 6-30 所示的剖面形态来看，直接迭代法反演结果整体变化趋势与理论模型吻合，但细节差别较大。A_1A_2 剖面反演结果对于坳陷的位置和规模反映比较清晰，但中间局部的隆起形态差异较大，C_1C_2 剖面也表现为类似的特征。B_1B_2 剖面、D_1D_2 剖面以及 C_1C_2 剖面的右半部分反演结果与理论模型的隆坳特征吻合，但由于其表现为坳陷形态，所以反演的界面深度与理论模型有一定的差别，且无法反映了模型断裂的位置。

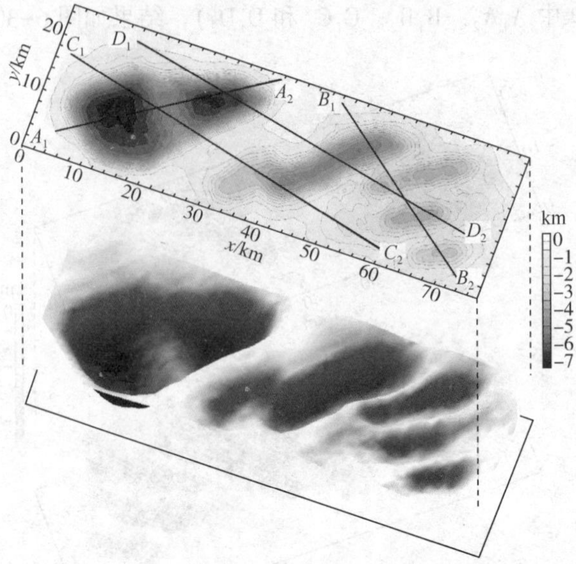

图 6-29　利用直接迭代法反演得到的多裂陷复杂密度界面

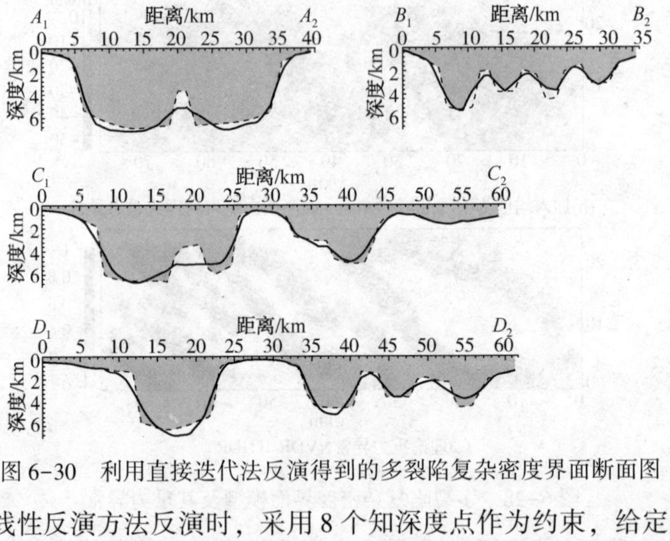

图 6-30　利用直接迭代法反演得到的多裂陷复杂密度界面断面图

利用非线性反演方法反演时，采用 8 个知深度点作为约束，给定迭代终止条件为 $espr<0.5$、最大迭代次数 $k_{rmax}=100$，利用复杂界面反演方法的反演结果如图 6-31 所示，其中白色五角星为已知深度点。采用复杂界面反演方法的结果较清晰的反映出了理论模型 5 个裂陷的位置，裂陷内部呈现坳陷型，裂陷外围也表现为坳陷形态，其与理论模型非常一致，反演结果整体优于直接迭代法的结果。但从单个裂陷的特征来看，反演结果与理论模型有一定的差别。左侧的大的裂陷中

部的局部低隆起反演结果较为平缓，另外右侧 3 个小的裂陷反演结果稍浅，并且稍比理论模型光滑一些。

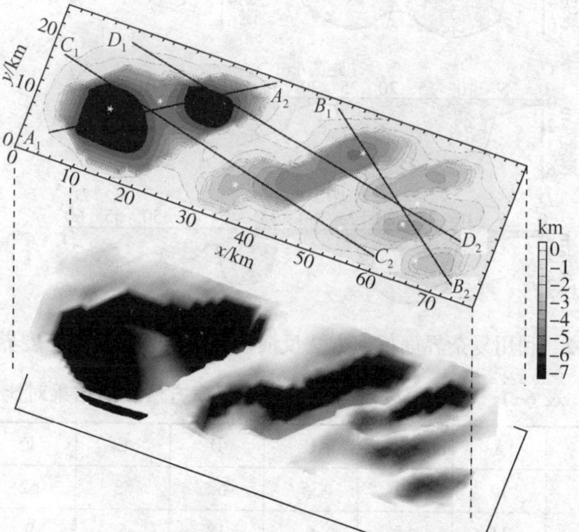

图 6-31 利用复杂界面反演方法反演得到的多裂陷复杂密度界面

图 6-32 为反演结果的断面特征，其较为清晰的展现了反演结果的细节特征。与图 6-30 的结果对比可知，利用复杂密度界面反演方法的结果较好地反映出了几个比较明显的断裂位置，较好的同时展现了裂陷和坳陷特征，但与理论模型仍有一定的区别。从 A_1A_2 剖面来看，理论模型左侧的大的裂陷两侧的断裂都清晰的反演出来，但剖面左侧的断裂位置与理论模型略有偏差，中部的局部隆起形态对应较差。B_1B_2 剖面经过了中间和右侧的 4 个裂陷，反演结果表现出了剖面最左侧的断裂形态，但位置略有差别，其他 7 个断裂中，3 个断裂有一定的反映，但除最右侧的断裂形态完全吻合之外，其他 2 个断裂的断距与理论模型有一定的差别，反演结果在其他位置均表现为坳陷形态。C_1C_2 剖面除 4 个大的断裂较好的反映出来之外，其余位置对应不好，此剖面上对于理论模型中左侧大的裂陷中部的局部隆起几乎没有反映；另外对于剖面距离 35~40km 之间阶梯状裂陷的特征也没有反映出来。D_1D_2 剖面总体吻合较好，但仍然存在对于较小的断裂不能很好的体现出来的问题。

由于在反演时用到了 8 个已知深度点点进行约束，因此也对已知深度点处的反演结果进行提取，并与已知深度点进行对比（表 6-1），以分析深度约束的效果。

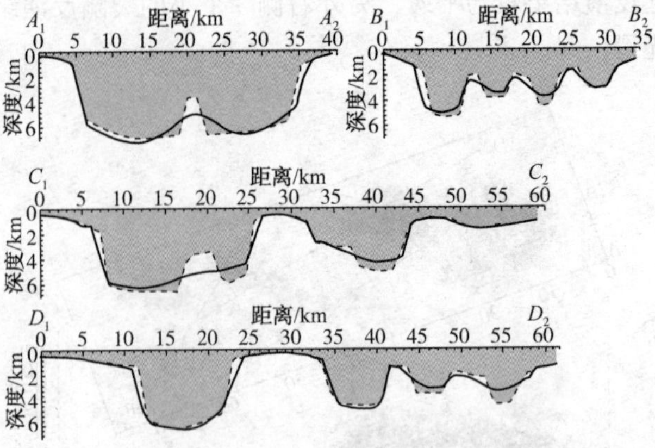

图 6-32　利用复杂界面反演方法反演得到的多裂陷复杂密度界面断面图

表 6-1　已知深度点与复杂界面反演方法反演结果对比表

已知深度点编号	A	B	C	D	E	F	G	H
x 坐标/km	12	19	35	52	53	62	63	66
y 坐标/km	11	15	6	18	5	9	13	4
理论深度/km	6. 887	3. 554	3. 011	5. 235	1. 739	4. 471	1. 985	2. 853
反演深度/km	7. 128	4. 011	3. 117	5. 009	1. 737	3. 756	2. 155	2. 533
误差/km	0. 241	0. 457	0. 106	0. 226	0. 002	0. 715	0. 17	0. 32

由表 6-1 可以看出，反演结果与已知深度有一定的差别，最大误差可达到 0. 715km，最小误差为 0. 002km。可见，非线性反演中已知深度点约束并非绝对的约束，其只能保证反演结果尽可能地接近已知深度，其原因是非线性反演方法实质是最小二乘拟合。若要在反演时保证反演结果尽可能的接近已知深度，则可增大已知深度约束函数的权重，即正则化参数 λ_h 的值，但可能会使得反演结果出现局部畸变。为避免这一问题，可采用"软约束"的方法，即在反演时调整约束点周围若干点的值而并非离约束点最近的单点值，但也有可能改变反演结果的局部形态，使得原本裂陷的位置变为坳陷形态。因此，在反演时应根据具体问题，若反演对象为坳陷形态，则可采用这种小区域调整的方法。

对于多裂陷复杂密度界面模型，同样也分别仅利用 L_1-范数和 L_2-范数作为约束进行反演，其中利用 L_1-范数约束的反演结果如图 6-33 和图 6-34 所示，利用 L_2-范数约束的反演结果如图 4-64 和图 4-65 所示。

仅利用 L_1-范数作为约束函数的反演结果明显呈现裂陷特征，故其对理论模型的裂陷位置反映较清晰，与利用复杂密度界面反演方法的结果相比，最右侧的两个裂陷的边界稍清晰一些，但在裂陷内部光滑性不足，与理论模型有一定的差别，图 6-34 的断面特征较清晰的反映的这一特征。

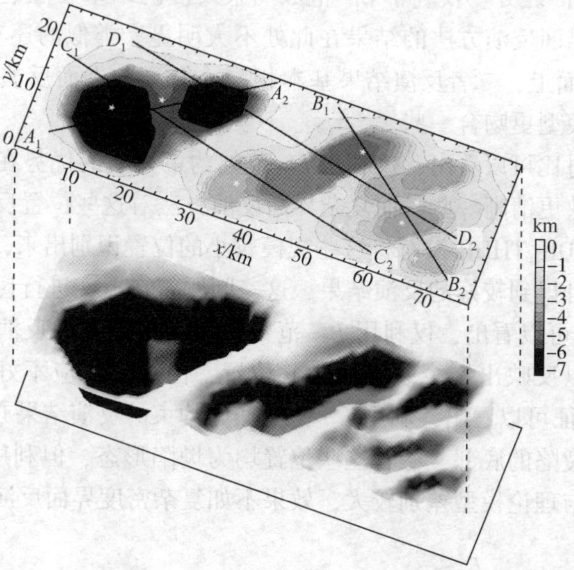

图 6-33 仅利用 L_1-范数约束反演得到的多裂陷复杂密度界面

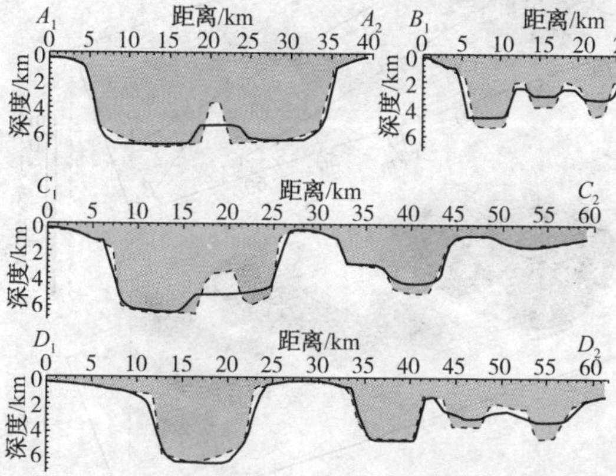

图 6-34 仅利用 L_1-范数约束反演得到的多裂陷复杂密度界面断面图

根据图 6-34 的结果，从 A_1A_2 剖面来看，仅利于 L_1-范数约束反演的结果与复杂密度界面反演方法的结果在裂陷的边界(即断裂)位置较为一致，但在中间局部隆起的位置上，仅利于 L_1-范数约束反演的结果呈现裂陷形态，并且在裂陷底部为水平特征，与理论模型差别较大。由 B_1B_2 剖面的结果可以看出，仅利于 L_1-范数约束反演的结果对于规模较小的裂陷反映稍清晰一些，尤其对于剖面中部和右部的 3 个裂陷边界的反映优于复杂密度界面反演方法的结果，在裂陷底部，二者反演结果接近，均与理论模型有一定的差别，只是仅利于 L_1-范数约束反演的结果呈现裂陷形态。C_1C_2 剖面上，二者反演结果略有差别，主要区别在于剖面距离 16km 之处，仅利于 L_1-范数约束反演的结果在隆起的边界附近反映稍好，而复杂界面反演方法的结果在此处不太明显，类似的还有剖面距离 37km 附近。D_1D_2 剖面上，二者反演结果基本相同，但复杂界面反演方法的结果在裂陷底部与理论模型更吻合一些。

由以上的对比可以看出，仅利于 L_1-范数约束反演的优势在于对一些规模较小的裂陷的反映更清晰一些，而复杂界面反演方法对这些位置反映不好的原因在于重力异常 NVDR_THDR 没有将这些规模较小的位置识别出来，若能对这些位置准确识别，则可得到较好的反演结果，这一问题将在下文进行讨论。

从图 6-35 可以看出，仅利用 L_2-范数作为约束函数的反演结果明显呈现坳陷形态，其可以反映出 5 个裂陷的中心位置，但边界对应不好。另外，通过图 6-36 的断面特征可以看出，利用 L_2-范数作为约束的反演结果亦存在过度光滑的现象，在某些裂陷的底部，尽管这些位置均为坳陷形态，但利用 L_2-范数作为约束的反演结果与理论模型差别较大，效果不如复杂密度界面反演的效果。

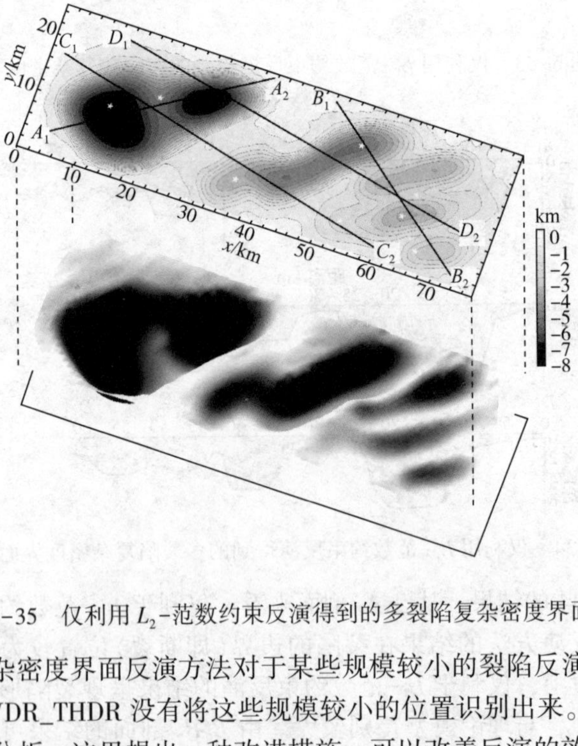

图 6-35　仅利用 L_2-范数约束反演得到的多裂陷复杂密度界面

上文提到复杂密度界面反演方法对于某些规模较小的裂陷反演效果不好，原因是重力异常 NVDR_THDR 没有将这些规模较小的位置识别出来。通过对以上不同反演结果进行分析，这里提出一种改进措施，可以改善反演的效果。

从模型的理论重力异常 NVDR_THDR 特征[图 6-28(c)]来看，NVDR_THDR 对于理论模型左侧大的裂陷的边界反映较清晰，但对于其中间的局部隆起则没有反映；理论模型中部的细长型裂陷的南部和中部之间为断阶状，这一特征也在

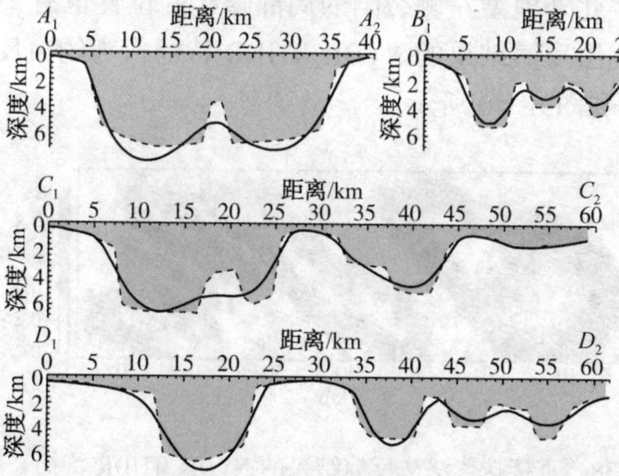

图 6-36　仅利用 L_2-范数约束反演得到的多裂陷复杂密度界面断面图

NVDR_THDR 上没有体现；另外对于理论模型右侧的 3 个规模较小的裂陷，NVDR_THDR 的极大值不连续，甚至有些裂陷的边界位置上 NVDR_THDR 没有极值。结合模型理论重力异常[图 6-28(b)]的特征来看，NVDR_THDR 反映不明显的位置均为重力异常无或几乎无梯级带之处。因此如果能找到一种"异常"使得在裂陷位置处具有明显或较明显的梯级带，计算其 NVDR_THDR 特征并用于反演，则可清晰的识别出这些裂陷的位置，这样可改善反演的效果。从以上的各个原始数据和反演结果来看，不论是直接迭代法的反演结果，还是非线性反演方法的结果，均能清晰的反映出裂陷的位置，其与理论重力异常相比，更能容易地识别裂陷的位置。因此，在反演时可利用这一特征，用反演结果的 NVDR_THDR 异常代替理论重力异常的 NVDR_THDR 异常作为约束。这里需要考虑的另外一个问题是选择哪种反演结果的 NVDR_THDR 异常作为约束，给出两点原则：一是该反演结果能够较好的反映出裂陷的位置，二是该反演结果能简单快速地获取。从以上 4 个反演结果(直接迭代法、复杂界面反演方法、仅利用 L_1-范数作为约束的反演以及仅利用 L_2-范数作为约束的反演)均能较好的呈现出裂陷的中心位置，并且在边界上也存在明显的梯级带，而其中直接迭代法最为简单快速，因此这里选择直接迭代法反演结果进行计算，获取其 NVDR_THDR 特征作为复杂密度界面反演的约束条件。利用该措施，改进的复杂密度界面反演的思路如图 6-37 所示。

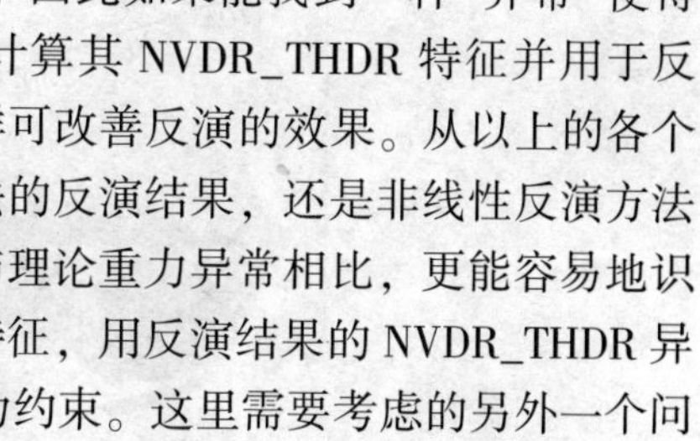

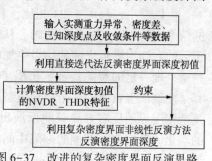

图 6-37　改进的复杂密度界面反演思路

利用改进的复杂密度界面反演方法重新反演时，首先计算直接迭代法反演结果(图 6-29)的 NVDR_THDR 特征(图 6-38)。与理论重力异常的 NVDR_THDR 相比，直接迭代法反演结果的 NVDR_THDR 极大值连续性较好，尤其对于模型右侧的三个规模较小的裂陷也有较好的反映，此外模型左侧裂陷的局部隆起的位置也有一些不太明显的极大值。利用直接迭代法反演结果的 NVDR_THDR 特征作为约束反演的多裂陷复杂密度界面如图 6-39 和图 6-40 所示。

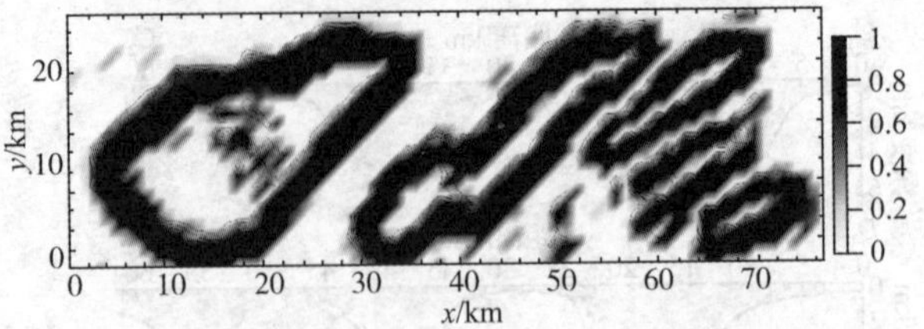

图 6-38 直接迭代法法反演结果的 NVDR_THDR 特征

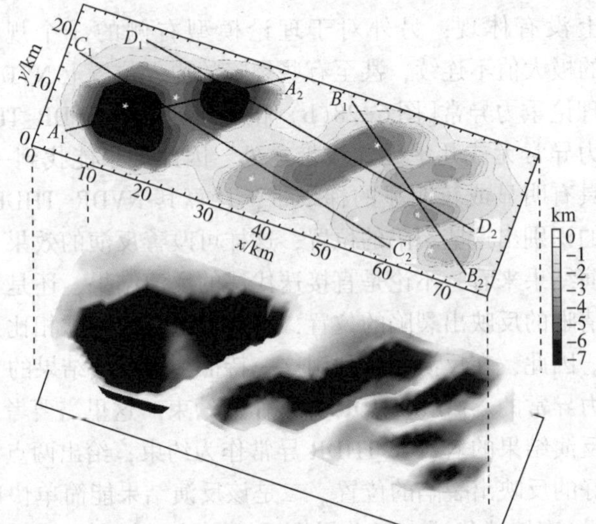

图 6-39 利用直接迭代法反演结果的 NVDR_THDR
作为约束反演的多裂陷复杂密度界面

可以看出，与图 6-31 相比，利用改进的方法的反演结果(图 6-39)中最右侧的两个小的裂陷的边界更清晰。从断面特征(图 6-40)可以看出，剖面 A_1A_2 中，裂陷的右侧边界较之前的结果更加吻合，对于中间局部隆起的位置上，反演结果稍微呈现一定的裂陷特征；B_1B_2 剖面上，改进的反演方法的优势更加明显，尤其是此剖面上右侧的 3 个小规模裂陷，其 6 个断裂边界都反映了出来，改进前的复杂密度界面反演方法只能反演出 3 个断裂边界。C_1C_2 剖面的结果也有较明显的变化，其中剖面左侧的裂陷中间的局部隆起稍有反映，在隆起的左侧出现裂陷型界面，剖面距离 35～40km 范围内，阶状断陷的特征也有所表现。D_1D_2 剖面上，二者的结果差别不大，但改进的方法反演结果与模型稍微接近一些。

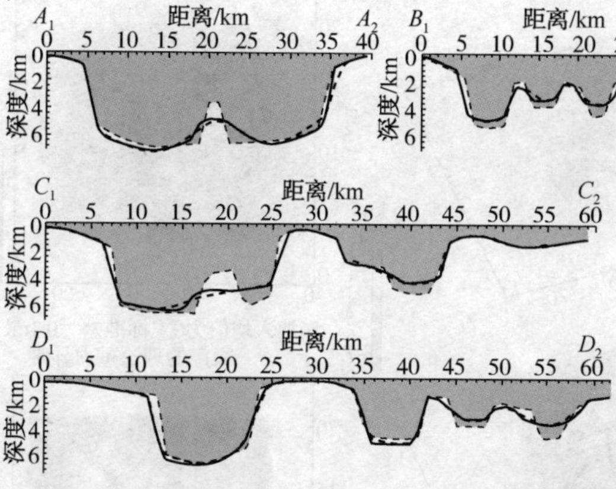

图 6-40　利用直接迭代法反演结果的 NVDR_THDR 作为约束反演的多裂陷复杂密度界面断面图

实线为改进的复杂密度界面反演方法的反演结果，虚线为复杂密度界面反演方法的反演结果

从以上多裂陷复杂密度界面模型测试的结果可以看出，复杂密度界面反演方法(包括改进方法)具有较好的应用效果，但对于规模较小的裂陷或隆起反映不太理想，尤其对于阶状断陷的反映不好，原因可能是重力数据的分辨力不够。为了进一步研究复杂界面反演方法的适用性，建立断阶状裂陷密度界面模型进行试算。

3. 断阶状裂陷复杂密度界面模型测试

建立的断阶状裂陷复杂密度界面模型如图 6-41(a)所示，该模型由一个平缓的坳陷界面和 3 个直立六面体合并而成，其中坳陷界面的最大深度为 2km，最大的直立六面体 x、y、z 方向的范围分别为 4~20km、4~20km、0~2km，中间的直立六面体 x、y、z 方向的范围分别为 7~16km、8~17km、0~1.5km，最小的直立六面体 x、y、z 方向的范围分别为 10~14km、11~14km、0~2km，合成的复杂密度界面最大深度为 7.5km。正演计算时，将模型剖分为 25×25 个垂直并置的直立六面体，直立六面体的尺寸为 1km×1km，选用剩余密度为 -0.3×10^3 kg/m^3 计算模型理论重力异常，并加入均值为 0、标准差为 0.1mGal 的高斯白噪声，如图 6-41(b)所示，相应的重力异常归一化总水平导数垂向导数如图 6-41(c)所示。

利用迭代法得到非线性反演的初值如图 6-42 所示。可以看出，直接迭代法反演结果表现为坳陷形态，反映出了模型整体的变化规律，但反演得到的界面最大深度仅为 6.121km，比理论模型浅，最大误差超过 1km。图 6-42(b)和图 6-42(c)分别为 x=12km 和 y=12km 处的断面结果，结合图 6-42(a)的整体反演结果可以看出，直接迭代法反演结果在浅部效果较好，将浅部的坳陷形态及断裂位置均反演出来，但断裂的倾角略有差异；而反演结果对于中部和深部的断裂的形态完全没有反映出来。

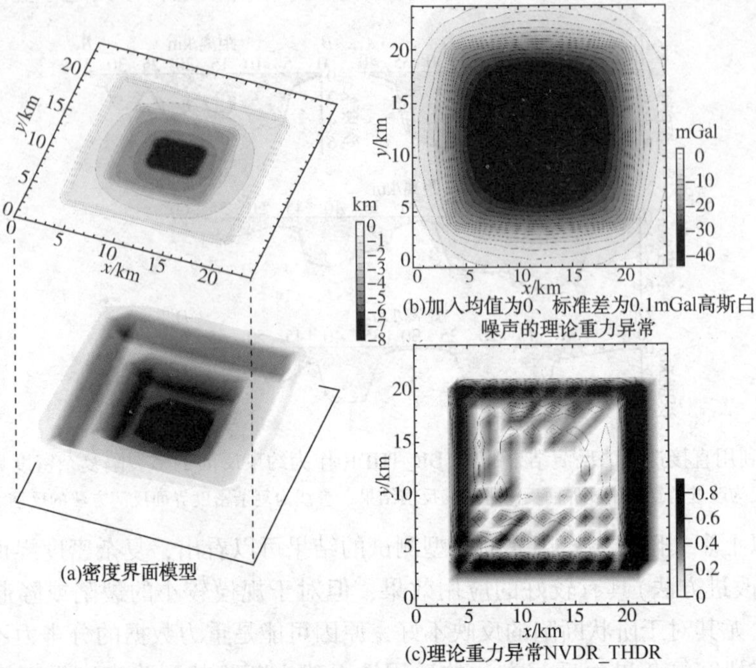
y/km
x/km
km
mGal
(b)加入均值为0、标准差为0.1mGal高斯白噪声的理论重力异常
(c)理论重力异常NVDR_THDR

(a)密度界面模型

图 6-41　断阶状裂陷复杂密度界面模型及其重力异常

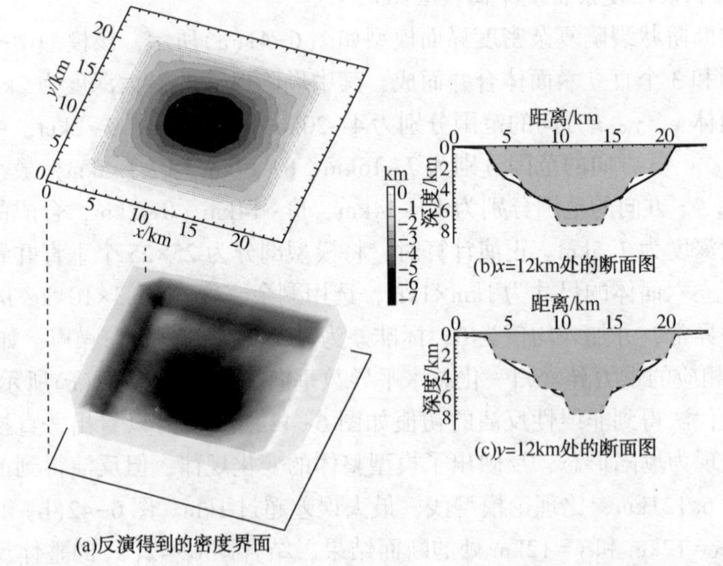

(a)反演得到的密度界面

图 6-42　利用直接迭代法反演得到的断阶状裂陷复杂密度界面

以直接迭代法反演结果为初值，采用 3 个已知深度点作为约束，给定迭代终

止条件为 $espr < 0.1$、最大迭代次数 $k_{rmax} = 100$，利用复杂密度界面非线性反演方法对以上模型进行反演，结果如图 6-43 所示，图中红色五角星为已知深度点。可以看出，采用复杂密度界面反演方法的反演结果明显优于直接迭代法的反演结果，该反演结果最明显的特征是基本反映出了中部断裂的位置，使得密度界面整体呈现二级阶状断陷的特征。反演得到的密度界面最大深度为 6.594km，其与理论模型仍有一定的差别，但误差小于直接迭代法的反演结果。从图 6-43(b)和图 6-43(c)的断面特征来看，反演结果对于最浅部的断裂吻合较好，基本与理论模型一致，中部的断裂在理论模型上稍有反映，但断距和倾角均差别较大。结合图 6-41(c)所示的理论重力异常 NVDR_THDR 特征来看，理论重力异常 NVDR_THDR 在浅部断裂的位置上，具有明显的极大值，而中部和深部的断裂在理论重力异常 NVDR_THDR 上几乎反映不出，表现为零星的幅值很小的极大值，这也是图 6-43 对于深部界面反演效果不好的一个原因。

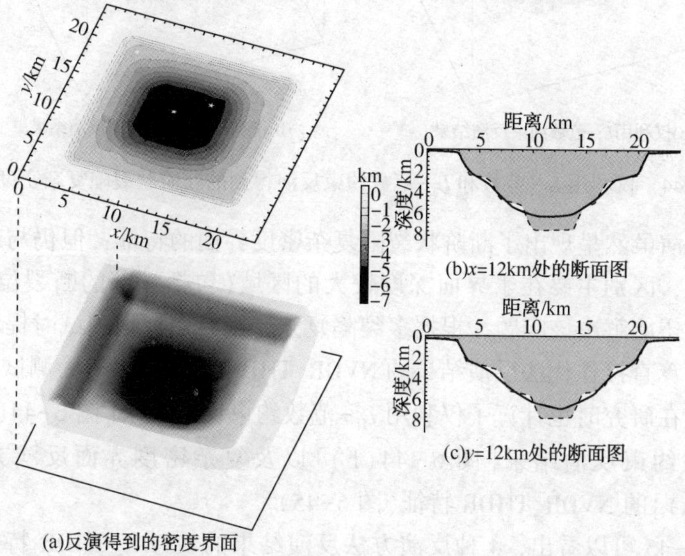

图 6-43 利用复杂密度界面反演方法反演得到的断阶状裂陷复杂密度界面

为对比复杂密度界面反演方法的效果，对于断阶状裂陷复杂密度界面模型，分别仅利用 L_1-范数和 L_2-范数作为约束进行反演，反演结果如图 6-44 所示。可以看出，仅利用 L_1-范数和 L_2-范数作为约束的反演结果呈现出两种截然相反的特征。在 L_1-范数约束下，反演结果呈现明显的非光滑形态，可较清晰的识别出浅部和中部的断裂位置，但由于界面最深处也为非光滑形态，因此反演结果较浅，最大深度仅为 5.887km，远小于理论模型。而在 L_2-范数约束下，反演结果呈现明显的光滑形态，其与直接迭代法反演结果相似，但由于非线性反演方法采用最小二乘拟合形式，因此反演结果较为稳定，最大深度为 6.582km，也略大于直接迭代法的反演结果。通过以上反演结果的对比可以看出，复杂密度界面非线性反演方法的效果均优于仅利用 L_1-范数和 L_2-范数作为约束的反演效果。

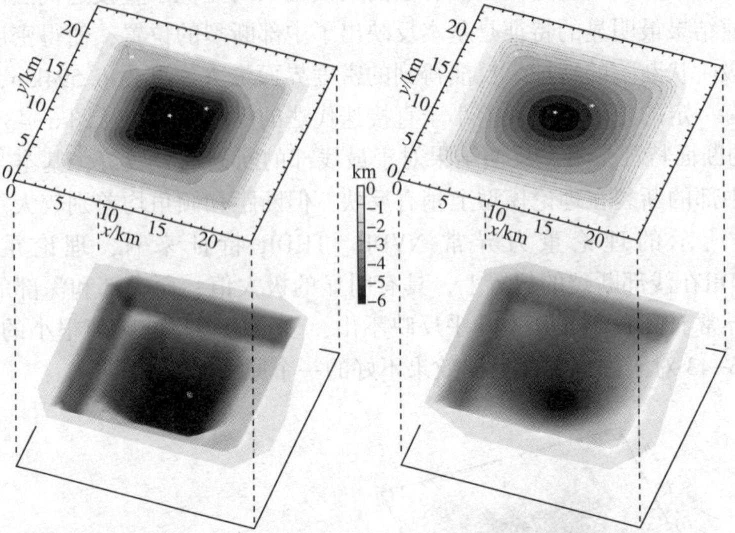

(a)仅利用L_1-范数约束反演结果　　(b)仅利用L_2-范数约束反演结果

图 6-44　仅利用 L_1-范数和 L_2-范数约束反演得到的断阶状裂陷复杂密度界面

以上反演虽然呈现出了断阶状裂陷复杂密度界面的特征，但仍与理论模型有一定的偏差，区别主要在于界面深度较大的区域(包括深部的断裂位置)，因此在研究中期望能解决该问题。根据多裂陷复杂密度界面模型测试时提出的改进方案，首先计算直接迭代法反演结果的 NVDR_THDR 特征。另外为测试改进方法的应用效果，在研究时也计算了仅利用 L_1-范数约束反演结果[图 6-44(a)]、仅利用 L_2-范数约束反演结果[图 6-44(b)]以及复杂密度界面反演方法的结果[图 6-43(a)]的 NVDR_THDR 特征(图 6-45)。

由图 6-45 可以看出，4 种反演方法反演结果的 NVDR_THDR 特征整体有相似之处，但细节不同。总体来看，4 个反演结果的 NVDR_THDR 均在 $x=4$km、$x=20$km、$y=4$km 和 $y=20$km 表现为明显的极大值，该位置对应于理论模型最外围的裂陷边界，再次说明对于较浅的密度界面，大部分的反演方法效果均较好。该裂陷范围之内，4 个反演结果的 NVDR_THDR 表现为不同的特征。直接迭代法反演结果的 NVDR_THDR[图 6-45(a)]内部规律性较差，呈现众多局部的极值点，与理论模型对应不好；与之相比，仅利用 L_2-范数约束反演结果的 NVDR_THDR[图 6-45(c)]内部规律性稍明显一些，断续的极大值连线位置基本与第二个裂陷的边界位置能对应起来。而仅利用 L_1-范数约束反演结果的 NVDR_THDR[图 6-45(b)]的极大值清晰，连续性较好，基本反映出了两个裂陷的边界位置。复杂密度界面反演方法反演结果的 NVDR_THDR[图 6-45(d)]的特征与图 6-45(b)的特征相似，区别仅为内部的极大值连续性稍差一些。

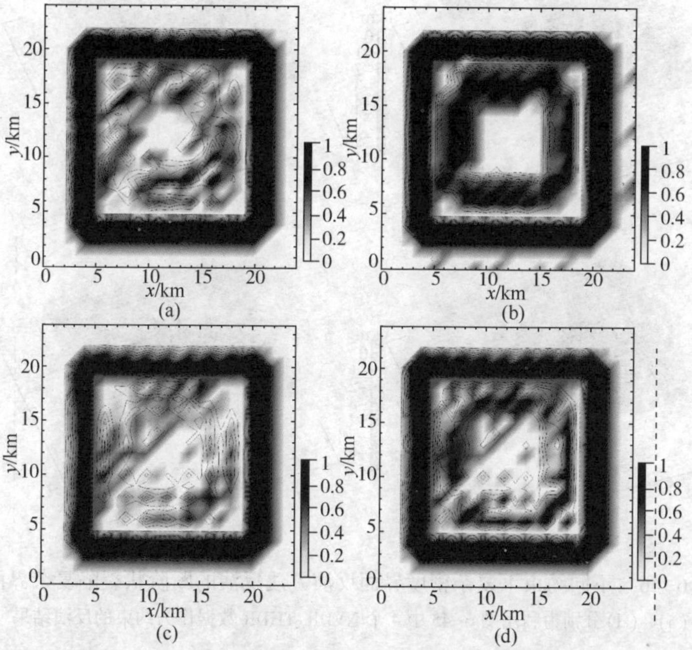

图 6-45　不同方法反演的结果的 NVDR_THDR 图

(a)~(d)分别为利用直接迭代法、仅利用 L_1-范数约束反演、仅利用 L_2-范数约束反演以及复杂密度界面反演方法反演结果的 NVDR_THDR 图

在反演时分别以图 6-45 中的 4 个 NVDR_THDR 数据作为约束，利用复杂界面反演方法反演的断阶状裂陷复杂界面如图 6-46 所示。对比 4 个反演结果可以看出，利用不同反演结果的 NVDR_THDR 数据作为约束，重新利用复杂密度界面反演方法的反演结果几乎相同，并且该结果也与利用理论重力异常的 NVDR_THDR数据作为约束的反演结果[图 6-43(a)]几乎一致，仅在密度界面的最大深度处有细微的差别。可见，上一小节提出的改进方法并不适用于断阶状裂陷复杂密度界面，其原因为断阶状裂陷复杂密度界面深度较大的位置上界面局部起伏较小，对于此类界面反演效果不好。这一问题的实质为规模较小并且埋深稍大的形态引起的重力异常较弱，因此反演效果不理想。事实上，第三节多裂陷复杂密度界面模型中，右侧的三个裂陷规模较小，但其埋深较浅，所以改进的反演方法能够增强其边界信息。

4. 裂陷与坳陷界面横向组合模型测试

复杂界面反演方法以理论重力异常 NVDR_THDR 特征(或反演结果的 NVDR_THDR 特征)将裂陷型约束和坳陷型约束联系起来，将 NVDR_THDR 表现为极大

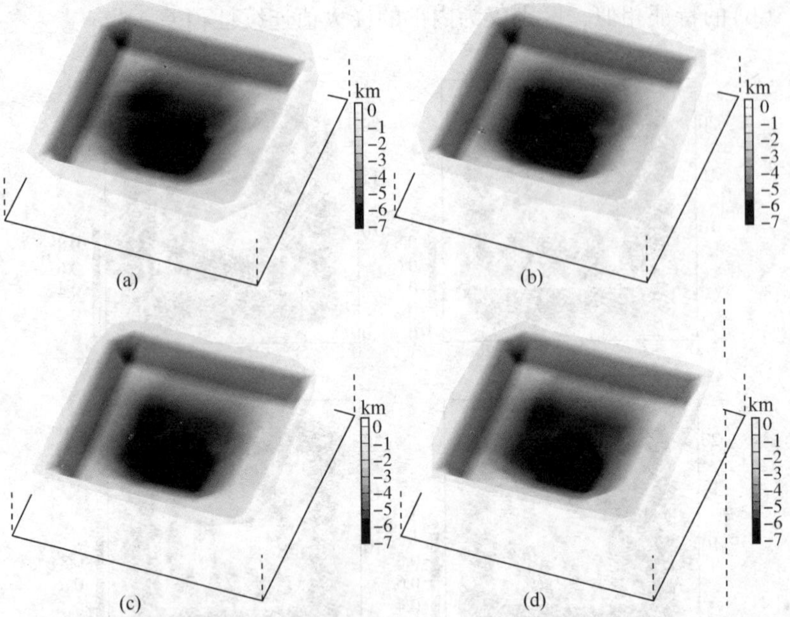

图 6-46　不同约束下复杂密度界面反演方法反演的断阶状裂陷复杂界面

(a)~(d)分别为利用图 6-45 中 4 个 NVDR_THDR 数据作为约束的反演结果

值的位置识别为裂陷型界面。以上三个模型测试中，由于模型的坳陷部分的起伏较小，因此模型的理论重力异常 NVDR_THDR 的极大值几乎不会出现在坳陷位置上。然而实际的密度界面的坳陷区域的起伏可能较大，其理论重力异常 NVDR_THDR可能也会在这些区域表现为极大值。若利用复杂密度界面反演方法，会在这些位置施加裂陷型约束，那么反演结果能否与理论模型一致起来？为研究这一问题，设计了一个完全非光滑的裂陷型与坳陷型界面横向组合的复杂密度界面模型，其由一个直立六面体和一个半椭球面组合而成[图 6-47(a)]。其中模型左侧的裂陷界面为直立六面体，其 x 方向和 y 方向的范围分别为 6~13km 和 5~15km，深度为 4km；模型右侧的坳陷界面是方程为 $x^2/25+y^2/25+z^2/9=1$ 的半椭球面，界面的最大深度为 3km，最大深度点水平坐标为 $x=22$km、$y=10$km。正演计算时，将模型剖分为 31×21 个垂直并置的直立六面体，直立六面体的尺寸为 1km×1km，选用剩余密度为 -0.3×10^3kg/m^{3}计算模型理论重力异常，并加入均值为 0、标准差为 0.1mGal 的高斯白噪声，如图 6-47(b)所示，相应的重力异常归一化总水平导数垂向导数如图 6-47(c)所示。可以看出，虽然模型右侧的界面为坳陷形态，但理论重力异常 NVDR_THDR 仍表现为明显的极大值，并且其幅值也较大，与直立六面体位置的 NVDR_THDR 极大值幅值相当。

利用直接迭代法得到非线性反演的初值如图 6-48 所示。该结果反映出了模型整体变化规律。在左侧的直立六面体处，反演结果基本将直立六面体的边界位置表现出来，但在底部呈现坳陷形态；右侧的半椭球面坳陷处，反演结果亦为坳陷，形态与理论模型一致。图 6-48(b)和图 6-48(c)分别为 $x=10$km 和 $y=10$km 处的断面结果，其清晰地反映出反演结果为坳陷形态且整体理论模型较为接近的特征，另外可以看出，直接迭代法反演结果稳定性不好，图 6-48(c)右侧半椭球模型上出现轻微的振荡。当迭代次数较大时，这种振荡更明显，与理论模型差别增大。

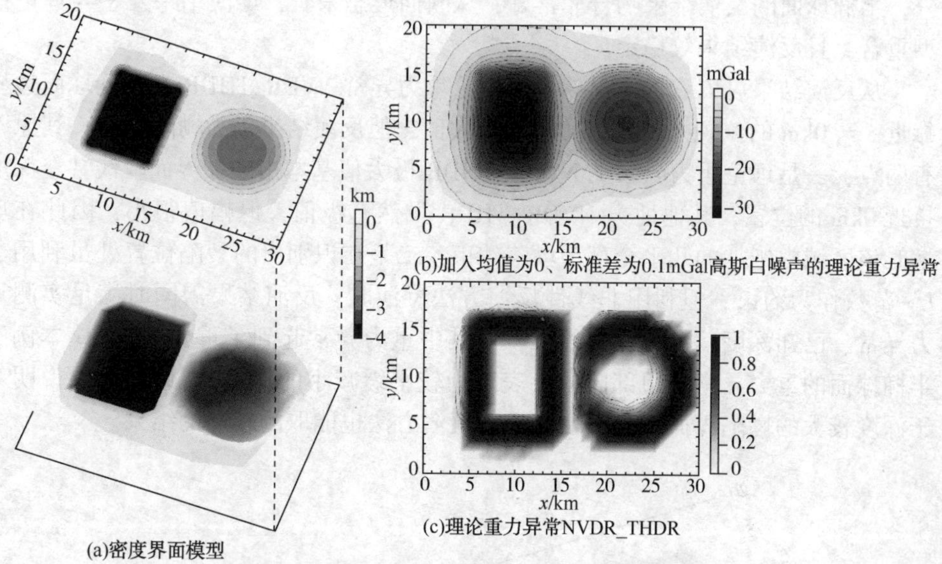

图 6-47　裂陷和坳陷界面横向组合密度界面模型及其重力异常

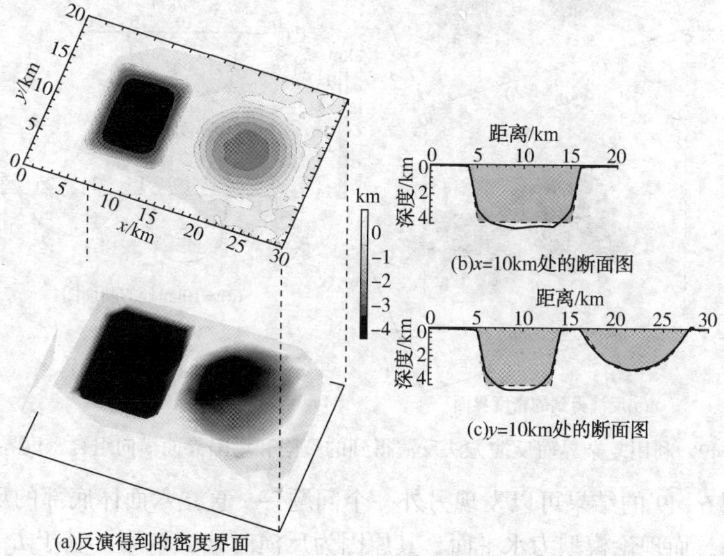

图 6-48　利用直接迭代法反演得到的裂陷和坳陷界面横向组合密度界面模型

以直接迭代法反演结果为初值，采用3个已知深度点作为约束，给定迭代终止条件为 $espr < 0.1$，最大迭代次数 $k_{r\max} = 100$，利用复杂密度界面非线性反演方法对以上模型进行反演，结果如图6-49所示，图中五角星为已知深度点。可以看出，采用复杂密度界面反演方法的反演结果反映出了直立六面体和半椭球面的形态。与直接迭代法的反演结果相比，复杂界面反演方法的优势在于直立六面体的边界反映较为清晰，在底部明显呈现裂陷型的转折形态，而非坳陷型过渡；另外，半椭球面的反演结果吻合非常好，从断面形态来看，反演结果几乎与理论模型重合，且反演结果较稳定。

从反演结果可以看出，虽然模型理论重力异常 NVDR_THDR 在半椭球面边界靠近 $z = 0$km 的位置处表现为明显的极大值，但反演结果仍为坳陷形态，其原因有两点：一是理论重力异常的 NVDR_THDR 极大值基本出现在界面较浅甚至深度接近0km 的位置，其他地方 NVDR_THDR 虽然有极值，但幅值很小，因此在反演时该区域内施加的几乎全部为坳陷约束；二是在识别出的裂陷位置处虽利用了 L_1-范数作为约束，但利用非线性反演方法反演时，反演结果需同时满足实测重力异常、已知深度信息和模型约束，而其中重力异常起到了重要的作用（本例中半椭球面的重力异常从边部向中心表现为较平缓减小的特点）。以上结果说明对于深度较大的坳陷界面，复杂密度界面反演方法也能取的较好的结果。

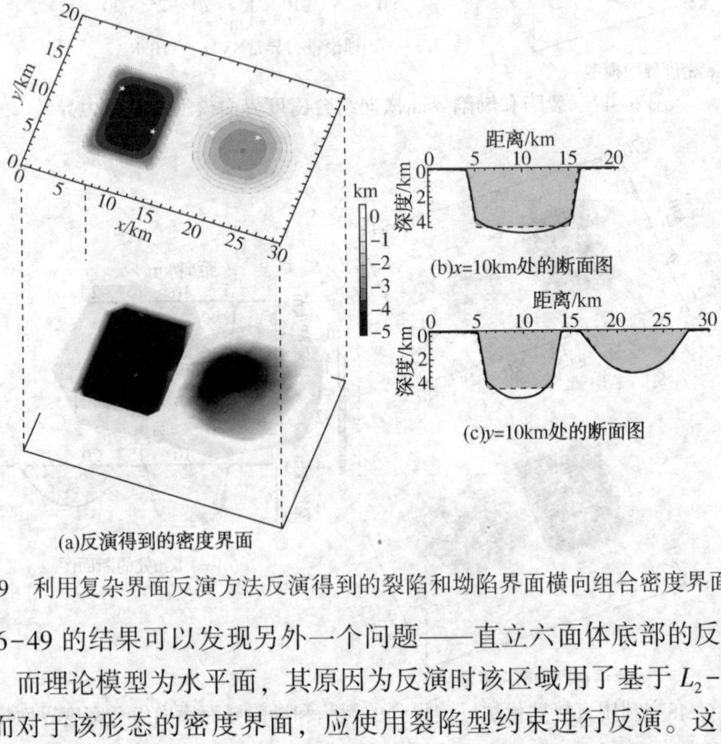

图6-49　利用复杂界面反演方法反演得到的裂陷和坳陷界面横向组合密度界面模型

从图6-49的结果可以发现另外一个问题——直立六面体底部的反演结果为坳陷界面，而理论模型为水平面，其原因为反演时该区域用了基于 L_2-范数的坳陷约束，而对于该形态的密度界面，应使用裂陷型约束进行反演。这里仅利用

L_1-范数作为约束重新反演。反演时给定迭代误差限 $espr < 0.1$、最大迭代次数 $k_{r\max} = 100$ 作为收敛条件，结果如图 6-50 所示。在 L_1-范数约束下，反演结果呈现明显的裂陷形态，对于模型区左侧的直立六面体吻合很好，仅在直立六面体边界靠近底部的位置与理论模型略微有一些差别。在直立六面体的底部，反演结果仅比理论模型深 0.2km 左右。但对于半椭球面模型，反演结果在浅部吻合较好，而在深部的小范围内，反演结果为近于水平的界面，与理论模型有差别。另外，从浅部的吻合结果证明了上文的第二点认识，即虽然 L_1-范数是一种裂陷型约束，但非线性反演时，重力异常起到了重要的作用。

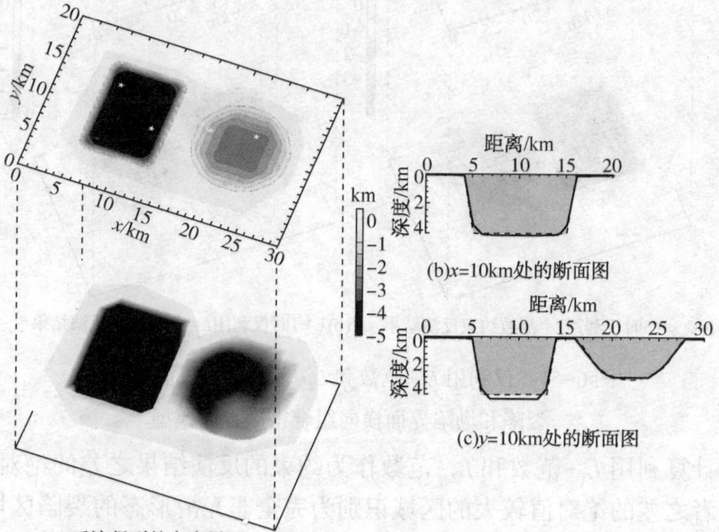

(a)反演得到的密度界面

图 6-50　仅利用 L_1-范数反演得到的裂陷和坳陷界面横向组合密度界面模型

通过图 6-49 和图 6-50 所示的结果可以看出，对于坳陷界面，利用 L_2-范数约束反演效果较好；而对于明显的裂陷界面，利用 L_1-范数约束反演可取得较好的效果。对于类似于图 6-47 所示的由裂陷和坳陷界面横向组成的复杂界面模型，单独利用 L_1-范数或 L_2-范数均不能取得理想的结果，最好的方法是分区反演，即利用 L_1-范数作为约束反演完全非光滑形态的裂陷区域，而利用 L_2-范数作为约束反演坳陷区域，但前提是需判断出裂陷区域和坳陷区域的位置。若研究区有其他资料(地质、地球物理等)证实不同类型界面的位置，则可直接利用单一范数约束反演；若无其他资料作为判断界面类型的依据，可采用以下基于不同反演结果的关系进行判断。

首先分别利用 L_1-范数和 L_2-范数作为约束进行反演。考虑到 L_1-范数的结果需尽量保留坳陷界面的形态且也要反映出原本完全非光滑裂陷界面的特征，因此建议正则化参数 λ_m 的值取 0.5~1。应用 L_2-范数作为约束反演时，希望结果呈现明显的坳陷形态，而L_2-范数约束反演较为稳定，因此建议正则化参数λ_m的值取1。对于以上模型，分别利用L_1-范数和L_2-范数作为约束进行反演的结果如图6-51所示。

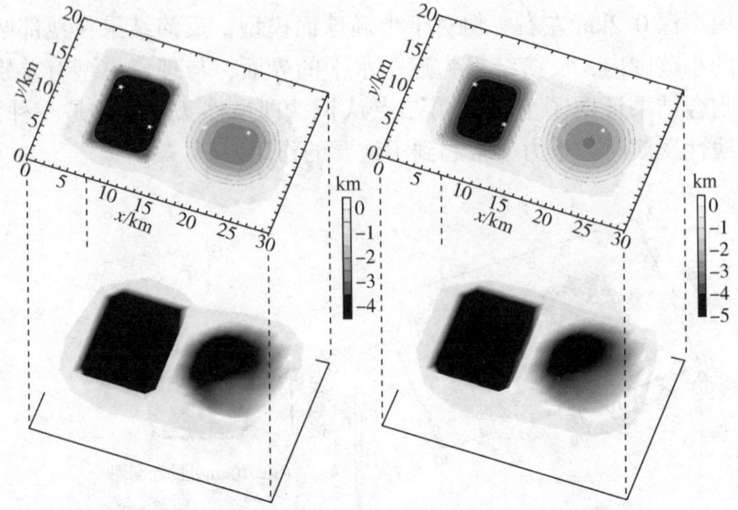

(a)λ_m=0.5时仅利用L_1-范数约束反演结果　(b)λ_m=1时仅利用L_2-范数约束反演结果

图6-51　仅利用L_1-范数和L_2-范数约束反演得到的裂陷和坳陷界面横向组合密度界面模型

然后计算利用L_1-范数和L_2-范数作为约束的反演结果之差的绝对值并成图，将图中二者之差的绝对值较大的区域识别为完全非光滑形态的裂陷区域，其他区域可视为坳陷区域。图6-52为图6-51的反演结果之差的绝对值，其中红色虚线为理论模型的边界位置。可以看出，单独利用L_1-范数和L_2-范数作为约束的反演结果很好的反映出了直立六面体模型的边界位置，而对于半椭球面模型的位置，图6-52上几乎没有任何反映。因此，利用两种范数约束反演结果的差值，可较准确的判断出完全非光滑形态的裂陷界面的平面范围。

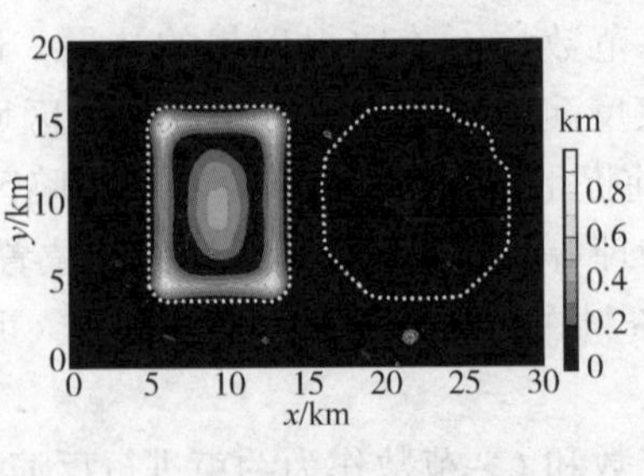

图6-52　仅利用L_1-范数和L_2-范数约束反演结果之差的绝对值

白色虚线为理论模型的边界位置

事实上，像直立六面体这类形态的完全非光滑形态的裂陷界面是比较少见的，实际的界面通常表现为前三个理论模型的形态。然而，以上措施也是具有实际应用价值的。如第三节所示的单裂陷复杂密度界面模型，若其底部的坳陷型界面深度变化较小，则用复杂密度界面反演方法得到的结果会在裂陷底部得到过度光滑的界面，反演得到的界面最大深度会与理论模型存在较明显的差别；对于此类界面，可采用以上的措施进行判断，从而分区利用不同的范数约束进行反演。

第七章　复杂密度界面反演方法应用实例

从几何形态来看，绝大多数密度界面均为光滑与非光滑同时存在的复杂密度界面，因此，复杂密度界面反演方法具有较好的应用前景。本章分别以南海海域的几个盆地基底反演以及渭河盆地西安凹陷基底反演为例，说明复杂密度界面反演方法的有效性及实用性。

第一节　南海沉积盆地基底起伏反演

南海是西太平洋边缘海中最大海盆之一，地貌上中央为海盆，四周为大陆架和大陆坡。南海周边动力学特征复杂，使南海有各种类型的盆地。整个南海诸盆地受控于3条重要的断裂：莺歌海-南海西缘-万安-卢帕尔走滑断裂，中南-礼乐断裂和西沙海槽断裂和马尼拉海沟等，这些断裂都是板块边界断裂，这些断裂控制了南海各盆地的边界、走向及沉积层厚度。南海盆地的类型与南海诸盆地的总体动力学特征密切相关。南海的动力学特征总体上可以概括为“北张南压、东挤西滑”，即南海北部发育非典型被动大陆边缘裂陷盆地，南部发育挤压盆地和前陆盆地，西部发育走滑拉分盆地，东部发育挤压盆地。南海周边存在复杂的动力学特征，决定了南海发育各种类型的盆地。

南海的沉积盆地均以新生代或晚新生代沉积为主。南海油气资源相当丰富，然而由于资料原因，南海各个区域的盆地研究程度不同，总体来看，北部的盆地研究较为详细，而中南部的盆地研究程度较低，甚至对于盆地的分布都没有认识清楚，其严重的制约了油气勘探。该问题最主要的原因是南海中南部地区地震资料少，分布不均，老资料成像品质差，新生界深度及厚度的研究较少，对盆地构造区划限制大。因此亟需采用面积性的资料得到南海(特别是中南部地区)的盆地基底(前新生界)深度，以完成盆地展布和构造划分研究。

1. 南海盆地分布特征及研究现状

南海是西太平洋最大的边缘海，面积350×10^4km²，水深可达5500 m，分布有20多个新生代沉积盆地，蕴含丰富的油气资源。南海盆地的发育可以追溯到晚白垩世，但主要发育期为新生代。普遍认为南海新生代发生过3次区域构造运动。第一次构造运动发生于中生代末至新生代早期，称之为“神狐运动”。该时期由于太平洋板块向北运动速度的降低，东亚陆缘由挤压转变为拉张构造环境，导致南海大陆边缘发生大规模张裂事件，产生了NE向断裂和地堑或半地堑，和形成一系列小型断陷盆地，构成了南海南、北大陆边缘盆地的初始裂陷产物，奠定了南海新生代陆缘盆地发育的基本构造格局。第二次运动发生在晚始新世，命名为"南海运动"。这一时期北部发育 EW 向分布的规模较大的断坳型盆地，西部则以走滑为主，南部南薇西、北康以断坳型裂陷作用为主，但时间晚于北部，曾母盆地因与婆罗洲碰撞而演变为前陆挤压挠曲沉降作用，礼乐盆地则为漂移沉降。南海扩张结束后，南海扩张终结后南海陆缘盆地总体表现为区域热沉降，北部仍以伸展作用为主，而南海南部陆缘表现为挤压性质。中中新世末，南海海盆区又发生了一次区域构造运动，运动方向为 NW-SE，由走滑运动引起，使区域构造应力场由张扭转变为压扭。在南海北部称为东沙运动，表现为断块升降，造成了中新世及部分上新世地层的缺失，形成了大量次级的 NW-NWW 向张性、压扭性断裂，表现为东强西弱的特征。在南海南部称为万安运动，表现为断裂、快断、挤压背斜和向斜，部分地区发育逆冲构造。

1975 年地质矿产部第二海洋地质调查大队根据多年的研究成果编制了"中国海区及邻域地质图"(1∶300 万)，首次描绘了南海陆架上的一系列大型沉积盆地。随后一些学者对于盆地的类型和含油气远景进行了研究。1989 年，金庆焕综合国内外地震资料，在南海共划出了 37 个沉积盆地或盆地群。金庆焕院士长期从事南海研究，其对南海南部的盆地划分方案和内部构造单元的划分受到广泛认可和引用。20 世纪 80 年代，在中美联合南海科学考察中，广州海洋地质调查局的姚伯初为中方首席科学家，在南海的研究上做了开创性的工作，研究了南海的构造演化、断裂分布和盆地划分，他的划分方案至今仍然被受到广泛的引用和肯定。在南海盆地及构造单元的研究方面，还必须提到吴进民、李文勇等几位学者，他们对南海盆地的划分提供了新的资料，划分了盆地的类型，为南海盆地的深入研究作出了自己的贡献。2013 年，张功成等根据国家重大专项子课题的研究成果(课题编号：2008ZX05025-006-06)，在南海及邻区深水区新识别出 7 个盆地，共划出 36 个沉积盆地(图 7-1)。

从现有盆地划分结果来看，南海北部的盆地面积整体较大，而南部盆地较零散，而且面积相对较小。另外，从盆地的展布来看，部分盆地可能没有达到盆地的级别，并且盆地的外围也可能存在沉积凹陷。总体来看，北部的盆地研究较为详细，而中南部的盆地研究程度较低，甚至对于盆地的分布都没有认识清楚，其严重的制约了油气勘探。该问题最主要的原因是南海中南部地区地震资料少，分布不均，老资料成像品质差，新生界深度及厚度的研究较少，对盆地构造区划限制大。

2. 区域地球物理特征

1) 密度特征

岩石与围岩之间存在密度差异是重力勘探的前提条件，因而有必要对岩石的密度进行统计、分析和整理。本次所列岩石密度特征主要引用前人的研究成果。

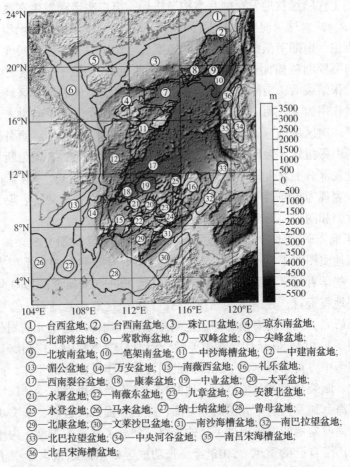

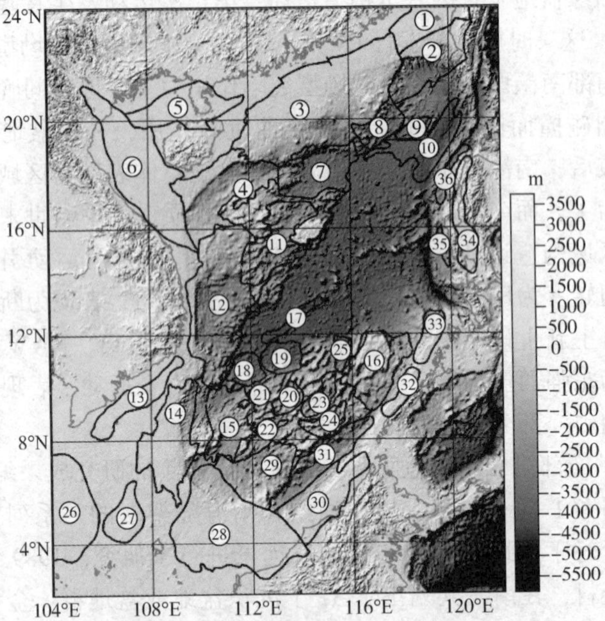

①—台西盆地；②—台西南盆地；③—珠江口盆地；④—琼东南盆地；
⑤—北部湾盆地；⑥—莺歌海盆地；⑦—双峰盆地；⑧—尖峰盆地；
⑨—北坡南盆地；⑩—笔架南盆地；⑪—中沙海槽盆地；⑫—中建南盆地；
⑬—湄公盆地；⑭—万安盆地；⑮—南薇西盆地；⑯—礼乐盆地；
⑰—西南裂谷盆地；⑱—康泰盆地；⑲—中业盆地；⑳—太平盆地；
㉑—永署盆地；㉒—南薇东盆地；㉓—九章盆地；㉔—安渡北盆地；
㉕—永登盆地；㉖—马来盆地；㉗—纳士纳盆地；㉘—曾母盆地；
㉙—北康盆地；㉚—文莱沙巴盆地；㉛—南沙海槽盆地；㉜—南巴拉望盆地；
㉝—北巴拉望盆地；㉞—中央河谷盆地；㉟—南吕宋海槽盆地；
㊱—北吕宋海槽盆地；

图 7-1　南海海域新生代沉积盆地分布（据张功成等）

南海及毗邻陆地分布着前寒武纪至新生代沉积地层和各种类型岩浆岩。由于经历了不同的形成与演化过程，又经中生代改造和新生代海底扩张，使南海地壳有陆壳、洋壳和介于两者之间的过渡壳。在老的基底上叠置了一系列的中新生代沉积盆地。因此，各时代的岩石密度发生了明显的变化，构成了多个剩余密度界面。岩石圈底界面起伏、莫霍面起伏、岩石圈内部的密度不均匀性及地壳内各密度界面起伏变化，是引起区域背景上的各种波长的重力异常的主要因素；新生代沉积盆地基底起伏及其结构差异，是引起剩余重力异常的主要因素，是圈定盆地边界的重要依据；海底地形的起伏，是引起局部异常的因素，尤其是自由空间重力异常，对海底地形反映灵敏。

根据在华南陆上露头区和盆地钻井岩心实测的各时代岩石密度和收集南海周边地区的岩石密度以及用南海各海区地震速度换算成的各时代地层的平均密度，

结合南海及周边地质构造，经过综合分析，认为本区存在着几个主要的密度界面，这些密度界面也有与地质构造的不整合面相吻合。其相关特征归纳整理如下：

（1）各地区在纵向时间剖面上，岩石时代越新其密度值越小，这种变化特征是与岩石压实程度和成岩期后的地质作用有关。

（2）本区存在几个明显的密度界面：①水层与海底的密度界面，密度差在 $(1.1\sim1.4)\times10^3$ kg/m^3，这个界面是几个界面中密度差最大的一个，对海区的自由空间重力异常影响直接，关系密切。②新生界与基底的密度界面，密度差在 $(0.2\sim0.5)\times10^3$ kg/m^3，该界面对用重力资料圈定沉积盆地，分析地质构造性质等有重要作用，在陆架、陆坡区普遍存在。在新生代地层内部也因岩性、岩相、物质组成、地层厚度和压实程度的不同，而存在着次级密度界面，但该密度差较小，只对分析盆地内次级构造单元起一定的作用。③莫霍面既是地壳与上地幔的分界面，也是一个重要的密度界面。由于莫霍面的起伏，重力异常的区域背景值发生变化。布格异常与莫霍面起伏的负相关性显著，可以通过它来讨论异常的深部因素。

2）重力异常特征

研究中所用的自由空间重力数据（图 7-2）来自美国的两位教授 Smith W. H. F（美国国家海洋与大气局卫星测高实验室）和 D. T. Sandwell（加利福尼亚大学斯克里普斯海洋研究所）共同维护的全球卫星重力异常数据库，版本号为 22.1。海

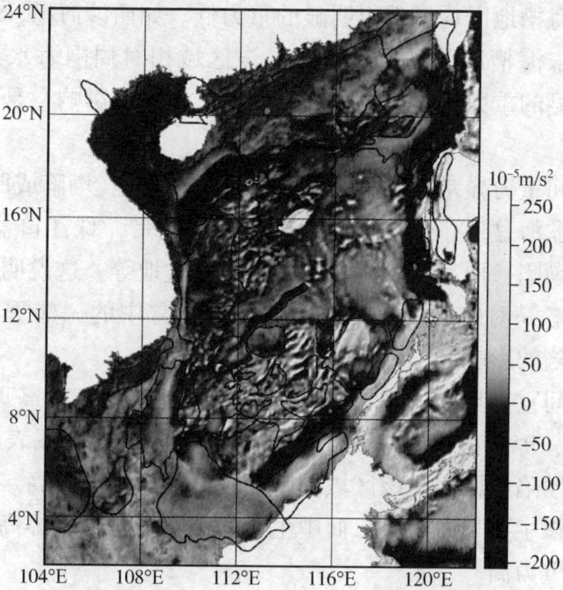

图 7-2　南海及邻区自由空间重力异常图

区数据网度为 1′×1′，陆地数据网度 5′×5′。

自由空间重力异常是观测面以下全部剩余密度体的综合反映，其中包括了两个不可忽视的密度界面：①海底地形界面。此界面密度差在 1×10^3 kg/m^3 以上，并且最靠近重力观测面，是对重力观测值影响最大的因素。②莫霍界面。此界面密度差在 0.6×10^3 kg/m^{3}左右，界面起伏较大(数公里到十几公里)，虽然离重力观测面较远，但其影响值不可忽视。按均衡假说，在重力补偿已达均衡的地区，莫霍面的起伏与海底地形的起伏是成镜像关系(地表的剩余质量正好由莫霍面的反向起伏剩余质量所补偿，两者的剩余质量相等，符号相反)。但莫霍界面离观测面远而海底地形面离观测面近，两者共同作用结果还是海底地形影响起主要作用，因此，大部分区域内自由空间重力异常与海底地形成正相关。由于海底地形与近代地壳运动及地质构造有密切关系，这正是在海区应用自由空间重力异常研究有关地质问题的优势。

自由空间重力异常反映海水深度的变化情况，也反映地下密度体的分布情况。根据本区自空异常图与海水深度及已知地质、地球物理资料对比，可知自空异常与海底地形地貌有以下关系：

(1) 在一些陆地、海山以及岛屿，自由空间重力异常表现为明显的重力高。如中沙群岛、西沙群岛、东沙群岛、黄岩海山、中南海山、盆西海岭、吕宋岛、恒春海脊等。这些岛屿与海山相对周围来讲其密度相对升高，并为“正”地形，故表现出明显的重力高。

(2) 在一些海槽地区均表现出明显的重力低。如西沙海槽、中沙海槽、中沙南海槽以及西吕宋海槽以及马尼拉海沟。该区域相对周围海水深度大相对地形低，故表现出明显的重力低，但也有低密度的沉积层的影响，是两个综合影响的结果。

(3) 自由空间重力异常中的重力低明显与沉积盆地(坳陷或凹陷)所对应。如北部湾盆地，莺歌海盆地，琼东南盆地的北部坳陷带，珠江口盆地的白云凹陷、惠州凹陷、珠Ⅲ坳陷，西吕宋海槽盆地、中建南盆地等。这说明自由空间异常的重力低与沉积凹陷是对应的，故自由空间重力异常中的一些重力低除海水影响外，还有沉积凹陷的影响。

(4) 自由空间重力异常的重力高不一定是隆起。如东沙岛地区的潮汕坳陷、台西南盆地北部、琼东南盆地中部、礼乐海滩等，这些区域表现出明显的重力高，但却是一个坳陷，原因是该区域的密度较周围的密度要高。如潮汕坳陷以及台西南盆地其沉积主要是中生界，而中生界的密度要比新生界高、比海水高，故其表现出明显的重力高。

由于自由空间重力异常包含了海水的影响，因此要利用重力异常研究沉积盆地基底时，需要消除海水的影响，即计算布格重力异常。研究区新生界密度为

2.30× 10^3 kg/m^3 左右，因此在计算布格重力异常时，选择密度差为 $-1.27×10^3$kg/m^3，利用双界面模型重力场快速正演方法正演海水的重力异常，并从自由空间重力异常中消除，从而得到布格重力异常(图 7-3)。

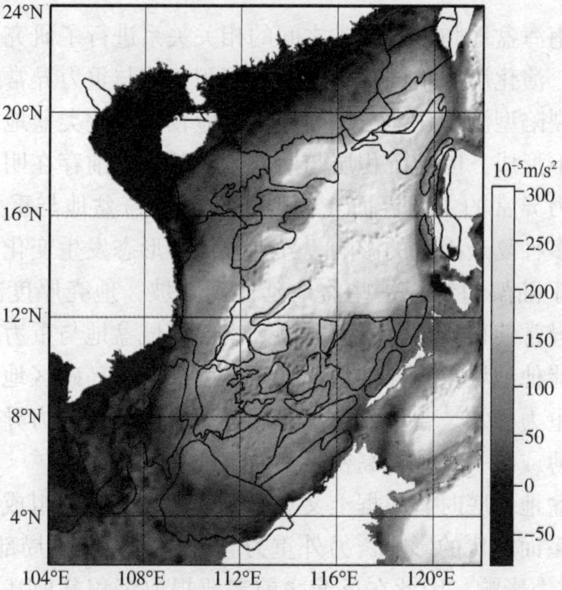

图 7-3　南海及邻区布格重力异常图

理论上布格异常不受海底地形的影响，但由于研究区构造复杂，而在计算时由于资料的限制而选择统一的密度差计算，因此在局部地区布格重力异常可能会受地形的影响，在利用其进行解释时需注意这一特征。在消除海底地形的影响后，第二个界面即莫霍界面的影响就显得突出。其影响最明显的表现就是布格异常的区域异常，与区域地形的变化趋势成镜相关系。在大陆和山区为负，在海洋区为正，在平原区显示微弱的正值。

布格重力异常与自由空间重力异常有明显的异同点。在一些海山、礁、滩、以及岛等“正”的地质构造单元处，在自由空间中反映为重力高(“正”的地貌单元)，但在布格重力异常中反映的是重力低，原因可能为构成这些单元的岩石密度小于正常地壳的密度，或部分岛礁是位于海平面之上的，而在计算布格重力异常时，这部分重力异常没有消除。在一些海槽地区，两图反映一致的情况比较多，但也存在相反的情况。例如，吕宋海槽和巴拉望海槽在两图均为重力低，说明该处沉积较厚，而莫霍面深度起伏不大。但中沙、西沙、南沙等海槽在自由空间重力异常中为重力低，在布格重力异常中却为重力高，说明对应于这些海槽为莫霍面隆起、岩浆岩的侵入或可能存在前新生代沉积层。一些盆地和坳陷的重力反映也存在以上情况。对于多数盆地，例如莺歌海盆地、北部湾盆地、琼东南盆地的北部坳陷、珠江口盆地等在两图都为重力低。但对于另外一些盆地，例如琼东南盆地南部、双峰盆地、尖峰盆地、笔架南盆地以及上文提及的西沙、中沙、南沙等海槽盆地在在自由空间重力异常中为重力低，在布格重力异常中为重力高。

姚伯初等对南海盆地与重力异常之间的相关关系进行了研究。由于所处的板块构造位置不同、演化历史不同，各类型的沉积盆地与重力异常的相关关系也不同。板内裂谷、裂陷型沉积盆地与重力异常对应较好。此类盆地位于大陆型地壳上，在拉张作用下形成，因此沉积层与前新生界基底之前存在明显的密度差，该界面也是产生重力异常的主要界面。各类陆缘(板缘)盆地与重力异常有一定的相关关系，但受多种复杂因素的影响，异常幅值和形态发生变化，不利于定性解释。此类盆地处于陆架边缘，一些盆地延伸到陆坡，地壳厚度减薄，莫霍面抬升，莫霍面重力异常使得异常背景值升高。南部海域盆地与重力异常对应关系不明显，其原因是巽他地块重力异常值背景高，南沙群岛岛礁区地形变化剧烈，影响了沉积盆地的重力异常。曾母盆地沉积层厚度大，但其重力异常不明显，推测其由深部地壳减薄或缺失、地幔高密度物质上涌引起。

在反演沉积盆地基底时，根据上文对研究区重力异常的组成因素的分析，需要消除海水、莫霍面起伏的影响，另外重力异常中也包含了局部密度体(如火成岩、岛礁等)的重力影响。因此在反演之前需要提取沉积盆地基底起伏引起的重力异常，即进行位场分离。在研究时首先利用最小曲率位场分离方法从布格重力异常中消除局部密度体的重力影响，之后再利用该方法重新选择参数消除区域背景(即莫霍面的重力异常)，得到剩余布格重力异常，将该异常认为是沉积盆地基底起伏引起的重力异常。姚伯初等提出利用重力异常定性研究沉积盆地时，在海区一般采用自由空间重力异常，而将利用以上的位场分离方法得到的重力异常与研究区地震剖面资料进行对比，发现在大部分区域，剩余布格重力异常与地震剖面显示的盆地基底形态吻合度优于剩余自由空间重力异常。因此在反演南海沉积盆地基底时，选用剩余布格重力异常。根据复杂密度界面反演方法的模型可知，由于沉积盆地的沉积层与基底的密度差通常为负数，故沉积盆地的重力异常值一般小于0。但实测的盆地剩余布格重力异常并非全部小于0，这是因为二者存在背景差。在反演时，需要对背景差进行消除，具体做法是先利用钻井、地震等已知资料提供的局部基底深度，利用无限平板公式简单估算重力异常，并与剩余布格重力异常进行比较，确定背景差，然后从剩余布格重力异常中减去背景差，从而得到沉积盆地基底起伏引起的重力异常。

3. 珠江口盆地基底起伏反演

南海珠江口盆地位于111°~118°E，19°~23°N，为南海北部最大的陆缘盆地，盆地呈北东东展布于广东大陆架。据金庆焕等的研究，盆地以“东西分块，南北分带”为特征的构造格局，“东西分块”反映盆地前渐新统的基底受北东向构造控制，“南北分带”反映盆地渐新世以来的构造特征。珠江口盆地经历了断陷、断坳和坳陷发展期，发育了近万米的陆相、海陆过渡相和海相沉积。

图 7-4(a)为珠江口盆地的地形图，珠江口盆地北部区域水深较浅，地形变化平缓，而南部区域水深变化较大。珠江口盆地在自由空间重力异常上[图 7-4(b)]大部分区域表现为重力低，东沙隆起至神狐隆起一带表现为局部的重力高。另外潮汕坳陷也表现为重力高，其原因为该坳陷的中生界较厚，其与旁侧其他坳陷(新生界为主)相比，沉积层密度较大。在进行盆地基底反演之前，需提取相应的重力异常。按照上一小节提出的措施，提取出珠江口盆地基底重力异常如图 7-4(c)所示。需要说明的是，为提高反演的效率，盆地外围区域不参与计算，故对其重力异常进行白化。基底重力异常整体形态较光滑，并且其值均小于 0，从幅值变化规律来看，基本能反映出盆地的隆坳格局。图 7-4(d)为计算的基底重力异常 NVDR_THDR 异常，在反演时利用该值作为约束。

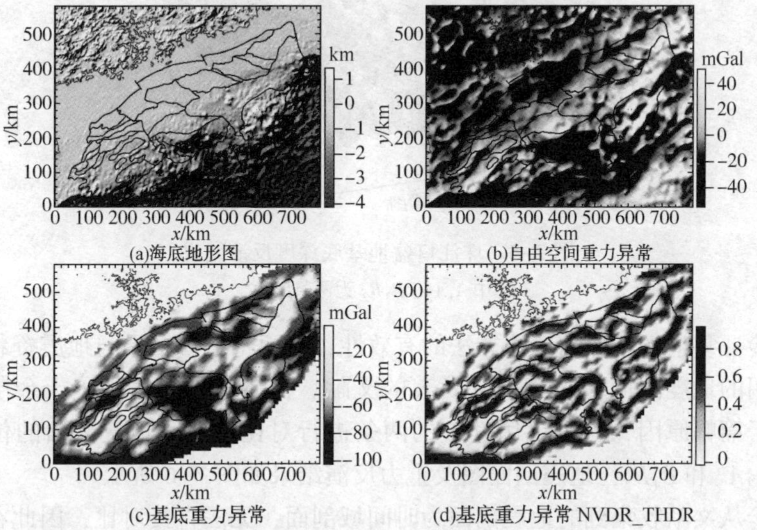

图 7-4　珠江口盆地海底地形及重力异常特征

给定迭代误差限 $epsr < 0.1$、最大迭代次数 $kr_{max} = 100$ 作为收敛条件，利用复杂密度界面非线性反演方法对珠江口盆地基底重力异常进行反演，结果如图 7-5 所示，图中上半部分为平面等值线图，下半部分为 3D 表面图。反演结果清晰的显示了珠江口盆地的基底起伏形态，可以看出，盆地的北部边界外围为隆起区，而南部边界之外的基底深度较大，其原因是南部边界之外划分到其他盆地之中，并且该区域海水深度较大，该基底深度也较大。在盆地内部，反演结果明显呈 NEE 向高低相间的带状分布，与现有盆地构造区划基本吻合。从局部特征来看，珠江口盆地东北部的韩江凹陷的东侧外围，基底深度位于 4~6km，其与现

有区划的韩江凹陷内部的基底深度基本一致，故该区域应该属于珠江口盆地内部，即盆地边界应向东北移动。

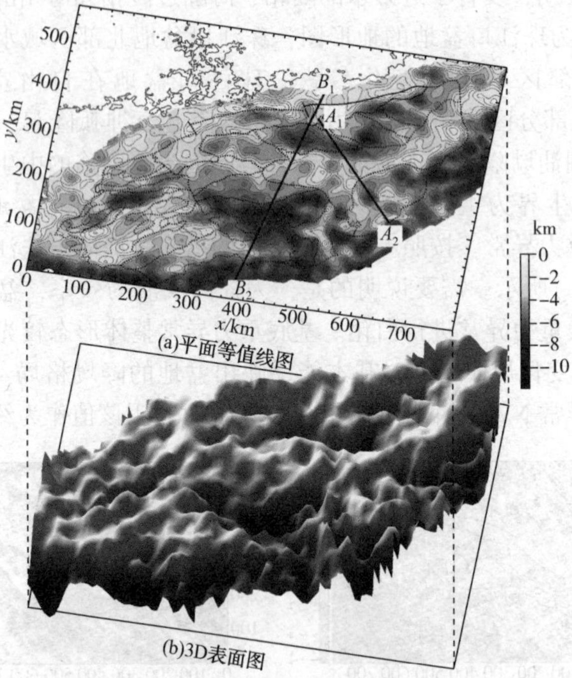

图 7-5　珠江口盆地基底深度反演结果

图中 A_1A_2、B_1B_2 为两条剖面。

为验证复杂密度界面反演方法的有效性，下面将反演结果与地震资料进行对比，所用的地震剖面均来自公开发表的文献。在研究中收集到了十余条地震剖面，鉴于篇幅原因，这里仅用其中的两条进行对比说明。地震剖面的位置见图 7-5 中 A_1A_2 和 B_1B_2，地震剖面图及重力反演结果如图 7-6 所示。

由于从文献收集到的地震剖面为时间域剖面，无法直接对比，因此在对比时仅对反演结果的形态和变化趋势进行分析。从 A_1A_2 剖面[图 7-6(a)]的形态来看，反演结果表现为明显的两坳一隆的特征，分别对应于珠江口盆地的珠一坳陷、东沙隆起和潮汕坳陷。在剖面左端即珠一坳陷内，又以局部的凸起分为陆丰凹陷和惠州凹陷，但可以看出，反演出的凸起比地震剖面结果要宽缓一些，其是由重力数据的比例尺较小，使得细节较少造成的。B_1B_2 剖面[图 7-6(b)]的结果也显示出其与地震剖面结果较为吻合，反演结果从左至右清楚地显示了北部断阶带、惠州凹陷、番禺低隆起、白云凹陷以及南部隆起带的范围及形态。通过反演结果与地震剖面的对比，可见本书提出的复杂密度界面反演方法能够应用于实际资料处理。

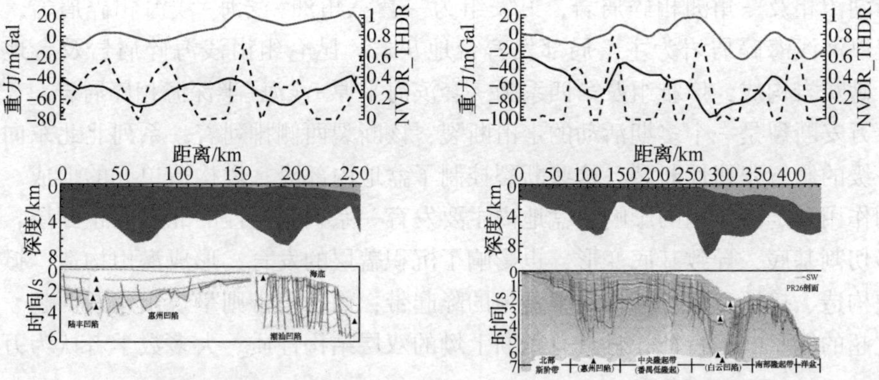

(a)A_1A_2剖面结果　　　　(b)B_1B_2剖面结果

图 7-6　珠江口盆地反演基底深度与地震剖面对比

图中上部为重力异常，其中灰色实线为自由空间重力异常，黑色实线为基底重力异常，黑色虚线为基底重力异常 NVDR_THDR；中部为反演结果，其中浅灰色为海水，深灰色为沉积层，沉积层下界面即为反演的基底；下部为地震剖面图，A_1A_2 剖面和 B_1B_2 剖面分别据钟志洪等和吴湘杰等

4. *万安盆地基底起伏反演*

万安盆地位于印支半岛南部陆架，部分跨越南海西南海盆西部陆坡区。盆地近南北向，中间宽，两头窄，形似梭形或纺锤状。盆地水深主体在 200m 以内，盆地中间最宽约 280km，南北长约 600km，面积约 $8.5\times10^4\text{km}^2$，其中约 $6.3\times10^4\text{km}^2$ 面积位于我国传统海疆域内。万安盆地研究程度较低，不同学者划分的盆地边界及内部构造单元差别较大，其严重制约了油气勘探。该问题最主要的原因是盆地内地震资料少，分布不均，旧资料成像品质差，新生界深度及厚度的研究较少，对盆地构造区划限制大。

万安盆地产生于新生代早期，位于南海西缘-万安断裂西侧，受万安断裂发生右旋滑动所派生的扭张应力形成的一个走滑拉张沉积盆地。据吴峧岐等研究，万安盆地大约形成于始新世，其经历了基底形成、初始裂谷作用、裂谷发育期、裂谷后早期、构造反转期和裂后期。古南海地壳伸展作用的应力引起的薄弱带可能为古近纪时初始裂谷形成提供了条件，初始裂谷亦与盆地东缘的走滑断裂有关，其特征为快速沉降和充填，该期又称为走滑-拉张断陷期。裂谷作用始于中新世，万安断裂发生右旋活动，盆地整体发生断坳沉降，该期也称为坳陷期。中新世中-晚期万安断裂开始左旋，盆地发生走滑挤压，形成了一些列的断块、背斜等局部构造，该期称为压扭期。晚中新世末至至第四纪的裂后期，盆地内断裂体系活动减弱甚至停止，盆地发生区域沉降作用。

万安盆地的基底为中生代花岗岩、火山岩和前始新世变质沉积岩。盆地的沉积盖层为一套巨厚的晚始新世-第四纪地层，由下而上由西卫群、万安组、李准组、昆仑组、广雅组和第四系组成，最大沉积厚度超过 10000 m。西卫群为一套近岸湖沼相及三角洲相碎屑岩，万安组为一套三角洲-滨海-浅海相碎屑岩，李准组以滨浅海碎屑岩为主，局部发育台地灰岩，昆仑组由浅海碎屑岩及台地灰岩、礁灰岩构成，广雅组及第四系为一套滨海平原-浅海-半深海相碎屑岩。

万安断裂是一个多期活动的走滑断裂，该断裂西侧排列着一系列北北东向的次一级的雁行张扭性断裂，这些断裂控制了盆地内部隆、坳构造单元的形成。受剪切作用及走滑作用的影响，盆地内主要发育一系列张扭性的北东向正断层，其大多切割基底，导致基底变形，也影响了沉积盖层的发育，形成潜山构造、掀斜断块构造、挤压背斜等，构成了盆地的隆起带；而坳陷带则呈现出东断西超、南断北超的箕状断陷特征，且具有下断上坳的双层结构性质。大多数学者认为万安

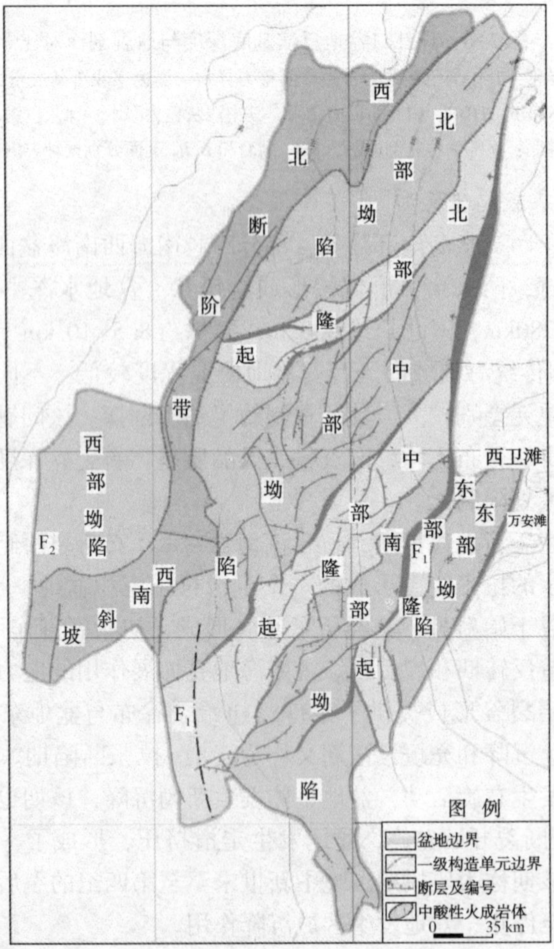

图 7-7　万安盆地构造区划图(据吴峧岐等)

盆地可划分为10个二级构造单元(图7-7)，可概述为：“3隆5坳，1断阶，1斜坡”。由北至南依次分布为西北断阶带、北部坳陷、北部隆起、中部坳陷、西部坳陷、西南斜坡、中部隆起、南部坳陷、东部隆起和东部坳陷。

万安盆地大部分位于浅水区，地形变化平缓，而其东部小面积区域水深变化较大[图7-8(a)]。在图7-8(b)所示的自由空间重力异常上，万安盆地中部为一条明显的近SN走向的高值带，与万安盆地的构造走向不一致，该高值带两侧基本为重力低，与盆地吻合较好。对比地形来看，该高值带正好位于地形梯级带

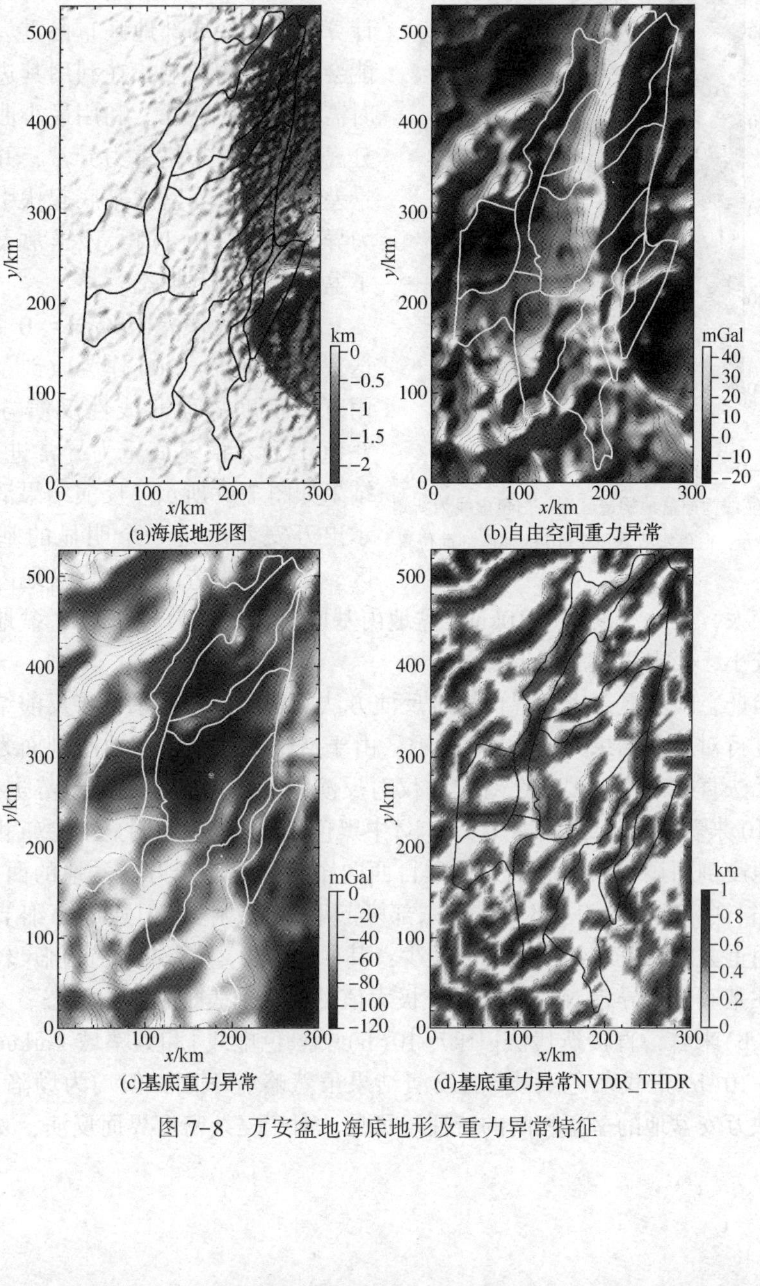

(a)海底地形图　(b)自由空间重力异常

(c)基底重力异常　(d)基底重力异常NVDR_THDR

图7-8　万安盆地海底地形及重力异常特征

上，可见在水深变化较大的区域，自由空间重力异常受水深影响较为明显。

布格重力异常[图 7-8(c)]中，盆地中部近 SN 向的高值带已经消失，现有盆地西侧边界外围基本表现为重力高，盆地内部为重力低。布格重力异常图最大的特点是东部为明显的重力高，这种区域性的变化主要是由莫霍面引起的，其与区域地形的变化趋势成镜相关系。

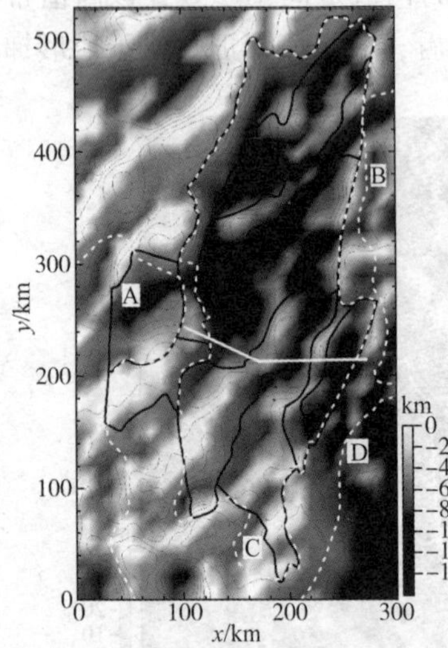

图 7-9　万安盆地基底深度反演结果

其中黑色实线为原盆地构造区划，白色虚线为新划分盆地边界，白色实线为图 7-10 的地震剖面位置

理论上布格异常不受海底地形的影响，但由于研究区构造复杂，而在计算时由于资料的限制而选择统一的密度差计算，因此在局部地区布格重力异常可能会受地形的影响，在利用其进行解释时需注意这一特征。利用最小曲率位场分离方法分离布格重力异常，并消除背景差，得到万安盆地基底起伏引起的重力异常[图 7-8(d)]，该异常大体反映了盆地的范围和形态。

给定迭代误差限 $epsr = 0.1$、最大迭代次数 $kr_{max} = 100$ 作为收敛条件，利用复杂密度界面非线性反演方法对图 7-8(d)所示的基底重力异常进行反演，结果如图 7-9 所示。反演结果清晰地显示出万安盆地是一个明显的基底坳陷区。在现有构造区划上，盆地内基底深度普遍较大，最大深度超过 10km。盆地内基底起伏多呈为 NNE 向；盆地外围基底深度较小，表现为隆起的形态。

为验证空间域复杂密度界面三维反演方法的实际应用效果，将反演结果与地震资料进行对比，结果如图 7-10 所示。由于从文献收集到的地震剖面为时间域剖面，无法直接对比，因此在对比时仅对反演结果的形态和变化趋势进行分析。从图 7-10 来看，反演结果[图 7-10(b)中黑色实线]表现为明显的垒堑相间的特征，与地震剖面显示的构造单元一致自西向东分别对应于万安盆地的西南斜坡、中部坳陷、中部隆起、南部坳陷、东部隆起和东部坳陷。但从局部细节可以看出，利用重力资料反演结果中断裂较少，其原因是由重力数据的比例尺较小，反演只能在基底重力异常 NVDR_THDR 极大值的位置上表现出断裂形态。另外，从图 7-10(b)来看，直接迭代法[图 7-10(b)中黑色虚线]和频率域 Parker 反演方法[图 7-10(b)中浅灰色实线]的反演结果虽然略有不同，但均为坳陷型界面，不能反映万安盆地的垒堑相间的特征。可见，对于复杂密度界面反演，复杂密度界面三维反演方法具有明显的优势，能够较好地应用于实际资料处理。

从图 7-9 所示的反演结果的局部特征来看，在一些区域，盆地基底起伏与现有构造区划并不一致，表现在以下几个方面：

（1）盆地的西部边界(西部坳陷的西侧)为近南北向，而此处基底并未在南北向上出现大的隆起(图 7-9 中 A 区)。另外，西部坳陷的深度也与相邻的中部坳陷有很大的区别，其明显浅于中部坳陷。因此，基于以上问题并从盆地整体形态考虑，建议对该西部坳陷单独划分出来并与其西部及南部的一些区域重新划分为纳土纳盆地，其范围如 A 区白色虚线所示，仅有一部分在研究区内。

（2）盆地的东部边界外围基底深度略小于盆地内部基底深度，但该区基底并非明显的隆起(图 7-9 中 B 区)，尤其在该边界偏北之处更明显。现有构造区划中，B 区处于盆地外围，显然其也为明显的沉积区。B 区与万安盆地之间的局部隆起实际为火成岩的反映，而南海西缘断裂(或称万安东断裂)从此处穿过，该断裂两侧的基底性质不同，因此 B 区不属于万安盆地。根据以上特征，建议将 B 区归属于南薇西盆地，边界如该处白色虚线所示，只有一小部分在研究区内。

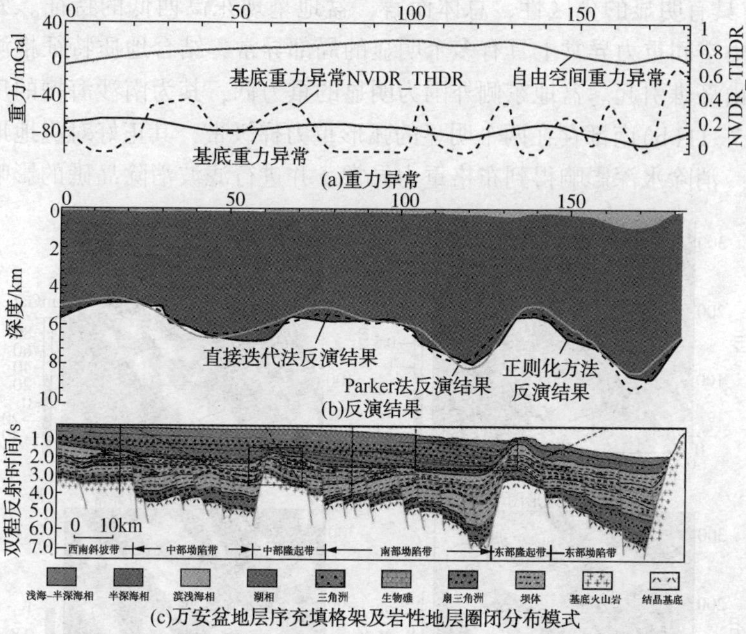

图 7-10 万安盆地反演结果与地震剖面对比图(据杨楚鹏等)

（3）盆地东南部边界外围(图 7-9 中 C 区)基底深度更大，其与万安盆地无明显的分界。考虑到基底性质，已有构造区划中将该区划分为曾母盆地(盆地边界见该处的白色虚线)。

（4）盆地最南部边界西侧(图 7-9 中 D 区)外围基底仍为坳陷，现有边界与基底起伏特征不一致。从反演结果来看，该边界以西约 40km 之处基底明显隆起。建议将该处的盆地边界向西移动，具体见 D 区的白色虚线。

5. 北康盆地基底起伏反演

北康盆地处于南沙中部海域，是大型的新生代沉积盆地，位于曾母盆地东北部，其西北、西部以及西南部分别与南薇隆起区、西雅隆起区和曾母盆地相连，西南边界以 NW 走向的廷贾断裂与曾母盆地分开，东南以南沙海槽西北缘断裂与南沙海槽盆地分隔，盆地面积约 $5\times10^4km^2$。盆地内发育着古新世以来的新生代沉积，最大厚度超过 11km。北康盆地基底发育前新生代变质岩及酸性—基性火成岩，其中火成岩主要发育在盆地东部地区，呈北东向展布。北康盆地为陆块裂离后的被动边缘断坳盆地，经历了早期断陷、中期断坳—走滑、挤压隆升和晚期区域沉降三大演化阶段，北康盆地内划分五个二级构造单元，分别为：西部坳陷、中部隆起、东北坳陷、东南坳陷、东南隆起。

北康盆地大部分区域水深较大，大多超过 1500m[图 7-11(a)]。盆地内岛礁非常发育，这些岛礁多为岩浆活动形成的。北康盆地的自由空间重力异常上[图 7-11(b)]具有明显的分区性，总体而言，盆地呈现东高西低的特征。另外可以看出，自由空间重力异常上具有多个明显的局部异常，结合地质特征推测，这些局部异常由岛礁引起。盆地东侧外围为明显的重力低，其为南沙海槽的反映。另外，在图 7-11(b)南部存在两个明显的弧形重力梯级带，其正好对应地形变化较大的区域。消除水深影响得到布格重力异常，并进行滤波消除岛礁的影响，利用

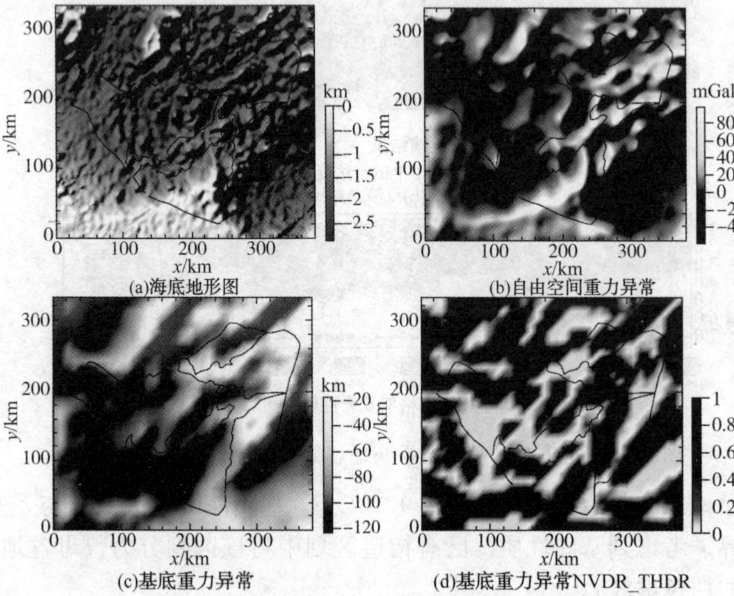

图 7-11 北康盆地海底地形及重力异常特征

已知深度消除系统差，得到北康盆地基底重力异常如图 7-11(c)所示。基底重力异常总体变化趋势与自由空间重力异常类似，不同之处在于盆地北西边界之外，该重力异常为相对高，自由空间重力异常也有此趋势，但其特征不如该异常明显。图 7-11(d)为计算的基底重力异常 NVDR_THDR 异常，NVDR_THDR 极大值多表现为 NE 向，与区域构造应力方向一致。

利用以上重力异常反演时，给定迭代收敛参数与万安盆地的参数一致，反演结果如图 7-12 所示。从反演结果来看，盆地的中部和西部基底深度较大，反映了此处为明显的坳陷区，而东部基底深度较小，表现为隆起的特征。另外反演结果在图幅的西北角出现一处基底深度较大的区域，该区域属于南薇西盆地。另外，盆地东侧外围也为明显的基底坳陷区，其为南沙海槽的一部分。从反演结果与现有构造单元划分来看，还存在两个问题需要讨论。

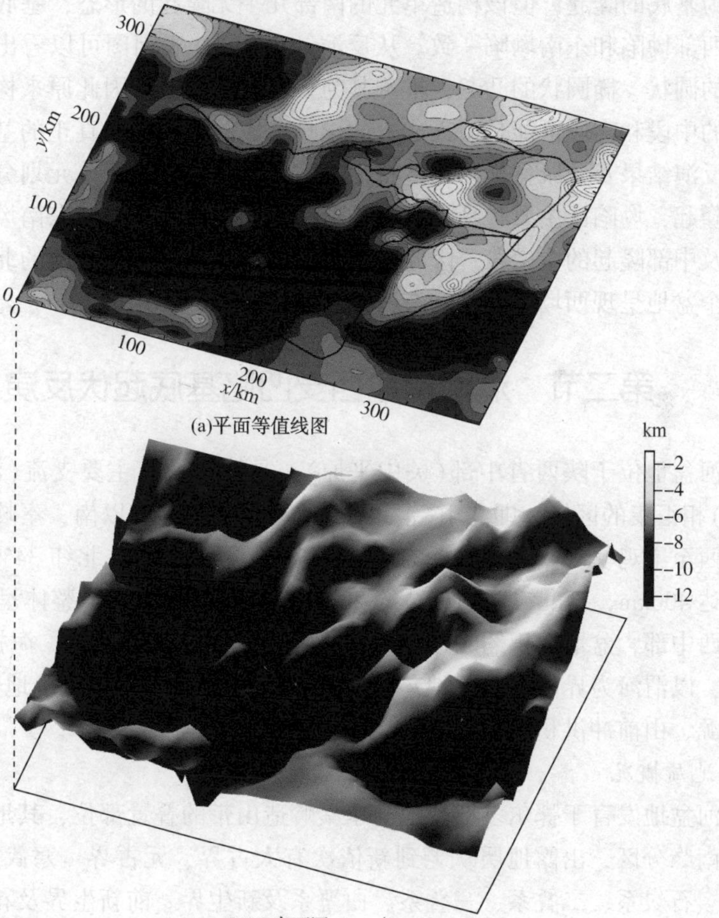

(a)平面等值线图

(b)3D表面图

图 7-12　北康盆地基底深度反演结果

第一是盆地边界的问题。盆地西南侧边界完全处于基底深度较大的区域，盆地边界两侧基底深度无变化。若单纯从基底深度的角度考虑，则盆地边界的位置是不合适的。事实上，北康盆地和曾母盆地相接，其分界线为廷贾断裂，该断裂是一条巨大的走滑断裂，其使得曾母盆地沉积了巨厚的新生代沉积物。廷贾断裂两侧盆地基底性质和动力学成因机制不同，因此将其作为盆地边界。盆地的定义为在地质发展历史一定阶段的一定运动体制下形成发展的统一的沉降构造单元，即盆地应属于坳陷区，则其边界应该为基底深度变浅的位置。而北康盆地东南边界位于隆起之上，即离盆地边界最近的内部构造单元为隆起。这与盆地的定义是不一致的。另外，整体来看，北康盆地西北侧的边界基本与基底起伏形态吻合，但局部仍有一些位置需要修改，这里不再详细论述。

第二是内部构造单元的问题。现有构造区划中，中部隆起的北段在反演结果中表现为基底的隆起，但该构造单元的南部几乎无隆起的形态，基底深度整体较大，与西部坳陷和东南坳陷一致。从反演结果的3D表面图可以看出，该位置上有零星的圆状、椭圆状的凸起，推测其为火成岩的反映。因此原来构造区划中中部隆起的中段和南段可能是由火成岩的影响造成的，其并非真正的基底隆起。鉴于以上反演结果及北康盆地的构造特征，建议将其内部构造单元划分为一个坳陷和一个隆起，坳陷区主要包括了现有构造区划中的西部坳陷、东南坳陷和东北坳陷，以及中部隆起的中南段；隆起区为现有构造区划中中部隆起的北段和东南隆起。整个盆地呈现西坳东隆的构造特征。

第二节　渭河盆地西安凹陷基底起伏反演

渭河盆地位于陕西省中部(关中平原)，是渭河及其主要支流(泾河、洛河、灞河等)相汇集的区域，即北山(铜川、蒲城、合阳一带)以南，秦岭以北，东到黄河，西至宝鸡峡谷。地理坐标为东经107°00′~110°30′，北纬34°00′~35°00′。东西长达400km，南北方向西部宽约20km，东部宽约70km，整体呈“月牙”形横亘于陕西中部，盆地面积约$2\times10^4km^2$。地势上，盆地西高东低，海拔平均在400 m左右，以渭河为界向两侧，地势呈阶梯状隆升，依次为河流阶地、冲积平原、黄土台源、山前冲洪积扇裙。

1. 地质概况

渭河盆地发育于鄂尔多斯台地与东秦岭造山带的叠置部位，其地层属于华北地层区南缘分区，出露地层从老到新依次有太古界、元古界、寒武系、奥陶系、泥盆系、石炭系、二叠系、三叠系、白垩系及新生界。前新生界及花岗岩构成了盆地基底并出露于盆缘山地，巨厚的新生界形成渭河平原。

权新昌研究认为，宝鸡—渭南断裂以北，基底为下古生界碳酸盐层，以南是太古界及元古界，其中临潼—长安断裂以西为元古界以东为太古界深变质岩系。基底形态总体为一北倾的陡斜坡。盆地东南边缘及西部骊山断隆处，出露太古界花岗岩、片麻岩及震旦亚界浅变质岩系，其中有大片的燕山期花岗岩体及各种岩脉侵入。

盆地盖层由新生代沉积物组成，北部为斜坡带，南部为坳陷区，沉积中心偏南，南陡北缓，东浅西深。新生代沉积厚度、岩相变化均受基底构造控制，新生代地层有自北向南加厚的趋势，是凹陷中心不断南移的结果。王景明认为渭河盆地三叠纪时与鄂尔多斯盆地为统一体。从渭河北山出露的三叠系尚无边缘相堆积，今渭河盆地区域内曾有过三叠纪的沉积。张国伟等对与渭河盆地密切相关的北秦岭北带(秦岭造山带后陆逆冲断裂褶皱带，或华北地块南缘带)的地质演化历史进行了系统研究。认为该区盖层以区域构造不整合于下伏早前寒武纪结晶基底之上，发育中上元古界，寒武系，少量奥陶系，与华北地块一样缺失中奥陶统—下石炭统，而中石炭统—三叠系主要出露与该区北缘。这些岩层虽然与华北地块间有晚期断层分割，但它们与原华北地块内部是连通一致的。其石炭—二叠—三叠系岩层组合与古生物群落等和华北地块内部完全一致。可见，位于北秦岭北带与现鄂尔多斯盆地之间的渭河盆地在石炭—二叠—三叠系时与鄂尔多斯盆地具有相似的岩层组合，曾有过石炭—二叠—三叠纪的沉积，渭河新生代盆地的基底可能更为复杂。

根据石油钻井资料与地热钻井资料初步分析，渭河盆地新近-古近系沉积厚度几千米，最厚达6000多米。主要为河流(冲、洪积)相—湖泊相沉积，岩性组合为砂(砾)岩-泥岩组合，表现了上细下粗的正旋回沉积的特征，即旋回下部河流(冲、洪积)相沉积的砂(砾)岩为良好的储集层；上部为湖相沉积的巨厚泥页岩，为天然气成藏提供了良好的盖层条件，并且纵向上构成了良好的储盖组合。

渭河盆地断层十分发育，往往形成断层封闭的圈闭构造。20世纪60~70年代，前人在渭河盆地的石油勘探发现了一些有利的圈闭构造，主要为断层作用牵引形成的构造圈闭，形态可分为扇形、半椭圆形、楔形和鼻形等，表明渭河盆地具有形成天然气藏的圈闭条件。但由于勘探程度低，而且当时的地震数据采集和处理技术落后，圈闭特征还有待于进一步的认识。

目前已发现的局部构造主要分布于沉积洼陷的南坡，与洼陷南坡断层发育有关，说明局部构造与断层活动具有生成关系。渭河盆地新生代早期-中期主要发育张性正断层，这些断裂构造可作为天然气运移的良好通道。

对渭河盆地的保存条件而言，一方面，储集层之上覆盖有巨厚的泥页岩，有利于天然气的保存；尤其是新近系张家坡组上部大范围的湖泛沉积，沉积了厚度巨大，分布面积广泛的泥页岩，构成了良好的区域盖层，有利于天然气的保存。因此，评价区内保存条件的关键是，圈闭形成之后的断裂作用是否切穿圈闭上的泥岩盖层。前人勘探资料及研究成果表明，第四纪以来(张家坡沉积之后)的断层活动相对减弱，而且主要发育压(扭)性断层，不影响天然气的保存；从已评价的圈闭资料看，储集层之上的泥岩盖层一般未被断层切穿，也证实对天然气的保存比较有利；而且许多地热钻井在新-古近系储集层段存在异常压力，佐证了构造的封闭性或圈闭的保存条件。

2. 地球物理特征

1）密度特征

根据渭河盆地内地震波速-密度转换结果，结合前人研究成果，得到渭河盆地内西安凹陷各地层密度特征。第四系主要岩性为黏土、砾石，密度为 1.15～1.92g/cm^3；第三系主要岩性为泥岩，密度为 2.42g/cm^3；二叠系主要为杂色岩、泥岩、砂岩，密度为 2.52g/cm^3；奥陶系系以灰岩、砂岩为主，密度为 2.6g/cm^3；元古界为变质岩，密度为 2.69g/cm^3。可见，由于压实作用，研究区各时代地层岩性不同，并且自新到老密度逐渐增大。

2）重力异常特征

渭河盆地布格重力异常如图 7-13 所示。渭河盆地布格重力异常平面等值线在西安-宝鸡之间宏观呈近 EW 向，西安以东宏观呈近 NE 向。盆地内重力高、重力低的过渡带发育有重力梯级带。渭河盆地重力场具有明显的分区性。盆地北部由西向东大体由乾县—庄里镇—蒲城县一线布格重力异常宏观为一北东向展布的斜坡状重力高，异常值在-140～-100mGal 之间；该斜坡状重力高之南，大体在礼泉—三原—大荔一线，布格重力异常为一北东走向的重力低值带，分别在三原县、大荔县形成重力低圈闭，该重力低值带异常值在-130～-160mGal 之间；盆地东南部骊山及其以东地区为一明显重力高值带，异常幅值大于 30mGal；盆地南部周至—西安一线布格重力异常为一近东西走向、明显的重力低值带，异常值在-140～-200mGal 之间，异常幅值达 60mGal；盆地西部宝鸡—扶风县为一低缓的重力高，异常值在-180～-200mGal 之间，异常幅值为 20mGal 左右。

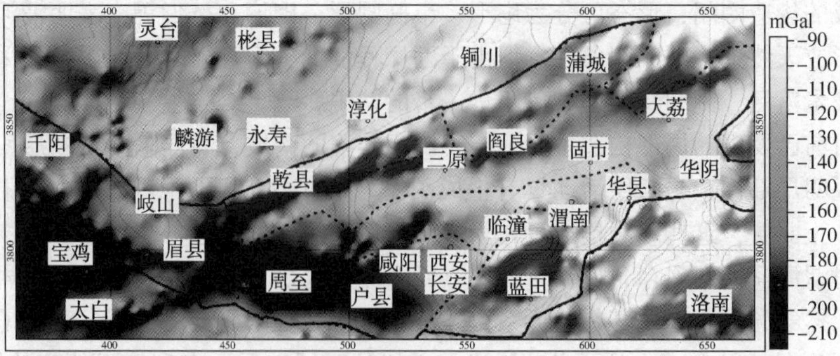

图 7-13 渭河盆地布格重力异常图

一般而言，布格重力异常场值的大小反映了基底的起伏特征，重力场值大，反映高密度的基底埋深相对较浅；重力场值小，反映基底埋深相对较深，上覆盖层较厚。布格重力异常等值线圈闭的重力高、重力低反映局部隆起与凹陷构造，布格重力异常等值线密集的重力梯级带反映断裂构造。由渭河布格重力场值东北部高、西南部低的特征及分析盆地基底为东北部较浅，西南部较深；由布格重力异常等值线圈闭的众多重力高、重力低推测研究区基底起伏较大，隆起与凹陷发育；由密集布格重力异常等值线反映的重力梯级带判断研究区构造复杂，断裂发育。

布格重力异常是地下所有纵、横向密度不均匀体重力场的叠加效应，一般通过一定的处理分离方法，把布格重力异常分解为剩余重力异常和区域重力异常。剩余重力异常反映较浅层局部密度不均匀体的特征，区域重力异常反映较深层宏观基底的特征。

对重力数据进行位场分离，得到了剩余重力异常(图 7-14)。由图 7-14 不难看出，渭河盆地发育的剩余重力异常有 3 个特点，一是由南向北重力高、重力低成带相间分布；二是重力高、重力低的平面形态为长条状，东西向长，南北向短；三是异常走向在西安—扶风之间呈近 EW 向，在扶风—宝鸡市之间呈 NW 向，在西安向北东到盆地东边界呈 NE 向。局部异常的发育特征反映研究区局部构造发育，且由西向东呈南北向带状分布，可能为南北向发育的凹陷及凸起，凸起上有多个高点，凹陷内有多个沉积中心。可见，渭河盆地的剩余重力异常能够反映盆地的构造单元形态，尤其两个明显的大范围的重力低值区，清晰的显示了西安凹陷和固市凹陷的范围。

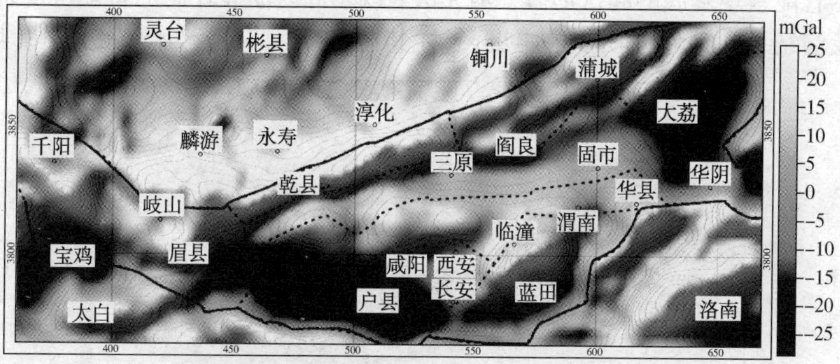

图 7-14　渭河盆地剩余布格重力异常图

3. 西安凹陷基底起伏反演

在对渭河盆地重力场特征认识的基础上，选择西安凹陷作为重点研究区，进行基底深度反演。西安凹陷的剩余重力异常如图 7-15 所示。

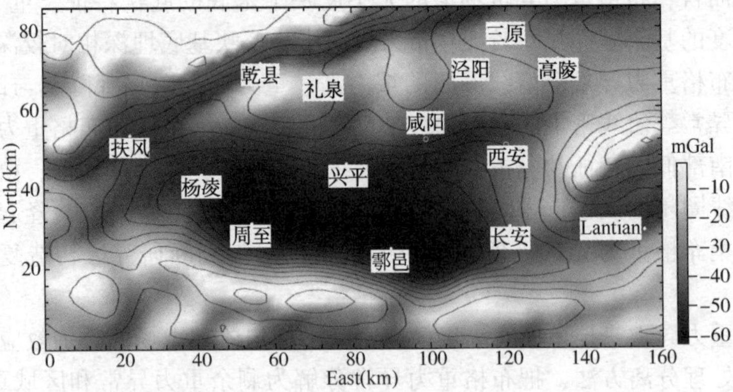

图 7-15　西安凹陷剩余布格重力异常图

为反演西安凹陷前寒武基底深度，将图 7-15 所示的剩余布格重力异常离散为 3564(81×44)个垂直并置的直立六面体。根据西安凹陷各沉积层密度，结合几条地球物理综合剖面揭示的各地层的厚度，假设各沉积层密度在横向上无变化，并且各沉积层厚度沿东西方向无变化，采用加权方法计算得到西安凹陷沉积层与基底的密度差，即南部为-0.41g/cm^3，北部为-0.48g/cm^3。

首先利用 Bott 方法反演得到沉积盆地基底初值(图 7-16)，之后利用一条综合地球物理剖面的解释成果作为约束，选择 3 个已知深度点，采用复杂密度界面反演方法进行反演，结果如图 7-17 所示。通过图 7-16 和图 7-17 反演结果的对比可以看出，直接迭代法反演结果与复杂密度界面反演方法的结果总体特征基本一致，得到的西安凹陷基底深度最大超过 8km。但直接迭代法的结果为光滑形态，尽管能呈现基底的起伏形态，但无法表现基底受断裂控制的特征。复杂密度界面反演结果基底起伏形态更加明显，尤其在秦岭山前位置处，十分清晰地呈现

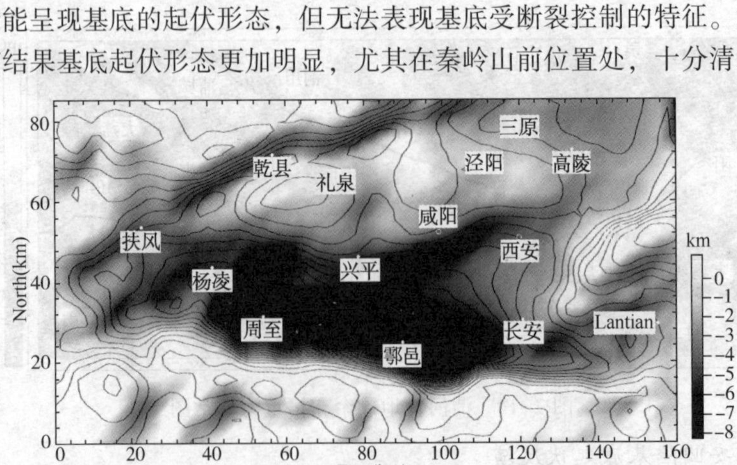

图 7-16　直接迭代法反演得到的西安凹陷基底深度

了控盆断裂的特征。

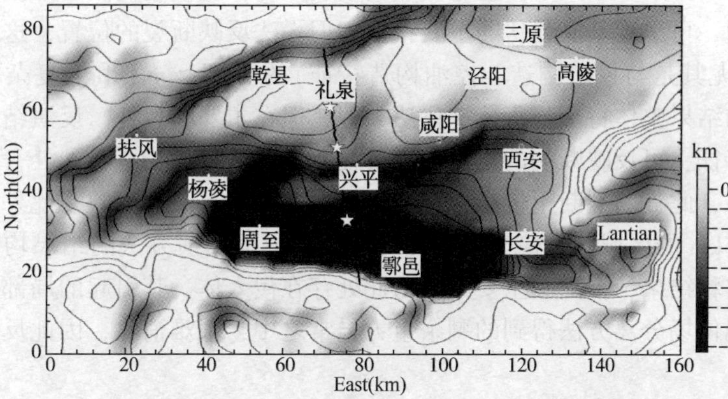

图 7-17　复杂密度界面反演方法反演得到的西安凹陷基底深度

黑色实线为图 7-18 的剖面位置，五角星为已知深度点的位置

为进一步直观地对比复杂密度界面反演方法与直接迭代法的反演结果，提取了反演结果的断面特征，如图 7-18 所示。剖面位置如图 7-17 中黑色实线所示，

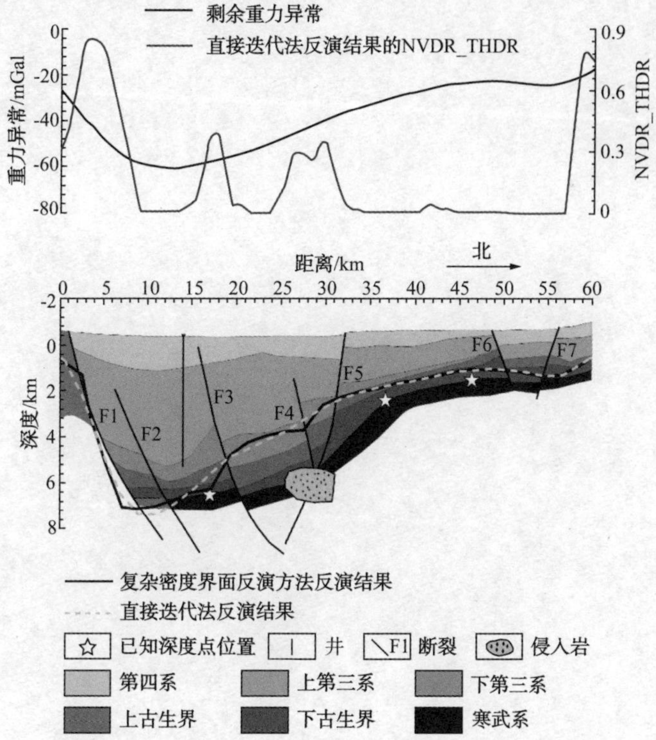

图 7-18　西安凹陷基底深度反演结果与综合剖面解释结果对比图

该剖面为一条重、磁、电、震综合剖面，其解释结果如图 7-18 所示。重、磁、电、震综合剖面解释结果中，盆地基底受断裂控制，直接迭代法的结果为光滑形态密度界面，可呈现基底起伏的主要特征，但无法反映断裂的位置，这对于局部构造研究(尤其是与控矿构造、控油构造特征)的研究十分不利。复杂密度界面反演方法的结果整体特征与直接迭代法类似，但在主要断裂处，反演结果均能呈现非光滑特征，可反映断裂的位置。需要注意的是，F6 和 F7 断裂处，反演结果为光滑形态，此处断裂断距较小，其在重力异常上几乎没有反映。此外，在剖面长度 20~35km 的区域，直接迭代法和复杂密度界面反演方法的结果均明显浅于综合剖面解释结果，推测其主要原因为此处存在侵入体，其引起的局部重力异常叠加在利用位场分离方法得到的剩余重力异常之中，很难消除，因此反演结果在此处较浅。

参 考 文 献

[1] 王平，夏戡原，张毅祥，等．南海东北部深部构造与中新生代沉积盆地[J]．海洋地质与第四纪地质，2002，22(4)：59-65.

[2] Bott M H P. The use of rapid digital computing methods for direct gravity interpretation of sedimentary basin[J]. Geophysical Journal of the Royal Astronomical Society，1960，3：63-67.

[3] Cordell L，Henderson R G. Iterative three-dimensional solution of gravity anomaly data using a digital computer[J]. Geophysics，1968，33(4)：596-601.

[4] 孙德梅，闵志．三维密度界面反演的一个近似方法[J]．物探与化探，1984，8(2)：89-98.

[5] 林振民，阳明．具有已知深度点的条件下解二度单一密度界面反问题的方法[J]．地球物理学报，1985，28(3)：311-321.

[6] Leão J W D，Menezes P T L，Beltrão J F，et al. Gravity inversion of basement relief constrained by the knowledge of depth at isolated points[J]. Geophysics，1996，61(6)：1702-1714.

[7] Prutkin I，Casten U. Efficient gravity data inversion for 3D topography of a contact surface with application to the Hellenic subduction zone[J]. Computers&Geosciences，2009，35：225-233.

[8] Zhou X. Gravity inversion of 2D bedrock topography for heterogeneous sedimentary basins based on line integral and maximum difference reduction method[J]. Geophysical Prospecting，2013，61(1)：220-234.

[9] 张盛，孟小红．约束变密度界面反演方法[J]．地球物理学进展，2013，28(4)：1714-1720.

[10] Silva J B C，Santos D F，Gomes K P. Fast gravity inversion of basement relief[J]. Geophysics，2014，79(5)：G79-G91.

[11] Marquardt D W. An algorithm for least-squares estimation of nonlinear parameters[J]. Journal of the Society for Industrial and Applied Mathematics，1963，11(2)：431-441.

[12] Rao D B. Analysis of gravity anomalies over an inclined fault with quadratic density function[J]. PAGEOPH，1985，123：250-260.

[13] Chakravarthi V，Sundararajan N. INVGRAFALT-A Fortran code for Marquardt inversion of gravity anomalies of faulted beds with varying density[J]. Computers & Geosciences，2005，31：1234-1240.

[14] Chakravarthi V，Sundararajan N. Gravity anomalies of 2.5-D multiple prismatic structures with variable density：A Marquardt inversion[J]. Pure and Applied Geophysics，2006，163：229-242.

[15] Chakravarthi V，Sundararajan N. 3D gravity inversion of basement relief—A depth-dependent density approach[J]. Geophysics，2007，72(2)：123-132.

[16] Chakravarthi V，Sundararajan N. TODGINV—A code for optimization of gravity anomalies due to anticlinal and synclinal atructures with parabolic density contrast[J]. Computers & Geosciences，2008，34：955-966.

[17] Chakravarthi V，Sastry S R. GUI based inversion code for automatic quantification of strike

limited listric fault sources and regional gravity background from observed bouguer gravity anomalies[J]. Journal Geological Society of India, 2014, 83: 625-63.
[18] Mojica O F, Bassrei. Regularization parameter selection in the 3D gravity inversion of the basement relief using GCV: A parallel approach [J]. Computers and Geosciences, 2015, 82: 205-213.
[19] 夏江海. 利用奇异值分界求二维单一密度界面的反问题[J]. 物化探计算技术, 1986, 8(2): 128-133.
[20] 杨强. 用共轭梯度法反演二维单一密度界面[J]. 广西地质, 1989, 2(1): 51-59.
[21] 朱自强, 程方道, 黄国祥. 同时反演两个三维密度界面的拟神经网络 BP 算法[J]. 石油物探, 1995, 34(1): 76-85.
[22] 刘云峰, 沈晓华. 二维密度界面的遗传算法反演[J]. 物探化探计算技术[J], 1997, 19(2): 138-142.
[23] 柯小平, 王勇, 许厚泽, 等. 青藏东缘三维 Moho 界面的位场遗传算法反演[J]. 大地测量与地球动力学, 2006, 26(1): 100-104.
[24] 王笄, 申重阳. 直接反演多层密度界面的方法研究[J]. 大地测量与地球动力学, 2013, 33(1): 17-20.
[25] 李丽丽, 马国庆. 基于重力梯度的模拟退火法反演中国南海海底地形[J]. 地球物理学进展, 2014, 29(2): 0931-0935.
[26] 秦静欣, 郝天珧, 郭子琪, 等. 改进的自适应模拟退火密度界面反演方法[J]. 地球物理学进展, 2014, 29(5): 2060-2065.
[27] Pallero J L G, Fernńdez-Martínez J L, Bonvalot S, et al. Gravity inversion and uncertainty assessment of basement relief via particle swarm optimization[J]. Journal of Applied Geophysics, 2015, 116: 180-191.
[28] Tikhonov A N, Arsenin V I A, John F. Solutions of ill-posed problems[M]. Washington DC: John Wiley & Sons, 1977.
[29] Barbosa V C F, Silva J B C, Medeiros W E. Gravity inversion of basement relief using approximate equality constraints on depth[J]. Geophysics, 1997, 62(6): 1745-1757.
[30] Silva J B C, Costa D C L, Barbosa V C F. Gravity inversion of basement relief and estimation of density contrast variation with depth[J]. Geophysics, 2006, 71(5): 151-158.
[31] Martins C M, Barbosa V C F, Silva J B C. Simultaneous 3D depth-to-basement and density-contrast estimates using gravity data and depth control at few points[J]. Geophysics, 2010, 75(3): 121-128.
[32] Uieda L, Barbosa V C F. Fast nonlinear gravity inversion in spherical coordinates with application to the South American Moho[J]. Geophysical Journal International, 2017, 208: 162-176.
[33] Barbosa V C F, Silva J B C, Medeiros W E. Gravity inversion of a discontinuous relief stabilized by weighted smoothness constraints on depth[J]. Geophysics, 1999, 64(5): 1429-1437.
[34] Silva J B C, Oliveira A S, Barbosa V C F. Gravity inversion of 2D basement relief using entropic regularization[J]. Geophysics, 2010, 75(3): 129-135.
[35] Martins C M, Williams A L, Barbosa V C F, et al. Total variation regularization for depth-to-

basement estimate: Part1—Mathematical details and applications[J]. Geophysics, 2011, 76(1): 11-112.

[36] Lima W A, Martins C M, Silva J B C, et al. Total variation regularization for depth-to-basement estimate: Part2—Physicogeologic meaning and comparisons with previous inversion methods[J]. Geophysics, 2011, 76(1): 113-120.

[37] 冯旭亮，王万银，刘富强，等. 裂陷盆地基底双界面模式二维重力反演[J]. 地球物理学报，2014，57(6)：1934-1945.

[38] Xing J, Hao T, Xu Y, et al. Integration of geophysical constraints for multilayer geometry refinements in 2.5D gravity inversion[J]. Geophysics, 2016, 81(5): G95-G106.

[39] Cai H, Zhdanov M. Application of Cauchy-type integrals in developing effective methods for depth-to-basement inversion of gravity and gravity gradiometry data[J]. Geophysics, 2015, 80(2): G81-G94.

[40] Chen Z, Meng X, Zhang S. 3D gravity interface inversion constrained by a few points and its GPU acceleration[J]. Computers & Geosciences, 2015, 84: 20-28.

[41] Silva J B C, Santos D F. Efficient gravity inversion of basement relief using a versatile modeling algorithm[J]. Geophysics, 2017, 82(2): G23-G34.

[42] Santos D F, Silva J B C, Martins C M, et al. Efficient gravity inversion of discontinuous basement relief[J]. Geophysics, 2015, 80(4): G95-G106.

[43] Tanner J G. An automated method of gravity interpretation[J]. Geophysical Journal of the Royal Astronomical Society, 1967, 13(1-3): 339-347.

[44] 刘元龙，王谦身. 用压缩质面法反演重力资料以估算地壳构造[J]. 地球物理学报，1977，20(1)：59-69.

[45] 刘元龙，郑建昌，武传珍. 利用重力资料反演三维密度界面的质面系数法[J]. 地球物理学报，1987，30(2)：186-196.

[46] 胡立天，郝天珧. 带控制点的三维密度界面反演方法[J]. 地球物理学进展，2014，29(6)：2498-2503.

[47] Tsubor C. Crustal structure in northern and middle California from gravity-pendulum data[J]. Bulletin of the Geological Society of America, 1956, 67: 1641-1646.

[48] 陈建国，王宝仁. 起伏地形上观测重力异常的界面反演—正弦级数迭代法[J]. 石油地球物理勘探，1987，22(4)：427-434.

[49] 汪汉胜，陈雪，杨洪之. 深部大尺度单一密度界面重力异常迭代反演[J]. 地球物理学报，1993，36(5)：643-650.

[50] 王硕儒，汪炳柱，于增慧. 变密度界面模型重力异常反演的B样条函数法[J]. 地球物理学进展，1996，11(3)：40-52.

[51] 高尔根，宋淑云，刘升东. 重力异常稳健迭代密度界面反演研究[J]. 中国科学技术大学学报，2007，37(8)：916-921.

[52] Parker R L. The rapid calculation of potential anomalies[J]. Geophysical Journal of the Royal Astronomical Society, 1972, 37(3): 447-455.

[53] Oldenburg D W. The inversion and interpretation of gravity anomalies[J]. Geophysics, 1974,

39: 526-736.
[54] Gomez - Ortiz M, Agarwal B N P. 3DINVER. M: a MATLAB program to invert the gravity anomaly over a 3D horizontal density interface by Parker-Oldenburg's algorithm[J]. Computers & Geosciences, 2005, 31: 513-520.
[55] Shin Y H, Choi K S, Xu H. Three-dimensional forward and inverse models for gravity fields based on the Fast Fourier Transform[J]. Computers&Geosciences, 2006, 32: 727-738.
[56] Xu W, Chen S. A case study of forward calculations of the gravity anomaly by spectral method for a three-dimensional parameterized fault model[J]. Computers & Geosciences, 2018, 111: 67-77.
[57] Rahman M M, Ullah S E. Inversion of gravity data for imaging of a sediment-basement interface: A case study in the northwestern part of Bangladesh[J]. Pure and Applied Geophysics, 2009, 166: 2007-2019.
[58] 冯锐，严惠芬，张若水．三维位场的快速反演方法及程序设计[J]．地质学报，1986，4: 390-403.
[59] 关小平．利用 Parker 公式反演界面的一种有效方法[J]．物探化探计算技术，1991，13(3): 236-242.
[60] 王万银，潘作枢．双界面模型重力场快速正反演问题[J]．石油物探，1993，32(2): 81-87.
[61] Guspi F. Noniterative nonlinear gravity inversion[J]. Geophysics, 1993, 58(7): 935-940.
[62] 张会战，方剑，张子占．小波分析在重力界面反演中的应用[J]．武汉大学学报(信息科学版)，2006，31(3): 233-236.
[63] 肖鹏飞，陈生昌，孟令顺，等．高精度重力资料的密度界面反演[J]．物探与化探，2007，31(1): 29-33.
[64] 徐世浙．迭代法与 FFT 法位场向下延拓效果的比较[J]．地球物理学报，2007，50(1): 285-289.
[65] 冯娟，孟小红，陈召曦，等．三维密度界面正反演研究和应用[J]．地球物理学报，2014，57(1): 287-294.
[66] Wu L, Tian G. High-precision Fourier forward modeling of potential fields[J]. Geophysics, 2014, 79(5): G59-G68.
[67] 柴玉璞，贾继军．Parker 公式的一系列推广及其在石油重力勘探中的应用前景[J]．石油地球物理勘探，1990，25(3): 321-332.
[68] 张凤旭，张凤琴，孟令顺，等．基于余弦变换的密度界面重力异常正反演研究[J]．石油地球物理勘探，2005，40(5): 598-602.
[69] Wu L, Chen L. Fourier forward modeling of vector and tensor gravity fields due prismatic bodies with variable density contrast[J]. Geophysics, 2016, 81(1): G13-G26.
[70] Wu L. Efficient modelling of gravity effects due to topographic masses using the Gauss-FFT method[J]. Geophysical Journal International, 2016, 205: 160-178.
[71] Wieczorek M A, Phillips R J. Potential anomalies on a sphere: Applications to the thickness of the lunar crust[J]. Journal of Geophysical Research, 1998, 103(EI): 1715-1724.

[72] Reguzzoni M, Sampietro D, Sansò F. Global Moho from the combination of the CRUST2.0 model and GOCE data[J]. Geophysical Journal International, 2013, 195(1): 222-237.
[73] Lima W A, Silva J B C. Combined modeling and smooth inversion of gravity data from a faulted basement relief[J]. Geophysics, 2014, 79(6): F1-F10.
[74] Sun J, Li Y. Adaptive Lp inversion for simultaneous recovery of both blocky and smooth features in a geophysical model[J]. Geophysical Journal International, 2014, 197(2): 882-899.
[75] Feng X, Wang W, Yuan B. 3D gravity inversion of basement relief for a rift basin based on combined multinorm and normalized vertical derivative of the total horizontal derivative techniques [J]. Geophysics, 2018, 83(5): G107-G118.
[76] Wang W Y, Pan Y, Qiu Z Y. A new edge recognition technology based on the normalized vertical derivative of the total horizontal derivation for potential field data[J]. Applied Geophysics, 2009, 6(3): 226-233.
[77] 李焓，邱之云，王万银．复杂形体重、磁异常正演问题综述[J]．物探与化探，2008，32(1)：36-43.
[78] Rao C V, Chakravathi V, Raju M L. Forward modeling: Gravity anomalies of two-dimensional bodies of arbitrary shape with hyperbolic and parabolic density functions[J]. Computers & Geosciences, 1994, 20(5): 873-880.
[79] García-Abdenslem. Gravitational attraction of a rectangular prism with depth-dependent density [J]. Geophysics, 1992, 57(3): 470-473.
[80]《数学手册》编写组．数学手册[M]．北京：高等教育出版社，1979.
[81] 曾华霖．重力场与重力勘探[M]．北京：地质出版社，2005.
[82] 孙文珂，乔计花，许德树，等．重力勘查资料解释手册[M]．北京：地质出版社，2017.
[83] Talwani M, Worzel J L, Landisman M. Rapid gravity computations for two-dimensional bodies with application to the Mendocino submarine fracture zone [J]. Journal of Geophysical Research, 1959, 64(1): 203-225.
[84] 张建中，周熙襄，王克斌．密度随深度变化的二度体重力正演公式[J]．石油地球物理勘探，2000，35(2)：202-207.
[85] Murthy I V R, Rao D B. Gravity anomalies of two-dimensional bodies of irregular cross-section with density contrast varying with depth[J]. Geophysics, 1979, 44(9): 1525-1530.
[86] Sari C, şalk M. Analysis of gravity anomalies with hyperbolic density contrast: An application to the gravity data of Western Anatolia[J]. Journal of the Balkan Geophysical Society, 2002, 5(3): 87-96.
[87] Zhou X. 2D vector gravity potential and line integrals for the gravity anomaly caused by a 2D mass of depth-dependent density contrast[J]. Geophysics, 2008, 73(6): 143-150.
[88] Zhou X. General line integrals for gravity anomalies of irregular 2D masses with horizontally and vertically dependent density contrast[J]. Geophysics, 2009, 74(2): 11-17.
[89] Okabe M. Analytical expressions for gravity anomalies due to homogeneous polyhedral bodies and translation into magnetic anomalies[J]. Geophysics, 1979, 44(4): 730-741.
[90] 何昌礼，钟本善．复杂形体的高精度重力异常正演方法[J]．物探化探计算技术，1988,

10(2)：121-128.

[91] 刘申叔，李上卿．东海油气地球物理勘探[M]．北京：地质出版社，2001.

[92] 纪晓琳，王万银，邱之云．最小曲率位场分离方法研究[J]．地球物理学报．2015. 58(3)：1042-1058.

[93] Albert Tarantola. Inverse problem theory and methods for model parameter estimation[M]. Philadelphia：Society for Industrial and Applied Mathematics，2005.

[94] Huber P J. Robust estimation of a location parameter[J]. Annals of Mathematical Statistics，1964，35(1)：73-101.

[95] Ekblom H. Calculation of linear best Lp-approximations[J]. Bit Numerical Mathematics，1973，13(3)：292-300.

[96] Last B J，Kubik K. Compact gravity inversion[J]. Geophysics，1983，48(6)：713-721.

[97] Bradley P S，Mangasarian O L，Street W N. Feature selection via mathematical programming[J]. Informs Journal on Computing，1998，10：209-217.

[98] Weston J，Elisseeff A，Schölkopf B. Use of zero-norm with linear models and kernel method[J]. Journal of machine learning research，2003，3：1439-1461.

[99] Candès E J，Wakin M B，Boyd S P. Enhancing sparsity by reweighted L1 minimization[J]. Journal of Fourier Analysis & Applications，2008，14(5-6)：877-905.

[100] 谭龙．基于近似零范数和无穷范数的维数约简[D]．天津：天津大学电子信息工程学院，2013.

[101] 王家映．地球物理反演理论[M]．北京：高等教育出版社，2002.

[102] 李董辉，童小娇，万中．数值最优化算法与理论[M]．第二版．北京：科学出版社，2010.

[103] 马昌凤．最优化方法及其Matlab程序设计[M]．北京：科学出版社，2010.

[104] Fletcher R，Reeves C M. Function minimization by conjugate gradient[J]. Computer Journal，1964，7：149-154.

[105] Nocedal J，Wright S J. Numerical optimization 数值最优化—影印版[M]．北京：科学出版社，2006.

[106] Polak E，Ribière G. Note sur la convergence de méthodes de directions conjuguées[J]. Revue Fransçaise d'Informatique et de Recherche Opérationnelle，1969，16：35-43.

[107] Hestenes M R，Stiefel E. Methods of conjugate gradients for solving linear systems[J]. Journal of research of the national bureau of standards，1952，49(6)：408-436.

[108] Fletcher R. Practical methods of optimization vol. 1：Unconstrained optimization[M]. New York：John Wiley & Sons，1987.

[109] Liu Y，Storey. Efficient generalized conjugate gradient algorithms，part 1：Theory[J]. Journal of Optimization Theory and Applications，1991，69(1)：129-137.

[110] Dai Y H，Yuan Y. A nonlinear conjugate gradient method with a strong global convergence property[J]. SIAM Journal on Optimization，1999，10(1)：177-182.

[111] 张静．无约束非线性规划的共轭梯度法研究综述[J]．北京联合大学学报(自然科学版)，2008，22(2)：72-76.

[112] Powell M J D. Nonconvex minimization calculations and the conjugate gradient method[J]. Numerical Analysis, 1984, 1066(3): 122-141.
[113] Gibert J C, Nocedal J. Global convergence properties of conjugate gradient methods for optimization[J]. SIAM Journal on Optimization, 1992, 2(1): 21-42.
[114] Rodi W, Mackie R L. Nonlinear conjugate gradients algorithm for 2-D magnetotelluric inversion[J]. Geophysics, 2001, 66(1): 174-187.
[115] 姚姚．地球物理反演基本原理与应用方法[M]．武汉：中国地质大学出版社，2002.
[116] Acar R, Vogel C R. Analysis of total variation penalty methods[J]. Inverse Problems, 1994, 10: 1217-1229.
[117] 陈小斌，赵国泽，汤吉，等．大地电磁自适应正则化反演算法[J]．地球物理学报，2005，48(4)：937-946.
[118] 刑集善，叶志光，孙振国，等．山西板内构造及其演化特征初探[J]．山西地质，1991，6(1)：3-15.
[119] 邢作云，赵斌，涂美义，等．汾渭裂谷系与造山带耦合关系及其形成机制研究[J]．地学前缘，2005，12(2)：247-262.
[120] Yuan B, Song L, Han L, et al. Gravity and magnetic field characteristics and hydrocarbon prospects of the Tobago Basin [J]. Geophysical Prospecting, 2018, 66: 1586-1601.
[121] 张功成，谢晓军，王万银，等．中国南海含油气盆地构造类型及勘探潜力[J]．石油学报，2013，34(4)：611-627.
[122] 王万银，邱之云，杨永，等．位场边缘识别方法研究进展[J]．地球物理学进展，2010，25(1)：196-210.
[123] 姚伯初，万玲，吴能友．大南海地区新生代板块构造活动[J]．中国地质，2004，31(2)：113-122.
[124] 金庆焕．南海地质与油气资源[M]．北京：地质出版社，1989.
[125] 姚伯初．南海的地质构造及矿产资源[J]．中国地质，1998，4：27-29.
[126] 姚伯初．南海新生代的构造演化与沉积盆地[J]．南海地质研究，1998，10：1-17.
[127] 姚伯初，万玲，刘振湖．南海海域新生代沉积盆地构造演化的动力学特征及油气资源[J]．地球科学—中国地质大学学报，2004，29(5)：543-549.
[128] 吴进民．南海西南部人字形走滑断裂体系和曾母盆地的旋转构造[J]．南海地质研究，1997，9：54-66.
[129] 李文勇，李东旭．中国南海不同板块边缘沉积盆地构造特征[J]．现代地质，2006，20(1)：19-29.
[130] 姚伯初，万玲，曾维军．中国南海海域岩石圈三维结构及演化[M]．北京：地质出版社，2006.
[131] 李唐根．南海北部沿海陆地及岛屿岩石密度、磁性的测定和研究[J]．海洋地质与第四纪地质，1987，7(3)：57-70.
[132] 金庆焕，曾维军，钟水仙，等．论珠江口盆地的石油地质条件[J]．地质学报，1984，4：324-336.
[133] 钟志洪，施和生，朱明，等．珠江口盆地构造-地层格架及成因机制探讨[J]．中国海上

油气，2014，26(5)：20-29.
[134] 吴湘杰，庞雄，何敏，等．南海北部被动陆缘盆地断陷期结构样式和动力机制[J]．中国海上油气，2014，26(3)：43-50.
[135] 彭学超，陈玲．南沙海域万安盆地地质构造特征[J]．海洋地质与第四纪地质，1995，15(2)：35-48.
[136] 刘振湖，吴能友，杜德莉，等．南海万安盆地油气分布与含油气系统的关系[J]．南海地质研究，1999，11：67-76.
[137] 刘振湖．南海万安盆地油气充载系统特征[J]．中国海上油气(地质)，2000，14(5)：339-344.
[138] 刘伯土，陈长胜．南沙海域万安盆地新生界含油气系统分析[J]．石油实验地质，2002，24(2)：110-114.
[139] 梁金强，杨木壮，张光学，等．南海万安盆地中部油气成藏特征[J]．南海地质研究，2003，00：27-34.
[140] 杨木壮，王明君，梁金强，等．南海万安盆地构造沉降及其油气成藏控制作用[J]．海洋地质与第四纪地质，2004，23(2)：85-88.
[141] 杨楚鹏，姚永坚，李学杰，等．万安盆地新生代层序地层格架与岩性地层圈闭[J]．地球科学—中国地质大学学报，2011，36(5)：845-852.
[142] 吴峧岐，高红芳，孙桂华．南沙海域万安盆地地质构造与沉积体系特征[J]．海洋地质与第四纪地质，2012，32(5)：1-11.
[143] 姚伯初，万玲，刘振湖，等．南海南部海域新生代万安运动的构造意义及其油气资源效应[J]．海洋地质与第四纪地质，2004，24(1)：69-77.
[144] 金庆焕，刘振湖，陈强．万安盆地中部坳陷——一个巨大的富生烃坳陷[J]．地球科学—中国地质大学学报，2004，29(5)：525-530.
[145] 王宏斌，姚伯初，梁金强，等．北康盆地构造特征及其构造区划[J]．海洋地质与第四纪地质，2001，21(2)：49-54.
[146] 王嘹亮，吴能友，周祖翼，等．南海西南部北康盆地新生代沉积演化史[J]．中国地质，2002，29(1)：96-102.
[147] 张莉，王嘹亮，易海．北康盆地的形成与演化[J]．中国海上油气(地质)，2003，17(4)：245-248.
[148] 李三忠，索艳慧，刘鑫，等．南海的盆地群与盆地动力学[J]．海洋地质与第四纪地质，2012，32(6)：55-78.
[149] 熊莉娟，李三忠，索艳慧，等．南海南部新生代控盆断裂特征及盆地群成因[J]．海洋地质与第四纪地质，2012，32(6)：113-127.
[150] 权新昌．渭河盆地断裂构造研究[J]．中国煤田地质，2005，17(3)：1-15.
[151] 王景明．渭河地堑断裂构造研究[J]．地质论评，1984，30(3)：217-223. .
[152] 张国伟．秦岭造山带与大陆动力学[M]．北京：科学出版社，2001.
[153] 周少伟，江桂，谷开拓，等．大地电磁测深在西安凹陷基底探测中的应用[J]．地球物理学进展，2017，32(5)：2274-2280.